高职高专计算机任务驱动模式教材

Web前端开发实例教程

—— HTML 5 + JavaScript + jQuery

刘瑞新　张兵义　主　编　　罗东华　副主编

清华大学出版社

北京

内 容 简 介

本书面向学习网站开发与网页制作的读者，采用全新的 Web 标准，以 HTML 5 技术为基础，由浅入深、完整详细地介绍了如何使用 HTML 5、JavaScript 及 jQuery 进行 Web 前端的开发。本书共分为14 章，主要内容包括：HTML 5 概述、HTML 5 语言基础、HTML 5 页面的布局与交互、JavaScript 语言基础、DOM 对象及编程、使用 JavaScript 制作网页特效、HTML 5 高级应用、jQuery 基础、jQuery 选择器、jQuery 的基本操作、jQuery 的事件处理、使用 jQuery 制作动画、jQuery UI 插件的应用、综合案例——宇宙电子网站。

本书内容紧扣国家对本科及高等职业院校培养高级应用型、复合型人才的技能水平和知识结构的要求，全书以一个完整的项目案例的开发思路为主线，采用模块分解、任务驱动、子任务实现和代码设计四层结构，通过对模块中每个任务相应知识点的讲解及任务的具体实现，引导读者学习网页制作、设计、规划的基本知识以及项目开发、测试的完整流程。

本书适合作为本科及高等职业院校计算机及相关专业的教材，也可以作为培训班网站开发与网页制作的教材。

图书在版编目（CIP）数据

Web 前端开发实例教程：HTML 5＋JavaScript＋jQuery/刘瑞新，张兵义主编. —北京：清华大学出版社，2018

（高职高专计算机任务驱动模式教材）

ISBN 978-7-302-49992-3

Ⅰ．①W…　Ⅱ．①刘…②张…　Ⅲ．①超文本标记语言－程序设计－高等职业教育－教材②JAVA 语言－程序设计－高等职业教育－教材　Ⅳ．①TP312②TP312.8

中国版本图书馆 CIP 数据核字（2018）第 076662 号

责任编辑：张龙卿
封面设计：徐日强
责任校对：袁　芳
责任印制：丛怀宇

出版发行：清华大学出版社
　　　　　网　　　址：http://www.tup.com.cn,http://www.wqbook.com
　　　　　地　　　址：北京清华大学学研大厦 A 座　　　　　邮　　编：100084
　　　　　社 总 机：010-62770175　　　　　　　　　　　邮　　购：010-62786544
　　　　　投稿与读者服务：010-62776969,c-service@tup.tsinghua.edu.cn
　　　　　质量反馈：010-62772015,zhiliang@tup.tsinghua.edu.cn
印 装 者：三河市吉祥印务有限公司
经　　销：全国新华书店
开　　本：185mm×260mm　　　印　　张：25　　　字　　数：569 千字
版　　次：2018 年 7 月第 1 版　　　　　　　　印　　次：2018 年 7 月第 1 次印刷
定　　价：54.00 元

产品编号：078854-01

编审委员会

出版说明

我国高职高专教育经过十几年的发展,已经转向深度教学改革阶段。教育部于 2006 年 12 月发布了教高〔2006〕第 16 号文件《关于全面提高高等职业教育教学质量的若干意见》,大力推行工学结合,突出实践能力培养,全面提高高职高专教学质量。

清华大学出版社作为国内大学出版社的领跑者,为了进一步推动高职高专计算机专业教材的建设工作,适应高职高专院校计算机类人才培养的发展趋势,根据教高〔2006〕第 16 号文件的精神,2012 年秋季开始了切合新一轮教学改革的教材建设工作。该系列教材一经推出,就得到了很多高职院校的认可和选用,其中部分书籍的销售量超过了 3 万册。现重新组织优秀作者对部分图书进行改版,并增加了一些新的图书品种。

目前,国内高职高专院校计算机网络与软件专业的教材品种繁多,但符合国家计算机网络与软件技术专业领域技能型紧缺人才培养培训方案,并符合企业的实际需要,能够自成体系的教材还不多。

我们组织国内对计算机网络和软件人才培养模式有研究并且有过一段实践经验的高职高专院校,进行了较长时间的研讨和调研,遴选出一批富有工程实践经验和教学经验的"双师型"教师,合力编写了这套适用于高职高专计算机网络、软件专业的教材。

本套教材的编写方法是以任务驱动、案例教学为核心,以项目开发为主线。我们研究分析了国内外先进职业教育的培训模式、教学方法和教材特色,消化吸收优秀的经验和成果。以培养技术应用型人才为目标,以企业对人才的需要为依据,把软件工程和项目管理的思想完全融入教材体系,将基本技能培养和主流技术相结合,课程设置中重点突出、主辅分明、结构合理、衔接紧凑。教材侧重培养学生的实战操作能力,学、思、练相结合,旨在通过项目实践,增强学生的职业能力,使知识从书本中释放并转化为专业技能。

一、教材编写思想

本套教材以案例为中心,以技能培养为目标,围绕开发项目所用到的知识点进行讲解,对某些知识点附上相关的例题,以帮助读者理解,进而将知识转变为技能。

考虑到是以"项目设计"为核心组织教学,所以在每一学期配有相应的实训课程及项目开发手册,要求学生在教师的指导下,能结合本学期所学的知识内容,相互协作,综合应用该学期的知识进行项目开发。同时,在本套教材中采用了大量的案例,这些案例紧密地结合书中的各个知识点,循序渐进,由浅入深,在整体上体现了内容主导、实例解析、以点带面的模式,配合课程后期以项目设计贯穿教学内容的教学模式。

软件开发技术具有种类繁多、更新速度快的特点。本套教材在介绍软件开发主流技术的同时,帮助学生建立软件相关技术的横向及纵向的关系,培养学生综合应用所学知识的能力。

二、丛书特色

本套教材体现目前工学结合的教改思想,充分结合教改现状,突出项目面向教学和任务驱动模式教学改革成果,打造立体化精品教材。

(1)参照和吸纳国内外优秀计算机网络、软件专业教材的编写思想,采用本土化的实际项目或者任务,以保证其有更强的实用性,并与理论内容有很强的关联性。

(2)准确把握高职高专软件专业人才的培养目标和特点。

(3)充分调查研究国内软件企业,确定了基于 Java 和.NET 的两个主流技术路线,再将其组合成相应的课程链。

(4)教材通过一个个的教学任务或者教学项目,在做中学、学中做,以及边学边做,重点突出技能培养。在突出技能培养的同时,还介绍了解决思路和方法,培养学生未来在就业岗位上的终身学习能力。

(5)借鉴或采用项目驱动的教学方法和考核制度,突出计算机网络、软件人才培训的先进性、工具性、实践性和应用性。

(6)以案例为中心,以能力培养为目标,并以实际工作的例子引入概念,符合学生的认知规律。语言简洁明了、清晰易懂,更具人性化。

(7)符合国家计算机网络、软件人才的培养目标;采用引入知识点、讲述知识点、强化知识点、应用知识点、综合知识点的模式,由浅入深地展开对技术内容的讲述。

(8)为了便于教师授课和学生学习,清华大学出版社正在建设本套教材的教学服务资源。清华大学出版社网站(www. tup. com. cn)免费提供教材的电子课件、案例库等资源。

高职高专教育正处于新一轮教学深度改革时期,从专业设置、课程体系建设到教材建设,依然是新课题。希望各高职高专院校在教学实践中积极提出意见和建议,并及时反馈给我们。清华大学出版社将对已出版的教材不断地修订、完善,以便提高教材质量,完善教材服务体系,为我国的高职高专教育继续出版优秀的高质量的教材。

高职高专计算机任务驱动模式教材编审委员会
2016 年 3 月

前　言

随着 HTML 5 规范的日臻完善和普及，Web 前端开发技术也越来越引人注目，如何开发 Web 应用程序，设计精美、独特的网页已经成为当前的热门技术之一。为适应现代技术的飞速发展，培养出技术能力强、能快速适应网站开发行业需求的高级技能型人才，帮助众多喜爱网站开发的人员提高网站的设计及编码水平，编者结合自己多年从事教学工作和 Web 应用开发的实践经验，按照教学规律精心编写了本书。

在 Web 应用程序中，大多数网页是由 HTML 语言设计的。在 HTML 语言中可以嵌入 JavaScript 语言，为 HTML 网页添加动态交互功能。而 jQuery 是一套轻量级的 JavaScript 脚本库，它是目前最热门的 Web 前端开发技术之一。jQuery 的语法很简单，它的核心理念是"write less，do more（少写多做）"。与其他语言相比，实现同样的功能时，使用 jQuery 需要编写的代码更少。目前，很多高校的计算机专业和 IT 培训班都将 HTML 5+jQuery 作为教学内容之一，这对培养学生的计算机应用能力具有非常重要的意义。

本书采用"模块化设计、任务驱动学习"的编写模式，在任务驱动学习的具体实施中，以网站建设和网页设计为中心，以实例为引导，把介绍知识与实例设计、制作、分析融于一体，自始至终贯穿于本书中。在实例的设计、制作过程中，把对应章节的知识点融于实例中，使读者能够快速掌握概念和操作方法。

本书以宇宙电子案例网站的设计与制作为讲解主线，围绕网站栏目的设计，全面系统地介绍了网页制作、设计、规划的基本知识以及网站开发的完整流程。考虑到网页制作具有较强的实践性，本书配备大量的页面例题和丰富的运行效果图，能够有效地帮助读者理解所学的理论知识，系统全面地掌握网页制作技术。本书所有案例均采用案例驱动的讲述方式，以便深入浅出、循序渐进地引导读者学习。本书在每章之后附有大量的实践操作习题，并在教学课件中给出习题答案，供读者巩固所学的内容。

本书由刘瑞新、张兵义主编，罗东华担任副主编。具体编写分工为：刘瑞新编写第 1、9、10 章，张兵义编写第 2、11、12 章，吕振雷编写第 3、13

章,殷莺编写第 4 章,罗东华编写第 5、14 章,李颖编写第 7 章,第 6 章由李建彬、刘大学、陈周、骆秋容、刘克纯、缪丽丽、刘大莲共同编写完成并进行教学资源的制作,第 8 章由彭守旺、庄建新、彭春芳、崔瑛瑛、翟丽娟、韩建敏、庄恒、徐维维、徐云林、马春锋、孙洪玲、杨丽香、杨占银共同编写完成并进行资料的整理、代码的测试。参加编写的大部分人员都是具有多年计算机教学与培训以及网站制作经验的教师。

由于编写水平有限,书中难免有不足之处,恳请读者提出宝贵的意见和建议。

编　者

2018 年 2 月

目　录

第 1 章 HTML 5 概述

HTML 是制作网页的基础语言,是初学者必学的内容。在学习 HTML 之前,需要了解一些与 Web 相关的基础知识,有助于初学者学习后面讲解的相关章节内容。本章将对网页的基础知识、Web 标准、编写语言、HTML 5 的运行环境和创建方法进行详细讲解。

1.1 Web 简介

对于网页设计开发者,在动手制作网页之前,应该先了解 Web 的基础知识。

1.1.1 WWW 和浏览器的基本概念

WWW 是 World Wide Web 的缩写,又称3W 或 Web,中文译名为"万维网"。它作为 Internet 上的新一代用户界面,摒弃了以往纯文本方式的信息交互手段,采用超文本 (HyperText)方式工作。利用该技术可以为企业提供全球范围内的多媒体信息服务,使企业获取信息的手段有了根本性的改善。与之密切相关的是浏览器(Browser)。

浏览器实际上就是用于网上浏览的应用程序,其主要作用是显示网页和解释脚本。对一般设计者而言,不需要知道有关浏览器实现的技术细节,只要知道如何熟练掌握和使用它即可。用户只需要操作鼠标,就可以得到来自世界各地的文档、图片或视频等信息。

浏览器种类很多,目前常用的有微软的 Internet Explorer(简称 IE)、Google 的 Chrome、Mozilla 的 Firefox、Opera、Apple 的 Safari 和 360 安全浏览器等,各种常用浏览器的 Logo 依次排列如图 1-1 所示。

图 1-1 常用浏览器的 Logo

1. IE 浏览器

IE 浏览器是目前市场上使用率较高的浏览器。2014 年 6 月 17 日,微软推出了 IE 11 的正式版,该版本支持 HTML 5、CSS 3 以及大量的安全更新。需要说明的是,IE 11 不再支持 Windows XP。

2. Chrome

Chrome 是由 Google 公司开发的网页浏览器。它与苹果公司的 Safari 相抗衡,浏览速度走在众多浏览器的前列,属于高端浏览器,其最新版本是 Chrome 60。Chrome 浏览器的代码是基于其他开放源代码软件所编写,包括 WebKit 和 Mozilla,目标是提升稳定性、速度和安全性,并创造出简单且有效的使用者界面。

3. Firefox

Mozilla Firefox(火狐浏览器)是现在市场占有率排名第三的浏览器,仅次于 Google 的 Chrome 和微软的 IE,其最新版本是 Firefox 54。最新版大幅提升了 JavaScript 引擎的渲染速度,使很多富含图片、视频、游戏以及 3D 图片的网站和网络应用能够更快地加载和运行。

4. Opera

Opera 是由 Opera Software 开发的网页浏览器,是浏览速度最快的浏览器。Opera 适用于各种平台、操作系统和嵌入式网络设备,其最新版本是 Opera 45。

5. Safari

Safari 是苹果计算机的最新操作系统 Mac OS X 中的浏览器,用来取代之前的 Internet Explorer for Mac,目前该浏览器已支持 Windows 平台。Safari 浏览器使用 WebKit 引擎。WebKit 是自由软件,开放源代码。Safari 浏览器的最新版本是 Safari 9.1。

6. Microsoft Edge

Microsoft Edge 是微软最新操作系统 Windows 10 内置的浏览器,Edge 支持现代浏览器功能,比如扩展。Edge 浏览器的一些功能包括:支持内置 Cortana 语音功能,内置了阅读器、笔记和分享功能,设计注重实用和极简主义,在地址栏中更快速地搜索,使用"中心"将所有的内容存于一处等。

不同的浏览器对网页会有不同的显示效果,在 Internet Explorer 中非常漂亮的页面,用其他浏览器浏览显示可能是一团糟。所以,即使现在 Internet Explorer 占据的市场份额较高,也要考虑使用其他浏览器的用户,也许这些用户正是潜在的访客。因此,最好把每个网页都放在不同的浏览器里看一下,有什么问题马上解决。

1.1.2 URL

URL(Universal Resource Locator)是"统一资源定位器"的英文缩写。URL 就是 Web 地址,俗称"网址"。Internet 上的每一个网页都具有唯一的一个名称标识,通常称为 URL 地址。这种地址可以是本地磁盘,也可以是局域网上的某一台计算机,更多的是 Internet 上的站点。URL 的基本结构如下:

通信协议://服务器名称[:通信端口编号]/文件夹1[/文件夹2...]/文件名

各部分含义如下所述。

1. 通信协议

通信协议是指 URL 所链接的网络服务性质,如 HTTP 代表超文本传输协议,FTP 代表文件传输协议等。

2. 服务器名称

服务器名称是指提供服务的主机的名称。冒号后面的数字是通信端口编号,可有可无,这个编号是用来告诉 HTTP 服务器的 TCP/IP 软件该打开哪一个通信端口。因为一台计算机常常会同时作为 Web、FTP 等服务器使用,为便于区别,每种服务器需要对应一个通信端口。

3. 文件夹与文件名

文件夹是存放文件的地方,如果是多级文件目录,必须指定是第一级文件夹还是第二级、第三级文件夹,直到找到文件所在的位置。文件名是指包括文件名及扩展名在内的完整名称。

1.1.3　超文本

超文本(HyperText)技术是一种把信息根据需要链接起来的信息管理技术。用户可以通过一个文本的链接指针打开另一个相关的文本。单击页面中的超链接(通常是带下划线的条目或图片),可跳转到新的页面或另一位置,获得相关的信息。

超链接是内嵌在文本或图像中的。文本超链接在浏览器中通常带有下划线,当用户的鼠标指向它时,指针会变成手指形状,如图 1-2 所示。

图 1-2　超链接指针形状

1.1.4 超文本标记语言

网页是 WWW 的基本文档，它是用超文本标记语言（HyperText Markup Language，HTML）编写的。HTML 严格来说并不是一种标准的编程语言，它只是一些能让浏览器看懂的标记。当网页中包含正常文本和 HTML 标记时，浏览器会"翻译"由这些 HTML 标记提供的网页结构、外观和内容的信息，从而将网页按设计者的要求显示出来。图 1-3 所示的是显示在 Windows"记事本"程序中用 HTML 编写的网页源代码，图 1-4 所示的是经过浏览器"翻译"后显示的对应该源代码的网页画面。

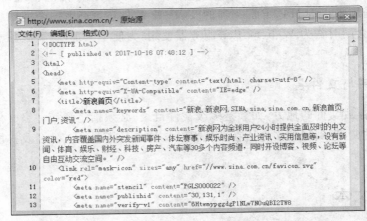

图 1-3　HTML 编写的网页源代码

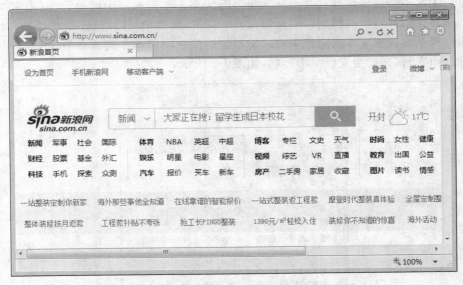

图 1-4　浏览器"翻译"后显示的网页画面

1.1.5　超文本传输协议

超文本传输协议(HyperText Transfer Protocol,HTTP)是用于从 WWW 服务器传输超文本到本地浏览器的传送协议,用于传送 WWW 方式的数据。当用户想浏览一个网站时,只要在浏览器的地址栏输入网站的地址就可以,例如 www.baidu.com,在浏览器的地址栏出现的却是 http://www.baidu.com。

HTTP 协议采用了请求/响应模型。客户端向服务器发送一个请求,请求头包含请求的方法、URI、协议版本,以及包含请求修饰符、客户信息和内容的类似于 MIME 的消息结构。服务器以一个状态行作为响应,相应的内容包括消息协议的版本,成功或者错误编码加上包含服务器信息、实体元信息以及可能的实体内容。

1.1.6　搜索引擎

搜索引擎(Search Engine)是指根据一定的策略,运用特定的计算机程序搜集互联网上的信息,再对信息进行组织和处理后,为用户提供检索服务的系统。

从用户的角度看,搜索引擎提供一个包含搜索框的页面,用户在搜索框中输入词语,通过浏览器提交给搜索引擎后,搜索引擎就会返回与用户输入的内容相关的信息列表。搜索引擎本身是一个网络站点,它能够在 WWW 上主动搜索其他 Web 站点中的信息并记录下各个网页的 Internet 地址,并按要求进行排列,存放在可供查询的大型数据库中。这样,用户可以通过访问搜索引擎网络站点对所需信息进行查询。查询结果是一系列指向包含用户所需信息的网页的网络地址,通过单击超链接,就可以查看需要的信息。

著名的搜索引擎有 http://www.google.com(谷歌)、http://www.baidu.com(百度)、https://cn.bing.com(微软必应)、http://www.sohu.com(搜狐)等。图 1-5 所示的是使用搜狐搜索引擎查询"网页制作"的页面,在搜狐首页文本框中输入要查找的内容"网页制作",单击 按钮,得到如图 1-6 所示的搜索结果页面。

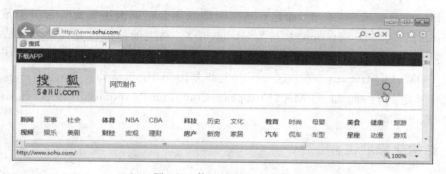

图 1-5　使用搜狐搜索引擎

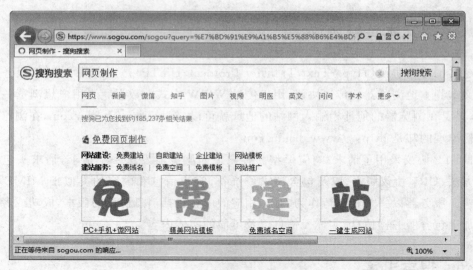

图 1-6　搜索结果页面

1.2　Web 标准

大多数网页设计人员都有这样的体验,每次主流浏览器版本的升级,都会使用户建立的网站变得过时,此时就需要升级或者重新建网站。同样,当新的网络技术或交互设备出现时,设计人员也需要制作一个新版本来支持这种新技术或新设备。

解决这些问题的方法就是建立一种普遍认同的标准。在 W3C(W3C. org)的组织下,Web 标准开始被建立(以 2000 年 10 月 6 日发布 XML 1.0 为标志),并在网站标准组织(WebStandards. org)的督促下推广执行。

1.2.1　什么是 Web 标准

Web 标准不是某一种标准,而是一系列标准的集合。网页主要由 3 部分组成:结构(Structure)、表现(Presentation)和行为(Behavior)。对应的标准也分为 3 类:结构化标准语言主要包括 XHTML 和 XML,表现标准语言主要为 CSS,行为标准主要包括对象模型 W3C DOM、ECMAScript 等。这些标准大部分由 W3C 起草和发布,也有一些是其他标准组织制定的标准,如 ECMA(European Computer Manufacturers Association)的 ECMAScript 标准。

1. 结构化标准语言

(1) HTML。HTML 是来源于标准通用置标语言(SGML),它是 Internet 上用于编写网页的主要语言。

（2）XML。XML 是 the eXtensible Markup Language（可扩展置标语言）的缩写，目前推荐遵循的标准是 W3C 于 2000 年 10 月 6 日发布的 XML 1.0。与 HTML 一样，XML 同样来源于 SGML，但 XML 是一种能定义其他语言的语言。XML 最初设计的目的是弥补 HTML 的不足，以强大的扩展性满足网络信息发布的需要，后来逐渐被用于网络数据的转换和描述。

（3）XHTML。XHTML 是 the eXtensible HyperText Markup Language（可扩展超文本置标语言）的缩写，目前推荐遵循的标准是 W3C 于 2000 年 10 月 6 日发布的 XML 1.0。XML 虽然数据转换能力强大，完全可以替代 HTML，但面对成千上万的已有站点，直接采用 XML 还为时过早。因此，在 HTML 4.0 的基础上，用 XML 的规则对其进行扩展，得到了 XHTML。

2. 表现标准语言

CSS 是 Cascading Style Sheets（层叠样式表）的缩写。W3C 创建 CSS 标准的目的是以 CSS 取代 HTML 表格式布局、帧和其他表现的语言。纯 CSS 布局与结构式 HTML 相结合能帮助设计师分离外观与结构，使站点的访问及维护更加容易。

3. 行为标准

（1）DOM。DOM 是 Document Object Model（文档对象模型）的缩写。根据 W3C DOM 规范，DOM 是一种与浏览器、平台和语言相关的接口，通过 DOM 用户可以访问页面其他的标准组件。简单理解，DOM 解决了 Netscape 的 JavaScript 和 Microsoft 的 JScript 之间的冲突，给予 Web 设计师和开发者一个标准的方法，解决站点中的数据、脚本和表现层对象的访问问题。

（2）ECMAScript。ECMAScript 是 ECMA（European Computer Manufacturers Association）制定的标准脚本语言（JavaScript）。目前，推荐遵循的标准是 ECMAScript 262。

1.2.2　建立 Web 标准的优点

对于网站设计和开发人员来说，遵循网站标准就是建立和使用 Web 标准。建立 Web 标准的优点如下。

（1）提供最大利益给最多的网站用户。

（2）确保任何网站文档都能够长期有效。

（3）简化代码，降低建设成本。

（4）让网站更容易使用，能适应更多不同用户和更多网络设备。

（5）当浏览器版本更新或者出现新的网络交互设备时，确保所有应用能够继续正确运行。

1.2.3 理解表现和结构相分离

了解了 Web 标准之后,本小节将介绍如何理解表现和结构相分离。在此以一个实例来详细说明。首先必须先明白一些基本的概念:即内容、结构、表现和行为。

1. 内容

内容就是页面实际要传达的真正信息,包含数据、文档或图片等。注意这里强调的"真正",是指纯粹的数据信息本身,不包含任何辅助信息。图 1-7 所示是文章分类的内容。

文章分类	新闻中心	装修学堂	网购天地	美家社区

图 1-7　文章分类的内容

2. 结构

可以看到上面的文本信息本身已经完整,但是混乱一团,难以阅读和理解,必须将其格式化一下,把其分成标题、段落和列表等(见图 1-8)。

3. 表现

虽然定义了结构,但是内容还是原来的样式,例如标题字体没有变大,正文的背景没有变化,列表没有修饰符号等。所有这些用来改变内容外观的东西,称为"表现"。对上面文本用"表现"处理过后的效果如图 1-9 所示。

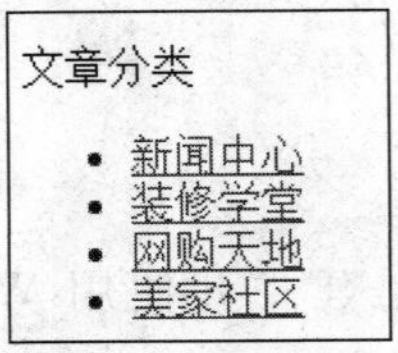

文章分类

- 新闻中心
- 装修学堂
- 网购天地
- 美家社区

图 1-8　文章分类的结构

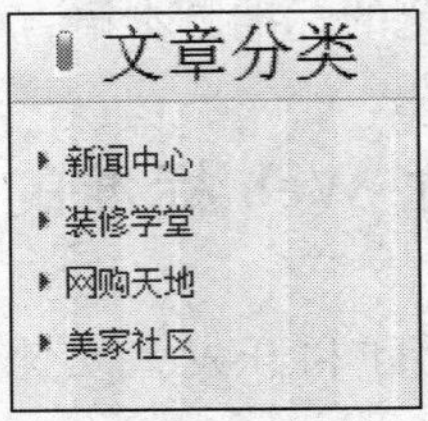

文章分类

▶ 新闻中心
▶ 装修学堂
▶ 网购天地
▶ 美家社区

图 1-9　文章分类的表现

4. 行为

行为是对内容的交互及操作效果。例如,使用 JavaScript 可以使内容动起来,可以判断一些表单提交,进行相应的操作。

所有 HTML 页面都由结构、表现和行为 3 个方面内容组成。内容是基础层,然后是附加上的结构层和表现层,最后再对这 3 个层做点"行为"。

1.3　HTML 简介

　　HTML 是构成 Web 页面（page）、表示 Web 页面的符号标签语言。通过 HTML，将所需表达的信息按某种规则写成 HTML 文件，再通过专用的浏览器来识别，并将这些 HTML 文件翻译成可以识别的信息，这就是所见到的网页。

1.3.1　Web 技术发展历程

　　HTML 最早源于标准通用化标记语言（Standard General Markup Language，SGML），它由 Web 的发明者 Tim Berners-Lee 和其同事 Daniel W. Connolly 于 1990 年创立。在互联网发展的初期，互联网由于没有一种网页技术呈现的标准，所以多家软件公司就合力打造了 HTML 标准，其中最著名的就是 HTML 4，这是一个具有跨时代意义的标准。尽管如此，HTML 4 依然有缺陷和不足，人们仍在不断地改进，使它更具可控制性和弹性，以适应网络上的应用需求。2000 年，W3C 组织公布发行了 XHTML 1.0 版本。

　　XHTML 1.0 是一种在 HTML 4 基础上优化和改进的新语言，目的是基于 XML 应用，它的可扩展性和灵活性将适应未来网络应用更多的需求。但是 XHTML 并没有成功，大多数的浏览器厂商认为 XHTML 作为一个过渡化的标准并没有太大必要，所以 XHTML 并没有成为主流，而 HTML 5 因此孕育而生。

　　HTML 5 的前身名为 Web Applications 1.0，2004 年由 WHATWG 提出，于 2007 年被 W3C 接纳。W3C 随即成立了新的 HTML 工作团队，团队包括 AOL、Apple、Google、IBM、Microsoft、Mozilla、Nokia、Opera 以及数百个其他的开发商。这个团队于 2009 年公布了第一份 HTML 5 正式草案，HTML 5 将成为 HTML 和 HTMLDOM 的新标准。2012 年 12 月 17 日，W3C 宣布凝结了大量网络工作者心血的 HTML 5 规范正式定稿，确定了 HTML 5 在 Web 网络平台奠基石的地位。

图 1-10　Web 技术发展历程时间表

　　Web 技术发展历程时间表如图 1-10 所示。

1.3.2　HTML 5 的特性

　　HTML 4 主要用于在浏览器中呈现富文本内容和实现超链接。HTML 5 继承了这些特点，但更侧重于在浏览器中实现 Web 应用程序。对于网页的制作，HTML 5 主要有两方面的改动，即实现 Web 应用程序和用于更好地呈现内容。

9

1．实现 Web 应用程序

HTML 5 引入新的功能，以帮助 Web 应用程序的创建者更好地在浏览器中创建富媒体应用程序，这是当前 Web 应用的热点。多媒体应用程序目前主要由 Ajax 和 Flash 来实现，HTML 5 的出现增强了这种应用。HTML 5 用于实现 Web 应用程序的功能如下。

（1）绘画的 Canvas 元素，该元素就像在浏览器中嵌入一块画布，程序可以在画布上绘画。

（2）更好的用户交互操作，包括拖放、内容可编辑等。

（3）扩展的 HTML DOM API。

（4）本地离线存储。

（5）Web SQL 数据库。

（6）离线网络应用程序。

（7）跨文档消息。

（8）Web Workers 优化 JavaScript 执行。

2．更好地呈现内容

基于 Web 表现的需要，HTML 5 引入了更好地呈现内容的元素，主要有以下三项。

（1）用于视频、音频播放的 video 元素和 audio 元素。

（2）用于文档结构的 article、footer、header、nav、section 等元素。

（3）功能强大的表单控件。

1.3.3　HTML 5 元素

根据内容类型的不同，可以将 HTML 5 的标签元素分为 7 类，见表 1-1。

表 1-1　HTML 5 的内容类型

内容类型	描　　述
内嵌	向文档中添加其他类型的内容，例如 audio、video、canvas 和 iframe 等
流	在文档和应用的 body 中使用的元素，例如 form、h1 和 small 等
标题	段落标题，例如 h1、h2 和 hgroup 等
交互	与用户交互的内容，例如音频和视频的控件、button 和 textarea 等
元数据	通常出现在页面的 head 中，设置页面其他部分的表现和行为，例如 script、style 和 title 等
短语	文本和文本标签元素，例如 mark、kbd、sub 和 sup 等
片段	用于定义页面片段的元素，例如 article、aside 和 title 等

其中的一些元素如 canvas、audio 和 video，在使用时往往需要其他 API 来配合，以实现细粒度控制，但它们同样可以直接使用。

1.4　HTML 5 的基本结构

　　每个网页都有其基本的结构,包括 HTML 的语法结构、编写规范、文档结构以及标签的格式等。

1.4.1　HTML 5 语法结构

1. 标签

　　HTML 文档由标签和被标签的内容组成。标签能产生所需要的各种效果,其功能类似于一个排版软件,将网页的内容排成理想的效果。标签(tag)是用一对尖括号"<"和">"括起来的单词或单词缩写,各种标签的效果差别很大,但总的表示形式却大同小异,大多数都成对出现。在 HTML 中,通常标签都是由开始标签和结束标签组成的,开始标签用"<标签>"表示,结束标签用"</标签>"表示。其格式为:

<标签>受标签影响的内容 </标签>

　　例如,一级标题标签<h1>表示为:

<h1>学习网页制作</h1>

需要注意以下两点。

　　(1) 每个标签都要用"<"(小于号)和">"(大于号)括起来,如<p>、<table>,以表示这是 HTML 代码而非普通文本。注意,"<"">"与标签名之间不能留有空格或其他字符。

　　(2) 在标签名前加上符号"/"是其结束标签,表示该标签内容的结束,如</h1>。标签也有不用</标签>结尾的,称为单标签。例如,换行标签
。

2. 属性

　　标签仅仅规定这是什么信息,但是要想显示或控制这些信息,就需要在标签后面加上相关的属性。标签通过属性来制作出各种效果,通常都是以"属性名＝"值""的形式来表示,用空格隔开后,还可以指定多个属性,并且在指定多个属性时不用区分顺序。其格式为:

<标签　属性 1="属性值 1"　属性 2="属性值 2" …>受标签影响的内容 </标签>

　　例如,一级标题标签<h1>有属性 align,align 表示文字的对齐方式,表示为:

<h1 align="left">学习网页制作</h1>

3. 元素

　　元素是指包含标签在内的整体,元素的内容是开始标签与结束标签之间的内容。没

11

有内容的 HTML 元素被称为空元素,空元素是在开始标签中关闭的。例如,以下代码片段所示。

```
<h1>学习网页制作</h1>          <!--该 h1 元素为有内容的元素-->
<br/>                       <!--该 br 元素为空元素,在开始标签中关闭-->
```

1.4.2　HTML 5 编写规范

页面的 HTML 代码书写必须符合 HTML 规范,这是用户编写拥有良好结构文档的基础,这些文档可以很好地工作于所有的浏览器,并且可以向后兼容。

1．标签的规范

(1) 标签分单标签和双标签,双标签往往是成对出现,所有标签(包括空标签)都必须关闭,如
、<img/>、<p>...</p>等。

(2) 标签名和属性建议都用小写字母。

(3) 多数 HTML 标签可以嵌套,但不允许交叉。

(4) HTML 文件一行可以写多个标签,但标签中的一个单词不能分两行写。

2．属性的规范

(1) 根据需要可以使用该标签的所有属性,也可以只用其中的几个属性。在使用时,属性之间没有顺序。

(2) 属性值都要用双引号括起来。

(3) 并不是所有的标签都有属性,如换行标签就没有。

3．元素的嵌套

(1) 块级元素可以包含行级元素或其他块级元素,但行级元素却不能包含块级元素,它只能包含其他的行级元素。

(2) 有几个特殊的块级元素只能包含行级元素,不能再包含块级元素,这几个特殊的标签是<h1>、<h2>、<h3>、<h4>、<h5>、<h6>、<p>、<dt>。

4．代码的缩进

HTML 代码并不要求在书写时缩进,但为了文档的构性和层次性,建议初学者使用标记时首尾对齐,内部的内容向右缩进几格。

1.4.3　HTML 5 文档结构

HTML 5 文档是一种纯文本格式的文件,文档的基本结构如下:

```
<!doctype html>
```

```
<html>
  <head>
    <meta charset="gb2312">
    <title>文档标题</title>
  </head>
  <body>
    网页内容
  </body>
</html>
```

1. 文档类型

在编写 HTML 5 文档时，要求指定文档类型，用于向浏览器说明当前文档使用的是哪种 HTML 标准。文档类型声明的格式如下：

```
<!doctype html>
```

这行代码称为 doctype 声明，doctype 是 document type（文档类型）的简写。要建立符合标准的网页，doctype 声明是必不可少的关键组成部分。doctype 声明必须放在每一个 HTML 文档的最顶部，在所有代码和标签之前。

2. HTML 文档标签＜html＞...＜/html＞

HTML 文档标签的格式如下：

```
<html>HTML 文档的内容 </html>
```

＜html＞处于文档的最前面，表示 HTML 文档的开始，即浏览器从＜html＞开始解释，直到遇到＜/html＞为止。每个 HTML 文档均以＜html＞开始，以＜/html＞结束。

3. HTML 文档头标签＜head＞...＜/head＞

HTML 文档包括头部（head）和主体（body）。HTML 文档头标签的格式如下：

```
<head>头部的内容 </head>
```

文档头部内容在开始标签＜html＞和结束标签＜/html＞之间定义，其内容可以是标题名或文本文件地址、创作信息等网页信息说明。

4. HTML 文档编码

HTML 5 文档直接使用 meta 元素的 charset 属性指定文档编码，格式如下：

```
<meta charset="gb2312">
```

为了被浏览器正确解释和通过 W3C 代码校验，所有的 HTML 文档都必须声明它们所使用的编码语言。文档声明的编码应该与实际的编码一致，否则就会呈现为乱码。对于中文网页的设计者来说，用户一般使用 gb2312（简体中文）。

5．HTML 文档主体标签＜body＞...＜/body＞

HTML 文档主体标签的格式如下：

```
<body>
    网页的内容
</body>
```

主体位于头部之后，以＜body＞为开始标签，＜/body＞为结束标签。它定义网页上显示的主要内容与显示格式，是整个网页的核心，网页中要真正显示的内容都包含在主体中。

1.5 网页文件的创建过程

任意文本编辑器都可以用于编写网页源代码，最常见的文本编辑器就是 Windows 自带的记事本。本书中所有的网页源代码均采用在记事本中手工输入，有助于设计人员对网页结构和样式有更深入的了解。

一个简单的网页可以只有几个文字，也可以复杂得像一张或几张海报。下面创建一个只有文本组成的简单页面，通过它来学习网页的编辑、保存过程。下面用最简单的“记事本”来编辑网页文件。

（1）打开记事本。单击 Windows 中的“开始”按钮，在“程序”菜单的“附件”子菜单中选择“记事本”命令。

（2）创建新文件，并按 HTML 语言规则编辑。在“记事本”窗口中输入 HTML 代码，具体的内容如图 1-11 所示。

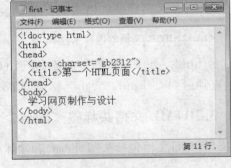

图 1-11　输入 HTML 代码

（3）保存网页。打开“记事本”的“文件”菜单，选择“保存”命令。此时将出现“另存为”对话框，在“保存在”下拉列表框中选择文件要存放的路径；在“文件名”文本框中输入以 .html 为后缀的文件名，如 first.html；在“保存类型”下拉列表框中选择“文本文档（＊.txt）”选项，如图 1-12 所示。最后单击“保存”按钮，将记事本中的内容保存在磁盘中。

（4）在“我的电脑”相应的存盘文件夹中双击 first.html 文件启动浏览器，即可看到网页的显示结果。

如果希望将该网页作为网站的首页（主页），即当浏览者输入网址后，就显示该网页的内容，可以把这个文件设为默认文档，文件名为 index.html 或 index.htm。

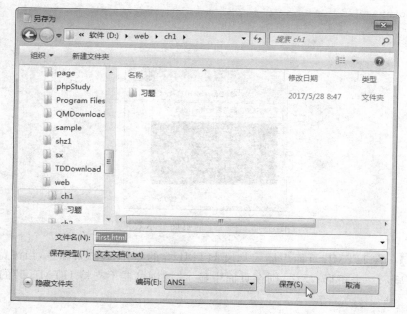

图 1-12　"记事本"的"另存为"对话框

1.6　搭建支持 HTML 5 的浏览器环境

尽管各主流厂商的最新版浏览器都对 HTML 5 提供了很好的支持,但 HTML 5 是一种全新的 HTML 标签语言,许多功能必须在搭建好相应的浏览环境后才可以正常浏览。因此,在正式执行一个 HTML 5 页面之前,必须先搭建支持 HTML 5 的浏览器环境,并检查浏览器是否支持 HTML 5 标签。

目前,Microsoft 的 IE 系列浏览器仅有 IE 9 及其以上版本支持 HTML 5,本书所有的应用实例均是在 Windows 7 操作系统下的 IE 9 浏览器中运行的。

【例 1-1】　制作简单的 HTML 5 文档检测浏览器是否支持 HTML 5,本例文件 1-1. html 在 IE 9 浏览器中的显示效果如图 1-13 所示。

代码如下:

```
<!doctype html>
<html>
  <head>
    <meta charset="gb2312">
    <title>检查浏览器是否支持 HTML 5</title>
  </head>
<body>
    <canvas id="my" width="200" height="100" style="border: 3px solid #f00;
    background-color: #00f">            <!--HTML 5 的 canvas 画布标签-->
    该浏览器不支持 HTML 5
```

```
    </canvas>
  </body>
</html>
```

图 1-13　例 1-1 的页面显示效果

【说明】　在 HTML 页面中插入一段 HTML 5 的 canvas 画布标签,当浏览器支持该标签时,将显示一个矩形;反之,则在页面中显示"该浏览器不支持 HTML 5"的提示。

习　　　题

1. WWW 浏览常用的浏览器是什么浏览器? URL 的含义和功能是什么?
2. 简述超文本和超文本标记语言的特点。
3. 举例说明常用的搜索引擎及使用搜索引擎查找信息的方法。
4. 什么是 Web 标准? 举例说明网页的表现和结构相分离的含义。
5. 简述 HTML 5 文档的基本结构及语法规范。
6. 使用记事本创建一个包含网页基本结构的页面。
7. 制作简单的 HTML 5 文档,检测浏览器是否支持 HTML 5。

第 2 章　HTML 5 语言基础

网页内容的表现形式多种多样,包括文本、超链接、列表和图像元素等,本章将重点介绍如何在页面中添加与编辑这些网页元素,以实现 HTML 5 页面的基本排版。

2.1　HEAD 元素

在网页的头部中,通常存放一些介绍页面内容的信息,例如,页面标题、描述、关键词、链接的 CSS 样式文件和客户端的 JavaScript 脚本文件等。

其中,页面标题及页面描述称为页面的摘要信息。摘要信息的生成在不同的搜索引擎中会存在比较大的差别,即使是同一个搜索引擎也会由于页面的实际情况而有所不同。一般情况下,搜索引擎会提取页面标题标签中的内容作为摘要信息的标题,而描述则常来自页面描述标签的内容或直接从页面正文中截取。如果希望自己发布的网页能被百度、谷歌等搜索引擎搜索,那么在制作网页时就需要注意编写网页的摘要信息。

2.1.1　<title>标签

<title>标签是页面标题标签,它将 HTML 文件的标题显示在浏览器的标题栏中,用于说明文件的用途,这个标签只能应用于<head>与</head>之间。<title>标签是对文件内容的概括,一个好的标题能使读者从中判断出该文件的大概内容。

网页的标题不会显示在文本窗口中,而是以窗口的名称显示出来,每个文档只允许有一个标题。网页的标题能给浏览者带来方便,如果浏览者喜欢该网页,将它加入书签中或保存到磁盘上,标题就作为该页面的标志或文件名。另外,使用搜索引擎时显示的结果也是页面的标题。

<title>标签位于<head>与</head>中,用于标示文档标题。格式如下:

\<title\>标题名\</title\>

例如,搜狐网站的主页,对应的网页标题如下:

```
<title>搜狐</title>
```

打开网页后,将在浏览器窗口的标题栏显示"搜狐"网页标题。在网页文档头部定义的标题内容不在浏览器窗口中显示,而是在浏览器的标题栏中显示。尽管文档头部定义的信息很多,但能在浏览器标题栏中显示的信息只有标题内容。

2.1.2 ＜meta＞标签

＜meta＞标签是元信息标签,在 HTML 中是一个单标签。该标签可重复出现在头部标签中,用来指明本页的作者、制作工具和所包含的关键字,以及其他一些描述网页的信息。

＜meta＞标签分两大属性:HTTP 标题属性(http-equiv)和页面描述属性(name)。不同的属性又有不同的参数值,这些不同的参数值就实现了不同的网页功能。本小节主要讲解 name 属性,用于设置搜索关键字和描述。＜meta＞标签的 name 属性的语法格式如下:

<meta name="参数" content="参数值" />

name 属性主要用于描述网页摘要信息,与之对应的属性值为 content,content 中的内容主要是为了便于搜索引擎查找信息和分类信息。

name 属性主要有以下两个参数:keywords 和 description。

(1) keywords(关键字)。keywords 用来告诉搜索引擎网页使用的关键字。例如,国内著名的搜狐网,其主页的关键字设置如下:

```
<meta name="keywords" content="搜狐,门户网站,新媒体,网络媒体,新闻,财经,体育,娱乐,时尚,汽车,房产,科技,图片,论坛,微博,博客,视频,电影,电视剧"/>
```

(2) description(网站内容描述)。description 用来告诉搜索引擎网站主要的内容。例如,搜狐网站主页的内容描述设置如下:

```
<meta name="Description" content="搜狐网为用户提供 24 小时不间断的最新资讯,及搜索、邮件等网络服务。内容包括全球热点事件、突发新闻、时事评论、热播影剧、体育赛事、行业动态、生活服务信息,以及论坛、博客、微博、我的搜狐等互动空间。" />
```

当浏览者通过百度搜索引擎搜索"搜狐"时,就可以看到搜索结果中显示出网站主页的标题、关键字和内容描述,如图 2-1 所示。

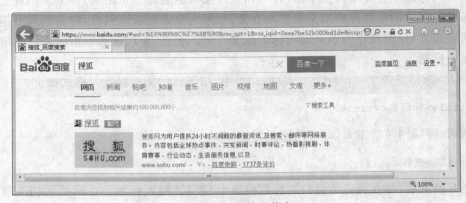

图 2-1　页面摘要信息

2.1.3　＜link＞标签

　　＜link＞标签是关联标签,用于定义当前文档与 Web 集合中其他文档的关系,建立一个树状链接组织。＜link＞标签并不将其他文档实际链接到当前文档中,只是提供链接该文档的一个路径。＜link＞标签最常用的是用来链接 CSS 样式文件,格式如下:

```
<link rel="stylesheet" href="外部样式表文件名.css" type="text/css" />
```

2.1.4　＜script＞标签

　　＜script＞标签是脚本标签,用于为 HTML 文档定义客户端脚本信息。此标签可在文档中包含一段客户端脚本程序。此标签可以位于文档中任何位置,但常位于＜head＞标签内,以便于维护。格式如下:

```
<script type="text/javascript" src="脚本文件名.js"></script>
```

　　【例 2-1】　制作宇宙电子页面摘要信息,由于摘要信息不能显示在浏览器窗口中,因此这里只给出本例文件 2-1.html 的代码。

　　代码如下:

```
<!doctype html>
<html>
  <head>
    <meta charset="gb2312">
    <title>宇宙电子</title>
    <meta name="keywords" content="宇宙电子,自动化生产,定制化服务,品质保证" />
    <meta name="description" content="宇宙电子采用标准化和定制化服务相结合的经
    营模式,以高品质产品为立足点,以技术服务于市场为导向,以先进优良的自动化生产和测
    试装备为保障,为客户提供持续的优良产品生产服务和品质保证。"/>
  </head>
  <body>
  </body>
</html>
```

　　【说明】　位于头部的摘要信息不会在网页上直接显示,而是通过浏览器内部方式起作用。

2.2　文　本　元　素

　　在网页制作过程中,通过文本与段落的基本排版即可制作出简单的网页。以下讲解常用的文本与段落排版所使用的标签。

19

2.2.1　标题文字标签

在页面中,标题是一段文字内容的核心,所以总是用加强的效果来表示。网页中的信息可以分为主要点、次要点,可以通过设置不同大小的标题,增加文章的条理性。标题文字标签的格式如下:

<h#align="left|center|right">标题文字</h#>

"＃"用来指定标题文字的大小,"＃"取 1～6 的整数值,取 1 时文字最大,取 6 时文字最小。

属性 align 用来设置标题在页面中的对齐方式,包括 left(左对齐)、center(居中)或 right(右对齐),默认为 left。

<h＃>…</h＃>标签默认显示宋体,在一个标题行中无法使用不同大小的字体。

【例 2-2】　列出 HTML 中的各级标题,本例文件 2-2. html 在浏览器中显示的效果如图 2-2 所示。

代码如下:

```
<html>
  <head>
    <title>标题示例</title>
  </head>
  <body>
    <h1>一级标题</h1>
    <h2>二级标题</h2>
    <h3>三级标题</h3>
    <h4>四级标题</h4>
    <h5>五级标题</h5>
    <h6>六级标题</h6>
  </body>
</html>
```

图 2-2　各级标题

2.2.2　字体标签

在网页中为了增强页面的层次,其中的文字可以用不同的大小、字体、字型、颜色,可用<font>标签设置。设置文字的格式如下:

<font size="数字" face="字体名" color="颜色">被设置的文字</font>

<font>标签可设定文字的字体、字号和颜色。其中:

size 用来设置文字的大小。数字的取值范围从 1～7,size 取 1 时最小,取 7 时最大。

face 用来设置字体。如黑体、宋体、楷体_GB2312、隶书、Times New Roman 等。

color 用来设置文字颜色,默认为黑色。

文字颜色可以用相应的英文名称或以"＃"引导的一个十六进制代码来表示,见

表 2-1。

表 2-1　色彩代码

色　彩	色彩英文名称	十六进制代码
黑色	black	#000000
蓝色	blue	#0000ff
棕色	brown	#a52a2a
青色	cyan	#00ffff
灰色	gray	#808080
绿色	green	#008000
乳白色	ivory	#fffff0
橘黄色	orange	#ffa500
粉红色	pink	#ffc0cb
红色	red	#ff0000
白色	white	#ffffff
黄色	yellow	#ffff00
深红色	crimson	#cd061f
黄绿色	greenyellow	#0b6eff
水蓝色	dodgerblue	#0b6eff
淡紫色	lavender	#dbdbf8

【例 2-3】　使用<font>标签设置文字样式,本例文件 2-3. html 在浏览器中的显示效果如图 2-3 所示。

代码如下:

```html
<html>
  <head>
    <title>font 标签</title>
  </head>
  <body>
    <h2 align="center">设置文字样式</h2>
    <p>默认文字样式</p>
    <p><font size="4" color="blue">4 号蓝色文字</font></p>
    <p><font size="5" color="green">5 号绿色文字</font></p>
    <p><font face="微软雅黑" size="6" color="red">6 号红色微软雅黑文字</font>
      </p>
  </body>
</html>
```

2.2.3　特殊符号

由于大于号">"和小于号"<"等已作为 HTML 的语法符号,因此,如果要在页面中显示这些特殊符号,必须使用相应的 HTML 代码表示,这些特殊符号对应的 HTML 代

21

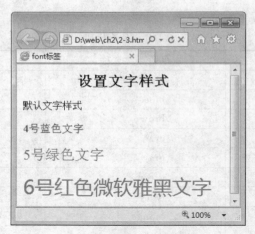

图 2-3　＜font＞标签示例

码被称为字符实体。

常用的特殊符号及对应的字符实体见表 2-2。这些字符实体都以"&"开头,以";"结尾。

表 2-2　常用的特殊符号及对应的字符实体

特 殊 符 号	字符实体	示　　　例
空格		宇宙电子. 客服电话:400-820-1111
大于(＞)	&gt;	30>20
小于(＜)	&lt;	20<30
引号(')	&quot;	HTML 属性值必须使用成对的 "括起来
人民币符号(￥)	&yen;	售价:¥800
破折号(—)	&#8212;	春看玫瑰树,西邻即宋家。门深重暗叶,墙近度飞花。—《芳树》
版权号(©)	&copy;	Copyright © 宇宙电子

2.3　文本层次语义元素

为了使 HTML 页面中的文本内容更加形象生动,需要使用一些特殊的元素来突出文本之间的层次关系,这样的元素称为层次语义元素。文本层次语义元素通常用于描述特殊的内容片段,可使用这些语义元素标注出重要信息,例如,名称、评价、注意事项、日期等。

2.3.1　＜time＞标签

＜time＞标签用于定义公历的时间(24 小时制)或日期,时间和时区偏移是可选的。

<time>标签不会在浏览器中呈现任何特殊效果,但是能以机器可读的方式对日期和时间进行编码,例如,用户能够将生日提醒或排定的事件添加到用户日程表中,搜索引擎也能够生成更智能的搜索结果。

<time>标签的属性见表 2-3。

表 2-3　<time>标签的属性

属　　性	描　　述
datetime	规定日期/时间,否则由元素的内容给定日期/时间
pubdate	指示<time>标签中的日期/时间是文档(或<article>标签)的发布日期

【例 2-4】　使用<time>标签设置日期和时间,本例文件 2-4.html 在浏览器中的显示效果如图 2-4 所示。

代码如下:

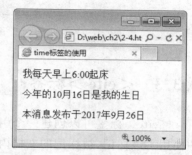

图 2-4　<time>标签示例

```
<!doctype html>
<html>
  <head>
    <meta charset="gb2312">
    <title>time 标签的使用</title>
  </head>
  <body>
    <p>我每天早上<time>6: 00</time>起床</p>
    <p>今年的< time datetime = "2017 - 10 - 16">
       10 月 16 日</time>是我的生日</p>
    <time datetime="2017-09-26" pubdate="pubdate">
    本消息发布于 2017 年 9 月 26 日
    </time>
  </body>
</html>
```

2.3.2　<mark>标签

<mark>标签用来定义带有记号的文本,其主要功能是在文本中高亮显示某个或某几个字符,引起用户的特别注意。

【例 2-5】　使用<mark>标签设置文本高亮显示,本例文件 2-5.html 在浏览器中的显示效果如图 2-5 所示。

代码如下:

```
<!doctype html>
<html>
  <head>
    <meta charset="gb2312">
    <title>mark 标签示例</title>
  </head>
  <body>
```

```
<h3>宇宙电子的<mark>经营宗旨</mark></h3>
<p>宇宙电子采用<mark>标准化</mark>和<mark>定制化</mark>服务相结合的经营模
    式,为客户提供持续的优良产品生产服务和品质保证。
</body>
</html>
```

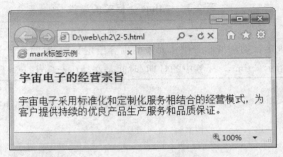

图 2-5　＜mark＞标签示例

2.3.3　＜cite＞标签

＜cite＞标签可以创建一个引用标记,用于对文档参考文献的引用说明,一旦在文档中使用了该标记,被标记的文档内容将以斜体的形式展示在页面中,以区别于段落中的其他字符。

【例 2-6】　使用＜cite＞标签设置文档引用说明,本例文件 2-6. html 在浏览器中的显示效果如图 2-6 所示。

代码如下:

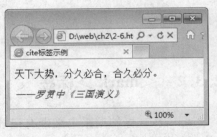

图 2-6　＜cite＞标签示例

```
<!doctype html>
<html>
  <head>
    <meta charset="gb2312">
    <title>cite标签示例</title>
  </head>
  <body>
    <p>天下大势,分久必合,合久必分。</p>
    <cite>——罗贯中《三国演义》</cite>
  </body>
</html>
```

2.4　文档结构元素

段落和水平线属于最基本的文档结构元素。在网页制作过程中,通过段落的排版即可制作出简单的网页。以下介绍基本的文档结构元素。

2.4.1　段落标签

由于浏览器忽略用户在 HTML 编辑器中输入的回车符,为了使文字段落排列的整齐、清晰,常用段落标签<p>…</p>实现这一功能。段落标签<p>是 HTML 格式中特有的段落元素,在 HTML 格式中不需要在意文章每行的宽度,不必担心文字是不是太长而被截掉,它会根据窗口的宽度自动转折到下一行。段落标签的格式如下:

<p align="left|center|right">文字</p>

其中,属性 align 用来设置段落文字在网页上的对齐方式,可取值包括 left(左对齐)、center(居中)和 right(右对齐),默认为 left。格式中的"|"表示"或者",即多项选其一。

【例 2-7】　列出包含<p>标签的多种属性,本例文件 2-7.html 在浏览器中的显示效果如图 2-7 所示。

代码如下:

图 2-7　<p>标签示例

```
<html>
  <head>
    <title>段落 p 标签示例</title>
  </head>
  <body>
    <p align="center">宇宙电子新闻发布</p>
    <p align="right">编辑:王小虎</p>
    <p align="left">宇宙电子有限公司获得……(此处省略文字)</p>
    <p align="center">Copyright &copy; 2017 宇宙电子</p>
  </body>
</html>
```

【说明】　段落标签会在段落前后加上额外的空行,不同段落间的间距等于连续加了两个换行标签
,用于区别文字的不同段落。

2.4.2　换行标签

网页内容并不都是像段落那样,有时候没有必要用多个<p>标签去分割内容。如果编辑网页内容只是为了换行,而不是从新段落开始,可以使用
标签。

标签将打断 HTML 文档中正常段落的行间距和换行。
放在任意一行中都会使该行换行,如果
放在一行的末尾,可以使后面的文字、图像、表格等显示于下一行,而又不会在行与行之间留下空行,即强制文本换行。换行标签的格式如下:

**文字
**

浏览器解释时,从该处换行。换行标签单独使用,可使页面清晰、整齐。

25

【例 2-8】 制作宇宙电子联系方式的页面。本例文件 2-8. html 的显示效果如图 2-8
所示。

代码如下：

```html
<html>
  <head>
    <title>br 标签示例</title>
  </head>
  <body>
    <h2>联系方式</h2>
    QQ：100588023<br />
    企业微信号：6666699999<br />
    客服邮箱：100588023@qq.com<br /><br />
      <!--两个<br />标签相当于一个段落标签-->
    客服电话：400-820-1111<br />
    联系人：王小虎<br />
  </body>
</html>
```

图 2-8 ＜br＞标签示例

【说明】 用户可以使用段落标签＜p＞制作页面中"客服邮箱"和"客服电话"之间较
大的空隙，也可以使用两个＜br/＞标签实现这一效果。

2.4.3 缩排标签

＜blockquote＞标签可定义一个块引用。＜blockquote＞与＜/blockquote＞之间的
所有文本都会从常规文本中分离出来，经常会在左、右两边进行缩进，而且有时会使用斜
体。也就是说，块引用拥有它们自己的空间。缩排标签的格式如下：

＜blockquote＞文本＜/blockquote＞

【例 2-9】 ＜blockquote＞标签的基本用法，本例文件 2-9. html 在浏览器中的显示效
果如图 2-9 所示。

代码如下：

```html
<html>
  <head>
    <title>blockquote 标签示例</title>
  </head>
  <body>
    <p align="center">宇宙电子经营宗旨</p>
    <blockquote>
    宇宙电子采用标准化和定制化服务相结合的经营模式，以高品质产品为立足点，以技术服
      务于市场为导向，为客户提供持续的优良产品生产服务和品质保证。
    </blockquote>
    请注意，浏览器在 blockquote 标签前后添加了换行，并增加了外边距。
  </body>
```

```
</html>
```

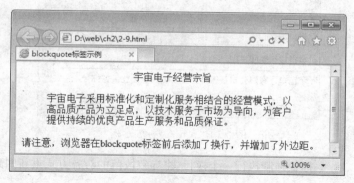

图 2-9　＜blockquote＞标签示例

【说明】　浏览器会自动在 blockquote 标签前后添加换行,并增加外边距。

2.4.4　水平线标签

水平线可以作为段落与段落之间的分隔线,使文档结构清晰,层次分明。当浏览器解释到 HTML 文档中的＜hr/＞标签时,会在此处换行,并加入一条水平线段。

水平线标签的格式如下:

＜hr align="left|center|right" size="横线粗细" width="横线长度" color="横线色彩" noshade="noshade" /＞

其中,属性 size 设定线条粗细,以像素为单位,默认值为 2。

属性 width 设定线段长度,可以是绝对值(以像素为单位)或相对值(相对于当前窗口的百分比)。所谓绝对值,是指线段的长度是固定的,不随窗口尺寸的改变而改变。所谓相对值,是指线段的长度相对于窗口的宽度而定,窗口的宽度改变时,线段的长度也随之改变,其默认值为 100%,即始终填满当前窗口。

【例 2-10】　＜hr/＞标签的基本用法,本例文件 2-10. html 在浏览器中的显示效果如图 2-10 所示。

代码如下:

```
<html>
  <head>
    <title>hr 标签示例</title>
  </head>
  <body>
    <p>宇宙电子新闻发布
      <hr color="blue"/>
      宇宙电子有限公司获得开封开发区百强企业荣誉称号。
    </p>
  </body>
</html>
```

27

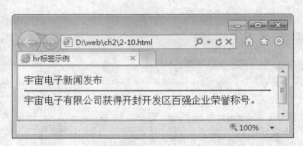

图 2-10 <hr/>标签示例

【说明】 <hr/>标签强制执行一个换行,将导致段落的对齐方式重新回到默认值设置。

2.4.5 案例——制作宇宙电子业务简介页面

经过前面文档结构元素的学习,接下来使用基本的段落排版制作宇宙电子业务简介页面。

【例 2-11】 制作宇宙电子业务简介页面,本例文件 2-11.html 的显示效果如图 2-11 所示。

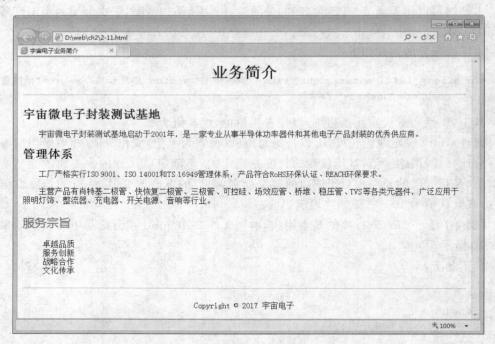

图 2-11 页面显示效果

代码如下:

```
<html>
  <head>
    <title>宇宙电子业务简介</title>
  </head>
```

```
<body>
    <h1 align="center">业务简介</h1>          <!--一级标题-->
    <hr size="1" color="orange"/>           <!--水平分隔线-->
    <h2>宇宙微电子封装测试基地</h2>
    <p>    宇宙微电子封装测试基地启动于……(此处省略文字)</p>
    <h2>管理体系</h2>                         <!--二级标题-->
    <p align="left">                         <!--段落左对齐-->
        工厂严格实行 ISO 9001……(此处省略文字)<br /><br />
        主营产品有肖特基二极管……(此处省略文字)
    </p>
    <font face="微软雅黑" size="5" color="red">服务宗旨</font><br/>
    <blockquote>
        卓越品质<br/>
        服务创新<br/>
        战略合作<br/>
        文化传承
    </blockquote>
    <hr size="1" color="orange">             <!--水平分隔线-->
    <p align="center">Copyright &copy; 2017 宇宙电子</p>
</body>
</html>
```

【说明】　HTML 不建议使用<h>标签的 align 对齐属性，可以使用 CSS 设置标题的样式。

2.5　列　　表

列表是以结构化、易读性的方式提供信息的方法。不但使用户可以方便地查找重要的信息，而且使文档结构更加清晰明确。在制作网页时，列表经常被用来写提纲和品种说明书。通过列表标签的使用能使这些内容在网页中条理清晰、层次分明、格式美观的表现出来。本节将重点介绍列表标签的使用。

列表的存在形式主要分为：无序列表、有序列表、定义列表以及嵌套列表等。

2.5.1　无序列表

无序列表就是列表中列表项的前导符号没有一定的次序，而是用黑点、圆圈、方框等一些特殊符号标识。无序列表并不会使列表项杂乱无章，而是使列表项的结构更清晰、更合理。

当创建一个无序列表时，主要使用 HTML 的<ul>标签和<li>标签来标记。其中<ul>标签标识一个无序列表的开始，<li>标签标识一个无序列表项。格式如下：

```
<ul type="符号类型">
  <li type="符号类型 1">第一个列表项
```

```
    <li type="符号类型 2">第二个列表项
        …
</ul>
```

从浏览器上看,无序列表的特点是:列表项目作为一个整体,与上下段文本间各有一行空白;表项向右缩进并左对齐,每行前面有项目符号。

<ul>标签的 type 属性用来定义一个无序列表的前导字符,如果省略了 type 属性,浏览器会默认显示为"disc"前导字符。type 取值可以为 disc(实心圆)、circle(空心圆)、square(方框)。设置 type 属性的方法有以下两种。

1. 在<ul>后指定符号的样式

在<ul>后指定符号的样式,可设定直到</ul>的加重符号。例如:

```
<ul type="disc">              //符号为实心圆点●
<ul type="circle">            //符号为空心圆点○
<ul type="square">           //符号为方块■
<ul img src="mygraph.gif">   //符号为指定的图片文件
```

2. 在<li>后指定符号的样式

在<li>后指定符号的样式,可以设置从该<li>起到</ul>的项目符号。格式就是将前面的 ul 换为 li。

【例 2-12】 使用无序列表显示宇宙乐园的文章分类,本例文件 2-12.html 的浏览效果如图 2-12 所示。

代码如下:

```
<h2>文章分类</h2>
<ul type="circle">  <!--列表样式为空心圆点-->
    <li>科技前沿
    <li>宇宙社区
    <li>心得体验
    <li>宇宙学堂
</ul>
```

图 2-12　无序列表

在上面的示例中,由于在<ul>后指定符号的样式为 type="circle",因此每个列表项显示为空心圆点。

2.5.2　有序列表

有序列表是一个有特定顺序的列表项的集合。在有序列表中,各个列表项有先后顺序之分,它们之间以编号来标记。使用<ol>标签可以建立有序列表,表项的标签仍为<li>。格式如下:

```
<ol type="符号类型">
    <li type="符号类型 1">表项 1
```

```
<li type="符号类型 2">表项 2
  ...
</ol>
```

在浏览器中显示时,有序列表整个表项与上下段文本之间各有一行空白;列表项目向右缩进并左对齐;各表项前带顺序号。

有序的符号标识包括阿拉伯数字、小写英文字母、大写英文字母、小写罗马数字、大写罗马数字。<ol>标签的 type 属性用来定义一个有序列表的符号样式,在<ol>后指定符号的样式,可设定直到</ol>的表项加重记号。格式如下:

```
<ol type="1">          //序号为数字
<ol type="A">          //序号为大写英文字母
<ol type="a">          //序号为小写英文字母
<ol type="I">          //序号为大写罗马字母
<ol type="i">          //序号为小写罗马字母
```

在<li>后指定符号的样式,可设定该表项前的加重记号。格式只需把上面的 ol 改为 li。

【例 2-13】　使用有序列表显示宇宙学堂注册步骤,本例文件 2-13.html 的浏览效果如图 2-13 所示。

代码如下:

```
<h2>宇宙学堂注册步骤</h2>
<ol type="I">     <!--列表样式为大写罗马字母-->
  <li>填写会员信息;
  <li>接收电子邮件;
  <li>激活会员账号;
  <li>注册成功。
</ol>
```

图 2-13　有序列表

在上面的示例中,由于在<ol>后指定列表样式为大写罗马字母,因此每个列表项显示为大写罗马字母。

2.5.3　定义列表

定义列表又称为释义列表或字典列表,定义列表不是带有前导字符的列项目,而是一列实物以及与其相关的解释。当创建一个定义列表时,主要用到 3 个 HTML 标签:即<dl>标签、<dt>标签、<dd>标签。格式如下:

```
<dl>
  <dt>...第一个标题项...</dt>
  <dd>...对第一个标题项的解释文字...</dd>
  <dt>...第二个标题项...</dt>
    ...
  <dd>...对第二个标题项的解释文字...</dd>
</dl>
```

31

在<dl>、<dt>和<dd>这 3 个标签组合中,<dt>是标题,<dd>是内容,<dl>可以看作承载它们的容器。当出现多组这样的标签组合时,应尽量使用一个<dt>标签配合一个<dd>标签的方法。如果<dd>标签中内容很多,可以嵌套<p>标签使用。

【例 2-14】 使用定义列表显示宇宙学堂联系方式,本例文件 2-14.html 的浏览效果如图 2-14 所示。

代码如下:

```
<h2>宇宙学堂联系方式</h2>
<dl>
  <dt>电话: </dt>
  <dd>400-820-1111</dd>
  <dt>地址: </dt>
  <dd>开封市复兴大道 3 号</dd>
</dl>
```

图 2-14 定义列表

在上面的示例中,<dl>列表中每一项的名称不再是<li>标签,而是用<dt>标签进行标记,后面跟着由<dd>标签标记的条目定义或解释。默认情况下,浏览器一般会在左边界显示条目的名称,并在下一行缩进显示其定义或解释。

2.5.4 嵌套列表

所谓嵌套列表,就是无序列表与有序列表嵌套混合使用。嵌套列表可以把页面分为多个层次,给人以很强的层次感。有序列表和无序列表不仅可以自身嵌套,而且彼此可互相嵌套。嵌套方式可分为:无序列表中嵌套无序列表、有序列表中嵌套有序列表、无序列表中嵌套无序列表、有序列表中嵌套有序列表等方式,使用者需要灵活掌握。

【例 2-15】 制作宇宙乐园页面,本例文件 2-15.html 在浏览器中的显示效果如图 2-15 所示。

代码如下:

```
<html>
  <head>
    <meta charset="gb2312">
    <title>嵌套列表</title>
  </head>
  <body>
    <h2 align="center">宇宙乐园</h2>
    <ul type="circle">
      <!--无序列表空心圆点-->
      <li>文章分类
      <ul type="square"><!--嵌套无序列表,
```

图 2-15 例 2-15 的页面显示效果

```
        列表项样式为方块-->
    <li>科技前沿
    <li>宇宙社区
    <li>心得体验
    <li>宇宙学堂
  </ul>
<hr />                          <!--水平分隔线-->
  <li>宇宙学堂注册步骤
  <ol type="a">                 <!--嵌套有序列表,列表项序号为小写英文字母-->
    <li>填写会员信息；
    <li>接收电子邮件；
    <li>激活会员账号；
    <li>注册成功。
  </ol>
<hr />                          <!--水平分隔线-->
  <li>宇宙学堂联系方式
  <dl>                          <!--嵌套定义列表-->
  <dt>电话：</dt>
    <dd>400-820-1111</dd>
  <dt>地址：</dt>
    <dd>开封市复兴大道 3 号</dd>
  </dl>
  </ul>
 </body>
</html>
```

2.6　图　　像

图像是美化网页最常用的元素之一。HTML 的一个重要特性就是可以在文本中加入图像,既可以把图像作为文档的内在对象加入,又可以通过超链接的方式加入,还可以将图像作为背景加入文档中。

2.6.1　网页图像的格式及使用要点

1. 常用的网页图像格式

虽然有很多种计算机图像格式,但由于受网络带宽和浏览器的限制,在网页上常用的图像格式有 3 种：即 GIF、JPEG 和 PNG。

(1) GIF。GIF 是 Internet 上应用最广泛的图像文件格式之一,是一种索引颜色的图像格式。该格式在网页中使用较多,它的特点是体积小,支持小型翻页型动画。GIF 图像最多可以使用 256 种颜色,最适合制作徽标、图标、按钮和其他颜色、风格比较单一的图片。

(2) JPEG。JPEG 是 Internet 上应用最广泛的图像文件格式之一,适用于摄影或连

33

续色调图像。JPG 文件可以包含多达数百万种颜色,因此 JPG 格式的文件体积较大,图片质量较佳。通常可以通过压缩 JPG 文件在图像品质和文件大小之间取得良好的平衡。当网页中对图片的质量有要求时,建议使用此格式。

（3）PNG。PNG 是一种新型的无专利权限的图像格式,兼有 GIF 和 JPG 的优点。它的显示速度很快,只需下载 1/64 的图像信息就可以显示出低分辨率的预览图像。它可以用来代替 GIF 格式,同样支持透明层,在质量和体积方面都具有优势,适合在网络中传输。

2. 使用网页图像的要点

（1）高质量的图像因其图像体积过大,不太适合网络传输。一般在网页设计中选择的图像不要超过 8KB,如必须选用较大图像时,可先将其分成若干小图像,显示时再通过表格将这些小图像拼合起来。

（2）如果在同一文件中多次使用相同的图像时,最好使用相对路径查找该图像。相对路径是相对于文件而言,从相对文件所在目录依次往下直到文件所在的位置。例如,文件 X. Y 与 A 文件夹在同一目录下,那么文件 B. A 在目录 A 下的 B 文件夹中,它对于文件 X. Y 的相对路径则为 A/B/B. A,如图 2-16 所示。

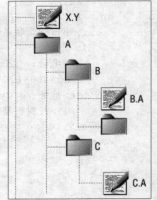

图 2-16　相对路径

2.6.2　图像标签

在 HTML 中,用＜img＞标签在网页中添加图像,图像是以嵌入的方式添加到网页中的。图像标签的格式如下:

```
<img src="图像文件名" alt="替代文字" title="鼠标悬停提示文字" width="图像宽度"
    height="图像高度" border="边框宽度" hspace="水平空白" vspace="垂直空白"
    align="环绕方式|对齐方式" />
```

标签中的属性说明见表 2-4,其中 src 是必需的属性。

表 2-4　图像标签的常用属性

属　性	说　　　明
src	指定图像源,即图像的 URL 路径
alt	如果图像无法显示,代替图像的说明文字
title	为用户提供额外的提示或帮助信息,方便用户使用
width	指定图像的显示宽度（像素数或百分数）,通常只设为图像的真实大小以免失真。若需要改变图像大小,最好事先使用图像编辑工具进行修改。百分数是指相对于当前浏览器窗口的百分比
height	指定图像的显示高度（像素数或百分数）
border	指定图像的边框大小,用数字表示,默认单位为像素,默认情况下图片没有边框,即 border＝0

续表

属　　性	说　　　明
hspace	设定图片左侧和右侧的空白像素数(水平边距)
vspace	设定图片顶部和底部的空白像素数(垂直边距)
align	指定图像的对齐方式,设定图像在水平(环绕方式)或垂直方向(对齐方式)上的位置,包括left(图像居左,文本在图像的右边)、right(图像居右,文本在图像的左边)、top(文本与图像在顶部对齐)、middle(文本与图像在中央对齐)或 bottom(文本与图像在底部对齐)

需要注意的是,在 width 和 height 属性中,如果只设置了其中的一个属性,则另一个属性会根据已设置的属性按原图等比例显示。如果对两个属性都进行了设置,且其比例和原图大小的比例不一致,那么显示的图像会相对于原图变形或失真。

1. 图像的替换文本说明

有时,由于网络过忙或者用户在图片还没有下载完全就单击了浏览器的停止键,导致用户不能在浏览器中看到图片,替换文本说明就十分有必要了。替换文本说明应该简洁清晰,能为用户提供足够的图片说明信息,使用户在无法看到图片的情况下也可以了解图片的内容信息。

2. 调整图像大小

在 HTML 中,通过<img>标签的属性 width 和 height 调整图像大小,其目的是通过指定图像的高度和宽度加快图像的下载速度。默认情况下,页面中显示的是图像的原始大小。如果不设置 width 和 height 属性,浏览器就要等到图像下载完毕才显示网页,因此延缓了其他页面元素的显示。

width 和 height 的单位可以是像素,也可以是百分比。百分比表示显示图像大小为浏览器窗口大小的百分比。

例如,设置产品图像的宽度和高度。代码如下:

```
<img src="images/prod.jpg" width="200" height="150" />
```

3. 图像的边框

在网页中显示的图像如果没有边框,会显得有些单调,可以通过<img>标签的border 属性为图像添加边框,添加边框后的图像显得更醒目、美观。

border 属性的值用数字表示,单位为像素;默认情况下图像没有边框,即 border=0;图像边框的颜色不可调整,默认为黑色;当图片作为超链接使用时,图像边框的颜色和文字超链接的颜色一致,默认为深蓝色。

【例 2-16】　图像的基本用法,本例文件 2-16. html 在浏览器中正常显示的效果如图 2-17 所示,当显示的图像路径错误时,效果如图 2-18 所示。

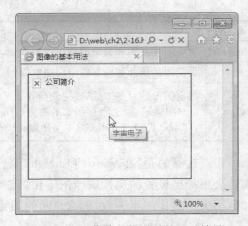

图 2-17　正常显示的图像效果　　　　图 2-18　图像路径错误时的显示效果

代码如下：

```
<html>
  <head>
    <title>图像的基本用法</title>
  </head>
  <body>
    <img src="images/com.jpg" width="264" height="175" border="1" alt="公司
      简介" title="宇宙电子"/>
  </body>
</html>
```

【说明】

（1）当显示的图像不存在时，页面中图像的位置将显示出网页图片丢失的信息，但由于设置了 alt 属性，因此在 ⊠ 的右边显示出替代文字"公司简介"。同时，由于设置了 title 属性，因此在替代文字附近还显示出提示信息"宇宙电子"。

（2）在使用<img>标签时，最好同时使用 alt 属性和 title 属性，避免因图片路径错误带来错误信息，同时，增加了鼠标提示信息也方便了浏览者的使用。

2.6.3　设置网页背景图像

在网页中可以利用图像作为背景，就像在照相的时候经常要取一些背景一样。但是注意不要让背景图像影响网页内容的显示，因为背景图像只是起到渲染网页的作用。此外，背景图片最好不要设置边框，这样有利于生成无缝背景。

背景属性将背景设置为图像。属性值为图片的 URL。如果图像尺寸小于浏览器窗口，那么图像将在整个浏览器窗口进行复制。格式如下：

<body background="背景图像路径">

设置网页背景图像应注意以下要点。

- 背景图像是否增加了页面的加载时间,背景图像文件大小不应超过 10KB。
- 背景图像是否与页面中的其他图像搭配合适。
- 背景图像是否与页面中的文字颜色搭配合适。

【例 2-17】 设置网页背景图像,本例文件 2-17.html 在浏览器中的显示效果如图 2-19 所示。

代码如下:

```html
<html>
  <head>
    <meta charset="gb2312" />
    <title>设置网页背景图像</title>
  </head>
  <body background="images/com.jpg">
  </body>
</html>
```

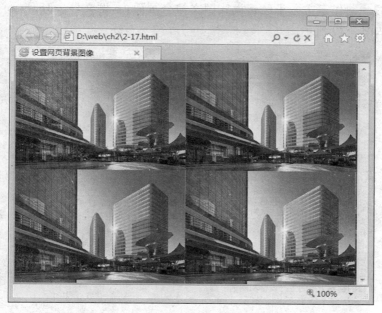

图 2-19　设置网页背景图像

2.6.4　图文混排

图文混排技术是指设置图像与同一行中的文本、图像、插件或其他元素的对齐方式。在制作网页时要在网页中的某个位置插入一个图像,使文本环绕在图像的周围。

<img>标签的 align 属性用来指定图像与周围元素的对齐方式,实现图文混排效果,其取值见表 2-5。

与其他元素不同的是,图像的 align 属性既包括水平对齐方式,又包括垂直对齐方

37

式。align 属性的默认值为 bottom。

表 2-5 图像的 align 属性的取值

align 的取值	说　　明
left	在水平方向上向上左对齐
center	在水平方向上向上居中对齐
right	在水平方向上向上右对齐
top	图片顶部与同行其他元素顶部对齐
middle	图片中部与同行其他元素中部对齐
bottom	图片底部与同行其他元素底部对齐

2.6.5 案例——制作宇宙电子经营模式图文简介页面

【例 2-18】 制作宇宙电子经营模式图文简介页面,本例文件 2-18.html 在浏览器中的显示效果如图 2-20 所示。

图 2-20 例 2-18 的页面显示效果

代码如下:

```html
<html>
  <head>
    <meta charset="gb2312" />
    <title>宇宙电子经营模式图文简介</title>
  </head>
  <body>
    <h1 align="center">经营模式</h1>
    <hr/>
```

```
    <img src="images/com.jpg" width="264" height="175" align="right" hspace=
      "20" vspace="10"alt="经营模式"/>宇宙电子采用标准化和定制化服务相结合的经
      营模式,……(此处省略文字)
  </body>
</html>
```

【说明】

（1）本例中图像设置了 align＝"right"，实现了图像居右、文字居左的图文混排效果；同时图像还设置了 hspace＝"20"和 vspace＝"10"，定义了图像和文字之间的水平间距和垂直间距。

（2）如果不设置文本对图像的环绕，图像将在页面中占用一整片空白区域。

2.7　超　链　接

HTML 的核心就是能够轻而易举地实现互联网上的信息访问、资源共享。HTML 可以链接到其他的网页、图像、多媒体、电子邮件地址、可下载的文件等。

2.7.1　超链接概述

1. 超链接的定义

超链接（hyperlink）是指从一个网页指向一个目标的连接关系，这个目标可以是另一个网页，也可以是相同网页上的不同位置，还可以是一个图片，一个电子邮件地址，一个文件，甚至是一个应用程序。

超链接是一个网站的精髓。超链接在本质上属于网页的一部分，通过超链接将各个网页链接在一起后，才能真正构成一个网站。

超链接除了可链接文本外，也可链接各种媒体，如声音、图像和动画等，通过它们可以将网站建设成一个丰富多彩的多媒体世界。当网页中包含超链接时，其外观形式为彩色（一般为蓝色）且带下划线的文字或图像。单击这些文本或图像，可跳转到相应位置。鼠标指针指向超链接时，将变成手形。

2. 超链接的分类

根据超链接目标文件的不同，超链接可分为页面超链接、锚点超链接、电子邮件超链接等；根据超链接单击对象的不同，超链接可分为文本超链接、图像超链接、图像映射等。

3. 路径

创建超链接时必须了解链接与被链接文本的路径。在一个网站中，路径通常有 3 种表示方式：即绝对路径、根目录相对路径和文档目录相对路径。

（1）绝对路径。绝对路径是包括通信协议名、服务器名、路径及文件名的完全路径。

如链接清华大学信息科学技术学院首页,绝对路径是 http://www.sist.tsinghua.edu.cn/docinfo/index.jsp。如果站点之外的文档在本地计算机上,比如连接 D 盘 book 目录下 default.html 文件,那么它的路径就是 file://D:/book/default.html,这种完整地描述文件位置的路径也是绝对路径。

(2) 根目录相对路径。根目录相对路径的根是指本地站点文件夹(根目录),以"/"开头,路径是从当前站点的根目录开始计算。比如一个网页链接或引用站点根目录下 images 目录中的一个图像文件 a.gif,用根相对路径表示就是/images/a.gif。

(3) 文档目录相对路径。文档目录相对路径是指包含当前文档所在的文件夹,也就是以当前文档所在的文件夹为基础开始计算路径。文档目录相对路径适合于创建网站内部链接。它是以当前文件所在的路径为起点,进行相对文件的查找。

2.7.2　超链接的应用

1. 创建锚点

锚点与链接的文字可以在同一个页面,也可以在不同的页面。在实现锚点链接之前,需要先创建锚点,通过创建的锚点才能对页面的内容进行引导与跳转。

创建锚点的语法格式如下:

`<a href="url" title="指向链接显示的文字" target="窗口名称">热点文本</a>`

其中,锚点的名称可以是数字或英文字母,或者两者混合。在同一页面中可以有多个锚点,但名称不能相同。

建立链接时,href 属性定义了这个链接所指的目标地址,也就是路径。如果要创建一个不链接到其他位置的空超链接,可用"#"代替 URL。

target 属性设定链接被单击后所要开始窗口的方式,有以下 4 种方式。

_blank:在新窗口中打开被链接文档。

_self:默认。在相同的框架中打开被链接文档。

_parent:在父框架集中打开被链接文档。

_top:在整个窗口中打开被链接文档。

2. 在不同页面中使用锚点

在不同页面中使用锚点,就是在当前页面与其他相关页面之间建立超链接。根据目标文件与当前文件的目录关系,有 4 种写法。注意,应该尽量采用相对路径。

1) 链接到同一目录内的网页文件

格式如下:

`<a href="目标文件名.html">热点文本</a>`

其中,"目标文件名"是链接所指向的文件。

2）链接到下一级目录中的网页文件

格式如下：

<a href="子目录名/目标文件名.html">热点文本</a>

3）链接到上一级目录中的网页文件

格式如下：

<a href="../目标文件名.html">热点文本</a>

其中，"../"表示退到上一级目录中。

4）链接到同级目录中的网页文件

格式如下：

<a href="../子目录名/目标文件名.html">热点文本</a>

表示先退到上一级目录中，然后再进入目标文件所在的目录。

3. 书签链接

在浏览页面时，如果页面篇幅很长，要不断地拖动滚动条，给浏览带来不便，要是浏览者既可以从头阅读到尾，又可以很快寻找到自己感兴趣的特定内容进行部分阅读，这个时候就可以通过书签链接来实现。当浏览者单击页面上的某一"标签"，就能自动跳到网页相应的位置进行阅读，大大方便了浏览者的阅读。

书签就是用<a>标签对网页元素作一个记号，其功能类似于用于固定船的锚，所以书签也称锚记或锚点。如果页面中有多个书签链接，对不同目标元素要设置不同的书签名。书签名在<a>标签的 name 属性中定义，格式如下：

<a name="记号名">目标文本附近的内容</a>

（1）页面内书签的链接。要在当前页面内实现书签链接，需要定义两个标签：一个为超链接标签；另一个为书签标签。超链接标签的格式如下：

<a href="#记号名">热点文本</a>

即单击"热点文本"，将跳转到"记号名"开始的网页元素。

（2）其他页面书签的链接。书签链接还可以在不同页面间进行链接。当单击书签链接标题，页面会根据链接中的 href 属性所定的地址，将网页跳转到目标地址中书签名称所表示的内容。要在其他页面内实现书签链接，需要定义两个标签：一个为当前页面的超链接标签；另一个为跳转页面的书签标签。当前页面的超链接标签的格式如下：

<a href="目标文件名.html #记号名">热点文本</a>

即单击"热点文本"，将跳转到目标页面"记号名"开始的网页元素。

4. 图像超链接

图像也可作为超链接热点，单击图像则跳转到被链接的文本或其他文件。格式如下：

```
<a href="URL"><img src="图像文件名" /></a>
```

例如，制作网站首页图像的超链接，代码如下：

```
<a href="index.html">                      <!--单击图像则打开 index.html -->
  <img src="images/logo.jpg" alt="网站首页" title="宇宙电子" />
</a>
```

需要注意的是，当用图像作为超链接热点时，图像按钮会因为超链接而加上超链接的边框，如图 2-21 所示。

图 2-21　图像作为超链接热点时加上的边框

去除图像超链接边框的方法是为图像标签添加样式 style＝"border:none"，代码如下：

```
<a href="index.html">                      <!--单击图像则打开 index.html -->
  <img src="images/logo.jpg" alt="网站首页" title="宇宙电子" style="border:
    none" />
</a>
```

去除图像超链接边框后的链接效果如图 2-22 所示。

图 2-22　去除图像超链接边框后的链接效果

5. 下载文件链接

当需要在网站中提供资料下载时，就需要为资料文件提供下载链接。如果超链接指向的不是一个网页文件，而是其他文件，如 zip、rar、mp3、exe 文件等，单击链接时就会下载相应的文件。格式如下：

```
<a href="文件路径">热点文本</a>
```

例如，下载一个购物指南的压缩包文件 guide.rar，可以建立如下链接。

购物指南：<a href="guide.rar">下载</a>

6. 电子邮件链接

网页中电子邮件地址的链接，可以使网页浏览者将有关信息以电子邮件的形式发送给电子邮件的接收者。通常情况下，接收者的电子邮件地址位于网页页面的底部。当用户单击电子邮件链接，系统会自动启动默认的电子邮件软件，打开一个邮件窗口。格式如下：

```
<a href="mailto: E-mail 地址">热点文本</a>
```

例如，E-mail 地址是 tiger@163.com，可以建立如下链接。

电子邮件：<a href="mailto: tiger@163.com">联系我们</a>

2.7.3　案例——制作宇宙电子下载专区页面

【例 2-19】　制作宇宙电子下载专区页面，本例文件 2-19. html 和文件 2-19-doc. html 在浏览器中的显示效果如图 2-23 和图 2-24 所示。

图 2-23　页面之间的链接

页面 2-19. html 代码如下：

```
<html>
  <head>
    <title>宇宙电子下载专区</title>
  </head>
  <body>
    <img src="images/title.jpg" align="left" hspace="5"/><h2><a
```

图 2-24 下载文件链接

```
    name="top">下载专区</a></h2>
    <font size="4" color="gray">分类/标题</font><br/>
    <hr size="1" color="gray">         <!--水平分隔线-->
    <a href="2-19-doc.html" target="_blank">市场营销文档</a><br/>
    <a href="#" target="_blank">产品选购文档</a><br/>
    <a href="#" target="_blank">技术手册文档</a><br/>
    <a href="#" target="_blank">日常维护文档</a><br/>
    <a href="#" target="_blank">工程合同文档</a><br/>
  </body>
</html>
```

页面 2-19-doc.html 的代码如下：

```
<html>
  <head>
    <title>下载文档详细页面</title>
  </head>
  <body>
    <img src="images/title.jpg" align="left" hspace="5"/><h2><a
      name="top">技术文档</a></h2>
    <hr size="1" color="gray">         <!--水平分隔线-->
    <img src="images/doc.jpg" align="left" hspace="20"/>
    <font size="5" color="red">市场营销文档</font><br/><br/>
    下载次数：    <font size="3" color="gray">20</font>
      <br/><br/>
    文件大小：    <font size="3" color="gray">19.33 k
      </font><br/><br/>
    添加时间：    
    <font size="3" color="gray">2017-10-12</font><br/><br/><br/><br/>
    <br/><br/><br/><br/>
```

```
<img src="images/title.jpg" align="left" hspace="5"/>
<h2><a name="top">下载</a></h2>
<hr size="1" color="gray">          <!--水平分隔线-->
<font size="3" color="gray">文件名称：市场营销文档   文件大小：
  19.33 KB</font>    <a href="guide.rar">下载</a>
<br/><br/>
和我联系：<a href="mailto: tiger@163.com">宇宙电子下载专区</a> 
   <a href="#top">返回页顶</a>
</body>
</html>
```

【说明】

（1）在下载专区页面中，将鼠标指针移动到下载文档的超链接时，鼠标指针变为手形，单击文档标题链接则打开指定的网页 2-19-doc. html。如果在＜a＞标签中省略属性 target，则在当前窗口中显示。当 target＝"_blank"时，将在新的浏览器窗口中显示。

（2）在文档详细页面中单击下载热点"下载"，将打开下载文件对话框。单击"保存"按钮，将该文件下载到指定位置。

2.8　＜div＞标签

前面讲解的几类标签一般用于组织小区块的内容，为了方便管理，许多小区块还需要放到一个大区块中进行布局。div 的英文全称为 division，意为"区分"。＜div＞标签是一个块级元素，用来为 HTML 文档中大块内容提供结构和背景，它可以把文档分割为独立的、不同的部分，其中的内容可以是任何 HTML 元素。

如果有多个＜div＞标签把文档分成多个部分，可以使用 id 或 class 属性来区分不同的＜div＞。由于＜div＞标签没有明显的外观效果，所以需要为其添加 CSS 样式属性，才能看到区块的外观效果。＜div＞标签的格式如下：

＜div align="left|center|right"＞HTML 元素＜/div＞

其中，属性 align 用来设置文本块、文字段或标题在网页上的对齐方式，取值为 left、center 和 right，默认为 left。

2.9　＜span＞标签

＜div＞标签主要用来定义网页上的区域，通常用于较大范围的设置，而＜span＞标签被用来组合文档中的行级元素。

2.9.1　基本语法

＜span＞标签用来定义文档中一行的一部分，是行级元素。行级元素没有固定的宽

度,根据<span>元素的内容决定。<span>元素的内容主要是文本,其语法格式如下:

<span>内容</span>

例如,显示新闻的发布日期,特意将日期一行中的日期数字设置为深红色显示,以吸引浏览者的注意,如图 2-25 所示。

图 2-25　范围标签<span>

代码如下:

```
<span style="color: #e5314f;">2017-10-13</span>
```

其中,<span>...</span>标签限定页面中某个范围的局部信息,style = "color: # e5314f;"用于为范围添加突出显示的样式(深红色)。

2.9.2　<span>与<div>的区别

<span>与<div>在网页上的使用,都可以用来产生区域范围,以定义不同的文字段落,且区域间彼此是独立的。两者在使用上还是有一些差异。

1. 区域内是否换行

<div>标签区域内的对象与区域外的上下文会自动换行,而<span>标签区域内的对象与区域外的对象不会自动换行。

2. 标签相互包含

<div>与<span>标签区域可以同时在网页上使用。一般在使用上建议用<div>标签包含<span>标签。但<span>标签最好不包含<div>标签,否则会造成<span>标签的区域不完整,形成断行的现象。

2.9.3　使用<div>标签和<span>标签布局网页内容

本小节通过一个综合的案例讲解如何使用<div>标签和<span>标签布局网页内容,包括文本、水平线、列表、图像和链接等常见的网页元素。

【例 2-20】　使用<div>标签和<span>标签布局网页内容,通过为<div>标签添加 style 样式设置分区的宽度、高度及背景色区块的外观效果。本例文件 2-20. html 在浏览器中显示的效果如图 2-26 所示。

代码如下:

图 2-26　使用<div>标签和<span>标签布局网页内容

```
<!doctype html>
<html>
  <head>
    <meta charset="gb2312">
    <title>使用<div>标签和<span>标签布局网页内容</title>
  </head>
  <body>
    <div style="width: 720px; height: 170px; background: #ddd">
      <h2 align="center">会员注册步骤</h2>
      <hr/>
      <ol type="1">                    <!--列表样式为数字-->
        <li>填写会员信息(请填写您的个人信息)
        <li>接收电子邮件(商城将向您发送电子邮件)
        <li>激活会员账号(请您打开邮件,激活会员账号)
        <li>注册成功(会员注册成功,欢迎您成为我们的一员)
      </ol>
    </div>
    <div style="width: 718px;height: 56px;border: 1px solid #f96">
      <span><img src="images/logo.jpg" align="middle"/>  版权
      &copy; 2017 宇宙电子</span>
    </div>
  </body>
</html>
```

【说明】

（1）本例中设置了两个<div>分区：内容分区和版权分区。

（2）内容分区<div>标签的样式为 style＝"width：720px；height：170px；background：#ddd"，表示分区的宽度为720px、高度为170px及背景色为浅灰色。

（3）版权分区<div>标签的样式为 style＝"width：718px；height：56px；border：1px solid #f96"，表示分区的宽度为718px、高度为56px及边框为1px的橘红色实线。

（4）版权分区中的<span>标签中组织的内容包括图像、文本两种行级元素。

习 题

1. 使用段落与文字的基本排版技术制作如图 2-27 所示的页面。

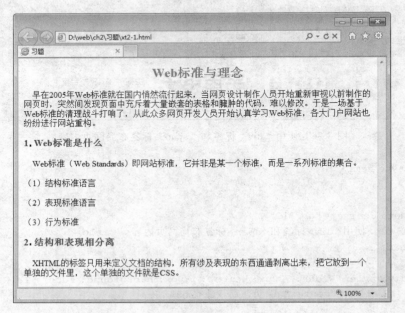

图 2-27　题 1 图

2. 使用图文混排技术制作如图 2-28 所示的宇宙电子公司简介页面。

图 2-28　题 2 图

3. 使用锚点链接和电子邮件链接制作如图 2-29 所示的网页。

图 2-29　题 3 图

4. 使用嵌套列表制作如图 2-30 所示的宇宙电子公司名片页面。

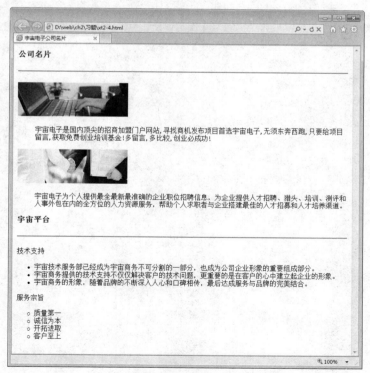

图 2-30　题 4 图

5. 使用<div>标签组织段落、列表等网页内容,制作项目简介页面,如图 2-31 所示。

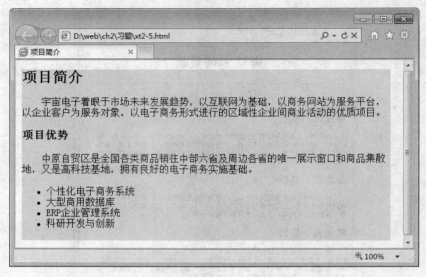

图 2-31   题 5 图

第 3 章　HTML 5 页面的布局与交互

　　网页的布局是指对网页上元素的位置进行合理的安排，一个具有好的布局的网页，往往给浏览者带来赏心悦目的感受。表单是网站管理者与访问者之间进行信息交流的桥梁，利用表单可以收集用户意见，做出科学决策。前面讲解了网页的基本排版方法，并未涉及元素的布局与页面交互，本章将重点讲解使用 HTML 标签布局页面及实现页面交互的方法。

3.1　使用结构元素构建网页布局

　　HTML 5 可以使用结构元素构建网页布局，使 Web 设计和开发变得容易起来。HTML 5 提供了各种切割和划分页面的手段，允许用户创建的切割组件不仅能用来逻辑地组织站点，而且能够赋予网站聚合的能力。HTML 5 是"信息到网站设计的映射方法"，因为它体现了信息映射的本质，划分信息，并给信息加上标签，使其变得容易使用和理解。

　　在 HTML 5 中，为了使文档的结构更加清晰明确，使用文档结构元素构建网页布局。HTML 5 中的主要文档结构元素如下。

　　＜section＞标签：代表文档中的一段或者一节。

　　＜nav＞标签：用于构建导航。

　　＜header＞标签：页面的页眉。

　　＜footer＞标签：页面的页脚。

　　＜article＞标签：表示文档、页面、应用程序或网站中一体化的内容。

　　＜aside＞标签：代表与页面内容相关、有别于主要内容的部分。

　　＜hgroup＞标签：代表段或者节的标题。

　　＜time＞标签：表示日期和时间。

　　＜mark＞标签：文档中需要突出的文字。

　　使用结构元素构建网页布局的典型布局如图 3-1 所示。

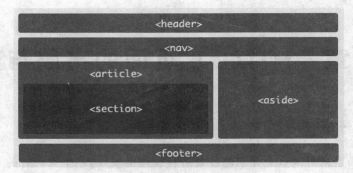

图 3-1　使用结构元素构建网页布局

3.1.1　＜section＞标签

＜section＞标签用来定义文档中的节（section、区段），比如章节、页眉、页脚或文档中的其他部分。例如,下面的代码定义了文档中的区段,解释了 PRC 的含义。

```
<section>
  <h1>PRC</h1>
  <p>中华人民共和国成立于 1949 年</p>
</section>
```

3.1.2　＜nav＞标签

＜nav＞标签用来定义导航链接的部分。例如,下面的代码定义了导航条中常见的首页、上一页和下一页链接。

```
<nav>
  <a href="index.html">首页</a>
  <a href="prev.html">上一页</a>
  <a href="next.html">下一页</a>
</nav>
```

3.1.3　＜header＞标签

＜header＞标签用来定义文档的页眉。例如,下面的代码定义了文档的欢迎信息。

```
<header>
  <h1>欢迎光临我的主页</h1>
  <p>我的名字是家春秋</p>
</header>
```

3.1.4　＜footer＞标签

＜footer＞标签用来定义 section 或 document 的页脚,通常该标签包含网站的版权、创作者的姓名、文档的创作日期及联系信息。例如,下面的代码定义了网站的版权信息。

```
<footer>
  <p>Copyright &copy; 2017 宇宙电子 版权所有</p>
</footer>
```

3.1.5　＜article＞标签

＜article＞标签用来定义独立的内容,该标签定义的内容可独立于页面中的其他内容使用。＜article＞标签经常用于论坛帖子、新闻文章、博客条目和用户评论等应用中。

＜section＞标签可以包含＜article＞标签,＜article＞标签也可以包含＜section＞标签。＜section＞标签用来分组相类似的信息,而＜article＞标签则用来放置诸如一篇文章或是博客一类的信息,这些内容可在不影响内容含义的情况下被删除或是被放置到新的上下文中。＜article＞标签提供了一个完整的信息包。相比之下,＜section＞标签包含的是有关联的信息,但这些信息自身不能被放置到不同的上下文中,否则其代表的含义就会丢失。

除了内容部分,一个＜article＞标签通常有它自己的标题(一般放在＜header＞标签中),有时还有自己的脚注。

【例 3-1】　使用＜article＞标签定义新闻内容,本例文件 3-1. html 在浏览器中的显示效果如图 3-2 所示。

图 3-2　例 3-1 的页面显示效果

代码如下:

```
<html>
  <head>
    <meta charset="gb2312">
```

53

```
    <title>article 标签示例</title>
  </head>
  <body>
    <article>
      <header>
          <h1>宇宙电子产品发布</h1>
          <p>发布日期：2017/10/01</p>
      </header>
      <p><b>国庆节来临之际</b>，宇宙电子将发布第四季度……(文章正文)</p>
      <footer>
          <p>Copyright &copy; 2017 宇宙电子 版权所有</p>
      </footer>
    </article>
  </body>
</html>
```

【说明】 这个示例讲述的是使用＜article＞标签定义新闻的方法。在＜header＞标签中嵌入了新闻的标题部分,标题"宇宙电子产品发布"被嵌入＜h1＞标签中,新闻的发布日期被嵌入＜p＞标签中;在标题部分下面的＜p＞标签中,嵌入了新闻的正文;在结尾处的＜footer＞标签中嵌入了新闻的版权,作为脚注。整个示例的内容相对比较独立、完整,因此,对这部分内容使用了＜article＞标签。

＜article＞标签是可以嵌套使用的,原则上内层的内容需要与外层的内容相关联。例如,针对该新闻的评论就可以使用嵌套＜article＞标签的方法实现;用来呈现评论的＜article＞标签被包含在表示整体内容的＜article＞标签中。

【例 3-2】 使用嵌套的＜article＞标签定义新闻内容及评论,本例文件 3-2. html 在浏览器中的显示效果如图 3-3 所示。

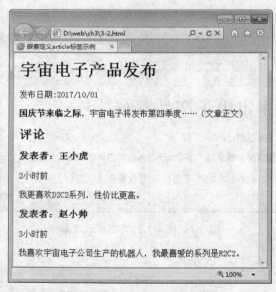

图 3-3　例 3-2 的页面显示效果

代码如下：

```html
<html>
  <head>
    <meta charset="gb2312">
    <title>嵌套定义 article 标签示例</title>
  </head>
  <body>
    <article>
      <header>
          <h1>宇宙电子产品发布</h1>
          <p>发布日期：2017/10/01</p>
      </header>
      <p><b>国庆节来临之际</b>,宇宙电子将发布第四季度…… (文章正文)</p>
      <section>
          <h2>评论</h2>
          <article>
              <header>
                  <h3>发表者：王小虎</h3>
                  <p>2 小时前</p>
              </header>
              <p>我更喜欢 D2C2 系列,性价比更高。</p>
          </article>
          <article>
              <header>
                  <h3>发表者：赵小帅</h3>
                  <p>3 小时前</p>
              </header>
              <p>我喜欢宇宙电子公司生产的机器人,我最喜爱的系列是 R2C2。</p>
          </article>
      </section>
    </article>
  </body>
</html>
```

【说明】

（1）这个示例比例 3-1 的内容更加完整,由于添加了新闻的评论内容,示例的整体内容更加独立、完整,因此使用＜article＞标签。其中,示例的内容又分为几个部分,新闻的标题放在了＜header＞标签中,新闻正文放在了＜header＞标签后面的＜p＞标签中,然后＜section＞标签把正文与评论部分进行了区分,在＜section＞标签中嵌入了评论的内容,在评论中的＜article＞标签中又可以分为标题与评论内容部分,分别放在＜header＞标签和＜p＞标签中。

（2）在 HTML 5 中,＜article＞标签可以看作一种特殊的＜section＞标签,它比＜section＞标签更强调独立性。即＜section＞标签强调分段或分块,而＜article＞标签强调独立性。具体来说,如果一块内容相对来说比较独立、完整时,应使用＜article＞标签；但是如果用户需要将一块内容分成几段时,应该使用＜section＞标签。另外,用户不要在没有标题的内容区块使用＜section＞标签。

55

3.1.6 ＜aside＞标签

＜aside＞标签用来表示当前页面或新闻的附属信息部分,它可以包含与当前页面或主要内容相关的引用、侧边栏、广告、导航条,以及其他类似的有别于主要内容的部分。

【例 3-3】 使用＜aside＞标签定义了网页的侧边栏信息,本例文件 3-3. html 在浏览器中的显示效果如图 3-4 所示。

代码如下:

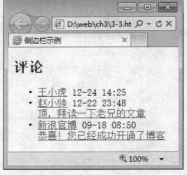

图 3-4 例 3-3 的页面显示效果

```html
<html>
  <head>
    <meta charset="gb2312">
    <title>侧边栏示例</title>
  </head>
  <body>
    <aside>
      <nav>
          <h2>评论</h2>
          <ul>
            <li><a href="http: //blog.sina.com.cn/1683">王小虎</a>12-24
              14: 25</li>
            <li><a href="http: //blog.sina.com.cn/u/1345">赵小帅</a>12-22
              23: 48<br/>
                <a href="http: //blog.sina.com.cn/s/1256">顶,拜读一下老兄的文
                章</a>
            </li>
            <li>
                <a href="http: //blog.sina.com.cn/u/1259295385">新浪官博</a>
                  09-18 08: 50<br/>
                <a href="#">恭喜! 您已经成功开通了博客</a>
            </li>
          </ul>
      </nav>
    </aside>
  </body>
</html>
```

【说明】 本例为一个典型的博客网站中的侧边栏部分,因此放在＜aside＞标签中;该侧边栏又包含具有导航作用的链接,因此放在＜nav＞标签中;侧边栏的标题是“评论”,放在＜h2＞标签中;在标题之后使用一个无序列表＜ul＞标签,用来存放具体的导航链接。

3.1.7　分组元素

分组元素用于对页面中的内容进行分组。HTML 5 中包含 3 个分组元素,分别是 figure 元素、figcaption 元素和 hgroup 元素。

1. figure 元素和 figcaption 元素

figure 元素用于定义独立的流内容(图像、图表、照片、代码等),一般是指一个单独的单元。figure 元素的内容应与主内容相关,但如果被删除,也不会对文档流产生影响。figcaption 元素用于为 figure 元素组添加标题,一个 figure 元素内最多允许使用一个 figcaption 元素,该元素应放在 figure 元素的第一个或者最后一个子元素的位置。

【例 3-4】　使用 figure 元素和 figcaption 元素分组页面内容,本例文件 3-4.html 在浏览器中的显示效果如图 3-5 所示。

图 3-5　例 3-4 的页面显示效果

代码如下:

```
<!doctype html>
<html>
  <head>
    <meta charset="gb2312">
    <title>figure 和 figcaption 元素示例</title>
  </head>
<body>
  <p>宇宙电子采用标准化和定制化……(此处省略文字)</p>
  <figure>
    <figcaption>宇宙电子公司总部</figcaption>
```

```
    <p>编辑：王小虎 时间：2017 年 10 月</p>
    <img src="images/com.jpg">
  </figure>
  </body>
</html>
```

【说明】 figcaption 元素用于定义文章的标题。

2. hgroup 元素

hgroup 元素用于将多个标题（主标题和副标题或者子标题）组成一个标题组，通常将它与 h1～h6 元素组合使用。一般将 hgroup 元素放在 header 元素中。

在使用 hgroup 元素时要注意以下几点。

- 当只有一个标题元素时不建议使用 hgroup 元素。
- 当出现一个或者一个以上的标题与元素时，推荐使用 hgroup 元素作为标题元素。
- 当一个标题包含副标题、section 或者 article 元素时，建议将 hgroup 元素和标题相关元素存放到 header 元素容器中。

【例 3-5】 使用 hgroup 元素分组页面内容，本例文件 3-5. html 在浏览器中的显示效果如图 3-6 所示。

代码如下：

```
<html>
  <head>
    <meta charset="gb2312">
    <title>hgroup 元素示例</title>
  </head>
  <body>
    <header>
      <hgroup>
        <h1>宇宙电子网站</h1>
        <h2>宇宙电子新闻中心</h2>
      </hgroup>
      <p>宇宙电子产品发布</p>
    </header>
  </body>
</html>
```

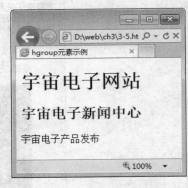

图 3-6　例 3-5 的页面显示效果

3.1.8　案例——制作宇宙电子新品发布页面

【例 3-6】 使用结构元素构建网页布局，制作宇宙电子新品发布页面，本例文件 3-6. html 在浏览器中的显示效果如图 3-7 所示。

代码如下：

```
<html>
  <head>
    <meta charset="gb2312">
```

图 3-7　例 3-6 的页面显示效果

```
<title>使用结构元素构建网页布局</title>
</head>
<body>
  <article id="main">
      <header>
        <p align="center"><img src="images/logo.jpg"/></p>
      </header>
      <aside>
          <h3>产品系列</h3>
          <section>
              <table>
                  <tr><td>机器人系列</td></tr>
                  <tr><td>智能家居系列</td></tr>
                  <tr><td>白色家电系列</td></tr>
              </table>
          </section>
      </aside>
      <section>
          <header>
              <hgroup>
                  <h1>新品发布</h1>
                  <h3>2017 年 10 月 8 日,R2C2 系列机器人进入我们的生活</h3>
              </hgroup>
          </header>
```

59

```
        <section>
            <img src="images/r2c2.jpg" width="200" />
        </section>
        <article>
            <span>基本信息</span>
            <hr/>
            <p>R2C2 系列机器人可以接受人类指挥，又可以……(此处省略文字)</p>
        </article>
        <article>
            <span>控制系统</span>
            <hr/>
            <p>R2C2 系列机器人采用多台微机来分担机器人……(此处省略文字)</p>
        </article>
    </section>
    <footer>
        <p align="center">Copyright &copy; 2017 宇宙电子 版权所有</p>
    </footer>
    </article>
  </body>
</html>
```

3.2　页面交互元素

对于网站应用来说，表现最为突出的就是客户端与服务器端的交互。HTML 5 增加了交互体验元素，本节将详细介绍这些元素。

3.2.1　details 元素和 summary 元素

details 元素用于描述文档或文档某个部分的细节。summary 元素经常与 details 元素配合使用，作为 details 元素的第一个子元素，用于为 details 定义标题。标题是可见的，当用户单击标题时，会显示或隐藏 details 中的其他内容。

【例 3-7】　使用 details 元素和 summary 元素描述文档，本例文件 3-7.html 在浏览器中的显示效果如图 3-8 所示。

代码如下：

```
<html>
  <head>
    <meta charset="gb2312">
    <title>details 和 summary 元素示例</title>
  </head>
<body>
  <details>
    <summary>宇宙电子</summary>
    <ul>
```

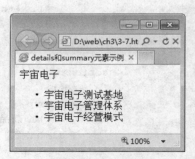

图 3-8　例 3-7 的页面显示效果

```
            <li>宇宙电子测试基地</li>
            <li>宇宙电子管理体系</li>
            <li>宇宙电子经营模式</li>
        </ul>
    </details>
  </body>
</html>
```

　　需要说明的是,目前只有 Chrome 和 Safari 浏览器支持 details 元素的折叠效果。本例若要实现标题的折叠效果,需要在 Chrome 浏览器中浏览验证。标题的折叠效果如图 3-9 所示,标题的展开效果如图 3-10 所示。

图 3-9　标题的折叠效果

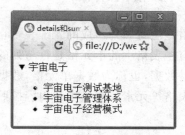

图 3-10　标题的展开效果

3.2.2　progress 元素

　　progress 元素用于表示一个任务的完成进度。这个进度可以是不确定的,只是表示进度正在进行,但是不清楚还有多少工作没有完成。

　　progress 元素的常用属性值有两个,具体如下。

- value:已经完成的工作。
- max:总共有多少工作。

　　其中,value 和 max 属性的值必须大于 0,且 value 的值要小于或等于 max 属性的值。

　　【例 3-8】　使用 progress 元素显示项目开发进度,本例文件 3-8.html 在浏览器中的显示效果如图 3-11 所示。

　　代码如下:

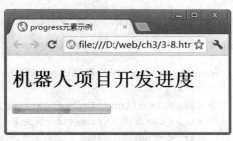

图 3-11　例 3-8 的页面显示效果

```
<html>
  <head>
    <meta charset="gb2312">
    <title>progress 元素示例</title>
  </head>
  <body>
    <h1>机器人项目开发进度</h1>
    <p><progress min="0" max="100" value="60"></progress></p>
  </body>
</html>
```

61

需要说明的是，IE 9 浏览器并不支持 progress 元素，本例的显示效果是在 Chrome 浏览器中实现的。

3.3 表　　格

表格是网页中的一个重要容器元素，表格除了用来显示数据还用于搭建网页的结构。

3.3.1 表格的结构

表格是由行和列组成的二维表，而每行又由一个或多个单元格组成，用于放置数据或其他内容。表格中的单元格是行与列的交叉部分，它是组成表格的最基本单元。单元格的内容是数据，也称为数据单元格，数据单元格可以包含文本、图片、列表、段落、表单、水平线或表格等元素。表格中的内容按照相应的行或列进行分类和显示如图 3-12 所示。

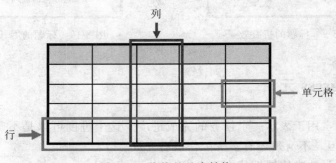

图 3-12　表格的基本结构

3.3.2 表格的基本语法

在 HTML 语法中，表格主要由 3 个标签来构成：即<table>、<tr>和<td>。表格的标签为<table>，行的标签为<tr>，表项的标签为<td>。表格的语法格式如下：

```
<table border="n" width="x|x%" height="y|y%" cellspacing="i" cellpadding=
  "j">
  <caption align="left|right|top|bottom valign=top|bottom>标题</caption>
  <tr><th>表头 1</th><th>表头 2</th><th>...</th><th>表头 n</th></tr>
  <tr><td>表项 1</td><td>表项 2</td><td>...</td><td>表项 n</td></tr>
    ...
  <tr><td>表项 1</td><td>表项 2</td><td>...</td><td>表项 n</td></tr>
</table>
```

在上面的语法中，使用<caption>标签可为每个表格指定唯一的标题。一般情况下标题会出现在表格的上方，<caption>标签的 align 属性可以用来定义表格标题的对齐方式。在 HTML 标准中规定,<caption>标签要放在打开的<table>标签之后,且网页中的表格标题不能多于一个。

　　表格是按行建立的,在每一行中填入该行每一列的表项数据。表格的第一行为表头,文字样式为居中、加粗显示,通过<th>标签实现。

　　在浏览器中显示时,<th>标签的文字按粗体显示,<td>标签的文字按正常字体显示。

　　表格的整体外观由<table>标签的属性决定,下面将详细介绍如何设置表格的属性。

3.3.3　表格的属性

　　表格是网页布局中的重要元素,它有丰富的属性,可以对其设置进而美化表格。

1. 设置表格的边框

　　可以使用<table>标签的 border 属性为表格添加边框并设置边框宽度及颜色。表格的边框按照数据单元将表格分割成单元格,边框的宽度以像素为单位,默认情况下为 0。

2. 设置表格的大小

　　如果需要表格在网页中占用适当的空间,可以通过 width 和 height 属性指定像素值来设置表格的宽度和高度,也可以通过表格宽度占浏览器窗口的百分比来设置表格的大小。

　　width 属性和 height 属性不但可以设置表格的大小,还可以设置表格单元格的大小,为表格单元设置 width 属性或 height 属性,将影响整行或整列单元的大小。

3. 设置表格的背景颜色

　　表格背景默认为白色,根据网页设计要求,设置 bgcolor 属性,可以设定表格背景颜色,以增加视觉效果。

4. 设置表格的背景图像

　　表格背景图像可以是 GIF、JPEG 或 PNG 3 种图像格式。设置 background 属性,可以设定表格背景图像。

　　同样,可以使用 bgcolor 属性和 background 属性为表格中的单元格添加背景颜色或背景图像。需要注意的是,为表格添加背景颜色或背景图像时,必须使表格中的文本数据颜色与表格的背景颜色或背景图像形成足够的反差。否则,将不容易分辨表格中的文本数据。

5. 设置表格的单元格间距

　　使用 cellspacing 属性可以调整表格的单元格和单元格之间的间距,使表格布局不会

63

显得过于紧凑。

6. 设置表格的单元格边距

单元格边距是指单元格中的内容与单元格边框的距离,使用 cellpadding 属性可以调整单元格中的内容与单元格边框的距离。

7. 设置表格在网页中的对齐方式

表格在网页中的位置有 3 种:居左、居中和居右。使用 align 属性设置表格在网页中的对齐方式,在默认的情况下表格的对齐方式为左对齐。格式如下:

```
<table align="left|center|right">
```

当表格位于页面的左侧或右侧时,文本填充在另一侧;当表格居中时,表格两边没有文本;当 align 属性省略时,文本在表格的下面。

8. 表格数据的对齐方式

(1) 行数据水平对齐。使用 align 可以设置表格中数据的水平对齐方式。如果在 <tr> 标签中使用 align 属性,将影响整行数据单元的水平对齐方式。align 属性的值可以是 left、center、right,默认值为 left。

(2) 单元格数据水平对齐。如果在某个单元格的 <td> 标签中使用 align 属性,将影响该单元格数据水平对齐方式。

(3) 行数据垂直对齐。如果在 <tr> 标签中使用 valign 属性,将影响整行数据单元的垂直对齐方式,这里的 valign 值可以是 top、middle、bottom、baseline。它的默认值为 middle。

【例 3-9】 制作宇宙电子季度销量一览表,本例文件 3-9.html 在浏览器中显示的效果如图 3-13 所示。

图 3-13　宇宙电子季度销量一览表

64

代码如下：

```html
<html>
  <head>
    <title>宇宙电子季度销量一览表</title>
  </head>
  <body>
    <h1 align="center">宇宙电子季度销量一览表</h1>
    <table width="720" height="200" border="3" bordercolor="#cccccc" align=
      "center" bgcolor="#dddddd " cellspacing="5" cellpadding="3">
      <tr bgcolor="#eeeeee">          <!--设置表格第 1 行-->
        <th>分类</th>              <!--设置表格的表头-->
        <th>一季度</th>            <!--设置表格的表头-->
        <th>二季度</th>            <!--设置表格的表头-->
        <th>三季度</th>            <!--设置表格的表头-->
        <th>四季度</th>            <!--设置表格的表头-->
      </tr>
      <tr>                          <!--设置表格第 2 行-->
        <td align="center">智能机器系列</td><!--单元格内容居中对齐-->
        <td align="center">300</td>
        <td align="center">400</td>
        <td align="center">500</td>
        <td align="center">400</td>
      </tr>
      <tr>                          <!--设置表格第 3 行-->
        <td align="center">工业控制系列</td><!--单元格内容居中对齐-->
        <td align="center">450</td>
        <td align="center">350</td>
        <td align="center">550</td>
        <td align="center">500</td>
      </tr>
      <tr>                          <!--设置表格第 4 行-->
        <td align="center">白色家电系列</td><!--单元格内容居中对齐-->
        <td align="center">560</td>
        <td align="center">450</td>
        <td align="center">300</td>
        <td align="center">250</td>
      </tr>
    </table>
  </body>
</html>
```

【说明】

（1）<th>标签用于定义表格的表头，一般是表格的第 1 行数据，以粗体、居中的方式显示。

（2）在 IE 浏览器中，表格和单元格的背景色必须使用颜色的英文单词或十六进制代码，而不能使用颜色的十六进制缩写形式。例如，上面代码中的 bordercolor＝"＃cccccc"不能缩写为 bordercolor＝"＃ccc"。否则，边框颜色将显示为黑色。

65

3.3.4　跨行跨列表格

colspan 和 rowspan 属性用于建立跨行跨列表格,所谓跨行跨列表格,是指单元格的个数不等于行列的数值。在实际应用中经常使用不规范表格,需要把多个单元格合并为一个单元格,也就是要用到表格的跨行跨列功能。

1.　跨行

跨行是指单元格在垂直方向上合并,语法如下:

```
<table>
  <tr>
    <td rowspan="所跨的行数">单元格内容</td>
  </tr>
</table>
```

其中,rowspan 指明该单元格应有多少行的跨度,在<th>和<td>标签中使用。

2.　跨列

跨列是指单元格在水平方向上合并,语法如下:

```
<table>
  <tr>
    <td colspan="所跨的行数">单元格内容</td>
  </tr>
</table>
```

其中,colspan 指明该单元格应有多少列的跨度,在<th>和<td>标签中使用。

3.　跨行、跨列

【例 3-10】　制作一个跨行跨列展示的产品销量表格,本例文件 3-10.html 在浏览器中显示的效果如图 3-14 所示。

代码如下:

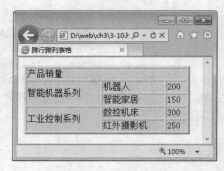

图 3-14　跨行跨列的效果

```
<html>
  <head>
    <title>跨行跨列表格</title>
  </head>
<body>
  <table width="300" border="3" bgcolor="#dddddd">
    <tr>
      <td colspan="3">产品销量</td>          <!--设置单元格水平跨 3 列-->
    </tr>
    <tr>
```

66

```
        <td rowspan="2">智能机器系列</td>      <!--设置单元格垂直跨 2 行-->
        <td>机器人</td>
        <td>200</td>
      </tr>
      <tr>
        <td>智能家居</td>
        <td>150</td>
      </tr>
      <tr>
        <td rowspan="2">工业控制系列</td>      <!--设置单元格垂直跨 2 行-->
        <td>数控机床</td>
        <td>300</td>
      </tr>
      <tr>
        <td>红外摄影机</td>
        <td>250</td>
      </tr>
    </table>
  </body>
</html>
```

【说明】　表格跨行跨列后，并不改变表格的特点。表格中同行的内容总高度一致，同列的内容总宽度一致，各单元格的宽度或高度互相影响，结构相对稳定，不足之处是不能灵活地进行布局控制。

3.3.5　表格数据的分组

表格数据的分组标签包括＜thead＞、＜tbody＞和＜tfoot＞，主要用于对报表数据进行逻辑分组。其中，＜thead＞标签定义表格的头部；＜tbody＞标签定义表格主体，即报表详细的数据描述；＜tfoot＞标签定义表格的脚部，即对各分组数据进行汇总的部分。

如果使用＜thead＞、＜tbody＞和＜tfoot＞元素，就必须全部使用。它们出现的次序是＜thead＞、＜tbody＞、＜tfoot＞，必须在＜table＞内部使用这些标签，＜thead＞内部必须拥有＜tr＞标签。

【例 3-11】　制作产品销量季度数据报表，本例文件 3-11. html 的浏览效果如图 3-15 所示。

代码如下：

```
<html>
  <head>
    <title>产品销量季度数据报表</title>
  </head>
  <body>
    <table width="550" border="6" align="center">
        <!--设置表格宽度为 550px,边框 6px-->
      <caption>产品销量季度数据报表</caption>        <!--设置表格的标题-->
      <thead style="background: #0af">            <!--设置报表的页眉-->
```

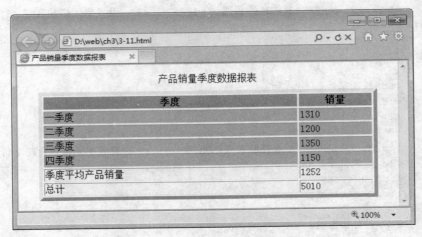

图 3-15　产品销量季度数据报表

```
  <tr>
    <th>季度</th>
    <th>销量</th>
  </tr>
</thead>                                <!--页眉结束-->
<tbody style="background: #6cc">        <!--设置报表的数据主体-->
  <tr>
    <td>一季度</td>
    <td>1310</td>
  </tr>
  <tr>
    <td>二季度</td>
    <td>1200</td>
  </tr>
  <tr>
    <td>三季度</td>
    <td>1350</td>
  </tr>
  <tr>
    <td>四季度</td>
    <td>1150</td>
  </tr>
</tbody>                                <!--数据主体结束-->
<tfoot style="background: #ff6">        <!--设置报表的数据页脚-->
  <tr>
    <td>季度平均产品销量</td>
    <td>1252</td>
  </tr>
  <tr>
    <td>总计</td>
    <td>5010</td>
  </tr>
```

```
      </tfoot>                            <!--页脚结束-->
    </table>
  </body>
</html>
```

3.3.6　案例——使用表格布局宇宙电子产品展示页面

在讲解了以上表格基本语法的基础上,下面介绍表格在页面局部布局中的应用。在设计页面时,常需要利用表格来定位页面元素。使用表格可以导入表格化数据,设计页面分栏,定位页面上的文本和图像等。使用表格还可以实现页面局部布局,类似于产品展示、新闻列表这样的效果,可以采用表格来实现。

【例 3-12】　使用表格布局宇宙电子产品展示页面,本例文件 3-12.html 在浏览器中显示的效果如图 3-16 所示。

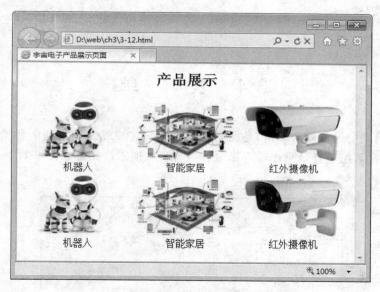

图 3-16　产品展示页面

代码如下:

```
<html>
  <head>
    <title>宇宙电子产品展示页面</title>
  </head>
  <body>
    <h2 align="center">产品展示</h2>
    <table width="528" border="0" align="center">
      <tr>
        <td height="100" align="center"><img src="images/01.jpg"/></td>
        <td align="center"><img src="images/02.jpg"/></td>
        <td align="center"><img src="images/03.jpg"/></td>
```

69

```
      </tr>
      <tr>
        <td width="170" height="20" align="center">机器人</td>
        <td align="center">智能家居</td>
        <td align="center">红外摄像机</td>
      </tr>
      <tr>
        <td height="100" align="center"><img src="images/01.jpg"/></td>
        <td align="center"><img src="images/02.jpg"/></td>
        <td align="center"><img src="images/03.jpg"/></td>
      </tr>
      <tr>
        <td width="170" height="20" align="center">机器人</td>
        <td align="center">智能家居</td>
        <td align="center">红外摄像机</td>
      </tr>
    </table>
  </body>
</html>
```

3.4 表　　单

表单是网页中最常用的元素，是网站服务器端与客户端之间沟通的桥梁。表单在网上随处可见，常被用于登录页面输入账号、客户留言、搜索产品等。图 3-17 所示为留言板表单。

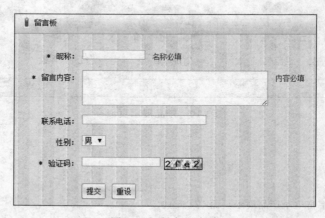

图 3-17　留言板表单

3.4.1　表单的基本概念

表单被广泛用于各种信息的搜集与反馈。一个完整的交互表单由两部分组成：一部分是客户端包含的表单页面,用于填写浏览者进行交互的信息;另一部分是服务端的应用程序,用于处理浏览者提交的信息。当访问者在 Web 浏览器中显示的表单中输入信息后,单击"提交"按钮,这些信息将被发送给服务器,服务器端脚本或应用程序将对这些信息进行处理,并将结果发送回访问者。表单的工作原理如图 3-18 所示。

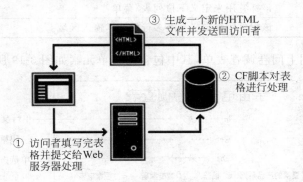

图 3-18　表单的工作原理

3.4.2　表单标签

网页上具有可输入表项及项目选择等控制所组成的栏目称为表单。<form>标签用于创建供用户输入的 HTML 表单,<form>标签是成对出现的,在开始标签<form>和结束标签</form>之间的部分就是一个表单。

在一个 HTML 页面中允许有多个表单,表单的基本语法及格式如下:

```
<form name="表单名" action="URL" method="get|post">
    ...
</form>
```

<form>标签主要处理表单结果的处理和传送,常用属性的含义如下。

name 属性:表单的名字,在一个网页中用于唯一识别一个表单。

action 属性:表单处理的方式,是 E-mail 地址或网址。

method 属性:表单数据的传送方向,是获得(GET)表单还是送出(POST)表单。

3.4.3　表单元素

表单是一个容器,可以存放各种表单元素,如按钮、文本域等。表单中通常包含一个或多个表单元素,常见的表单元素见表 3-1。

表 3-1　常见的表单元素

表单元素	功　　能
input	该标签规定用户可输入数据的输入字段
keygen	该标签规定用于表单的密钥对生成器字段

续表

表单元素	功　能
object	该标签用来定义一个嵌入的对象
output	该标签用来定义不同类型的输出，比如脚本的输出
select	该标签用来定义下拉列表/菜单
textarea	该标签用来定义一个多行的文本输入区域

例如，常见的网上问卷调查表单，其中包含的表单元素如图 3-19 所示。

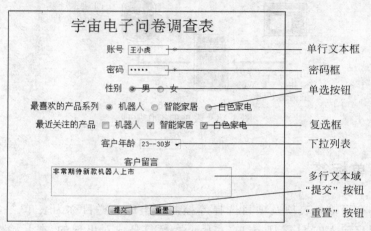

图 3-19　常见的表单元素

1. ＜input＞元素

＜input＞元素用来定义用户输入数据的输入字段，根据不同的 type 属性，输入字段可以是文本字段、密码字段、复选框、单选按钮、按钮、隐藏域、电子邮件、日期时间、数值、范围、图像、文件等。＜input＞元素的基本语法及格式如下：

<input type="表项类型" name="表项名" value="默认值" size="x" maxlength="y" />

＜input＞元素常用属性的含义如下。

type 属性：指定要加入表单项目的类型（text、password、checkbox、radio、button、hidden、email、date pickers、number、range、image、file、submit 或 reset 等）。

name 属性：该表项的控制名，主要在处理表单时起作用。

size 属性：输入字段中的可见字符数。

maxlength 属性：允许输入的最大字符数目。

checked 属性：当页面加载时是否预先选择该 input 元素（适用于 type＝"checkbox" 或 type＝"radio"）。

step 属性：输入字段的合法数字间隔。

max 属性：输入字段的最大值。

min 属性：输入字段的最小值。

required 属性：设置必须输入字段的值。

pattern 属性：输入字段的值的模式或格式。

readonly 属性：设置字段的值无法修改。

placeholder 属性：设置用户填写输入字段的提示。

autocomplete 属性：设置是否使用输入字段的自动完成功能。

autofocus 属性：设置输入字段在页面加载时是否获得焦点（不适用于 type = "hidden"）。

disabled 属性：当页面加载时是否禁用该＜input＞元素（不适用于 type = "hidden"）。

（1）文字和密码的输入。使用＜input＞元素的 type 属性，可以在表单中加入表项，并控制表项的风格。如果 type 属性值为 text，则输入的文本以标准的字符显示；如果 type 属性值为 password，则输入的文本显示为"＊"。在表项前应加入表项的名称，如"您的姓名"等，以告诉浏览者在随后的表项中应输入的内容。文本框和密码框的格式如下：

```
<input type="text" name="文本框名">
<input type="password" name="密码框名">
```

（2）重置和提交。表单按钮用于控制网页中的表单。表单按钮有 4 种类型，即"提交"按钮、"重置"按钮、普通按钮和图片按钮。使用"提交"按钮（submit），可以将填写在文本域中的内容发送到服务器；使用"重置"按钮（reset），可以将表单输入框的内容返回初始值；使用普通按钮（button），可以制作一个用于触发事件的按钮；使用图片按钮（image），可以制作一个美观的按钮。

4 种按钮的格式如下：

```
<input type="submit" value="按钮名">
<input type="reset" value="按钮名">
<input type="button" value="按钮名">
<input type="image" src="图片来源">
```

（3）复选框和单选钮。在页面中有些地方需要列出几个项目，让浏览者通过选择钮来选择项目。选择钮可以是复选框（checkbox）或单选钮（radio）。用＜input＞元素的 type 属性可设置选择钮的类型；value 属性可设置该选择钮的控制初值，用于告诉表单制作者选择结果；用 checked 属性表示是否为默认选中项；name 属性是控制名，同一组的选择钮的控制名是一样的。复选框和单选钮的格式如下：

```
<input type="checkbox" name="复选框名" value="提交值" checked="checked">
<input type="radio" name="单选钮名" value="提交值" checked="checked">
```

（4）电子邮件输入框。当用户需要通过表单提交电子邮件信息时，可以将＜input＞元素的 type 属性设置为 E-mail 类型，即可设计用于包含 E-mail 地址的输入框。当用户提交表单时，会自动验证输入 E-mail 值的合法性。格式如下：

```
<input type="email" name="电子邮件输入框名">
```

（5）日期时间选择器。HTML 5 提供了日期时间选择器 date pickers，拥有多个可供选取日期和时间的新型输入文本框，类型如下。

date：选取日、月、年。

month：选取月、年。

week：选取周和年。

time：选取时间（小时和分钟）。

datetime：选取时间日、月、年（UTC 世界标准时间）。

datetime-local：选取时间日、月、年（本地时间）。

日期时间选择器的语法格式如下：

```
<input type="选择器类型" name="选择器名">
```

（6）URL 输入框。当用户需要通过表单提交网站的 URL 地址时，可以将＜input＞元素的 type 属性设置为 url 类型，即可设计用于包含 url 地址的输入框。当用户提交表单时，会自动验证输入 url 值的合法性。格式如下：

```
<input type="url" name="url 输入框名">
```

（7）数值输入框。当用户需要通过表单提交数值型数据时，可以将＜input＞元素的 type 属性设置为 number 类型，即可设计用于包含数值型数据的输入框。当用户提交表单时，会自动验证输入数值型数据值的合法性。格式如下：

```
<input type="number" name="数值输入框名">
```

（8）范围滑动条。当用户需要通过表单提交一定范围内的数值型数据时，可以将＜input＞元素的 type 属性设置为 range 类型，即可设计用于设置输入数值范围的滑动条。当用户提交表单时，会自动验证输入数值范围的合法性。格式如下：

```
<input type="range" name="范围滑动条名">
```

另外，用户在使用数值输入框和范围滑动条时可以配合使用 max（最大值）、min（最小值）、step（数字间隔）和 value（默认值）属性来规定对数值的限定。

2. 选择栏＜select＞

当浏览者选择的项目较多时，如果用选择钮来选择，占页面的空间就会较大，这时可以用＜select＞标签和＜option＞标签来设置选择栏。选择栏可分为两种：弹出式和字段式。

1）＜select＞标签

＜select＞标签的格式如下：

```
<select size="x" name="控制操作名" multiple>
  <option ...>...</option>
  <option ...>...</option>
    ...
</select>
```

＜select＞标签各个属性的含义如下。

size：可选项，用于改变下拉框的大小。size 属性的值是数字，表示显示在列表中选项的数目，当 size 属性的值小于列表框中的列表项数目时，浏览器会为该下拉框添加滚动条，用户可以使用滚动条来查看所有的选项，size 默认值为 1。

name：选择栏的名称。

multiple：如果加上该属性，表示允许用户从列表中选择多项。

2）＜option＞标签

＜option＞标签的格式如下：

```
<option value="可选择的内容" selected="selected">...</option>
```

＜option＞标签各个属性的含义如下。

value：用于设置当该选项被选中并提交后，浏览器传送给服务器的数据。

selected：用来指定选项的初始状态，表示该选项在初始时被选中。

选择栏有两种形式：弹出式选择栏和字段式选择栏。字段式选择栏与弹出式选择栏的主要区别在于，前者在＜select＞中的 size 属性值取大于 1 的值，此值表示在选择栏中不拖动滚动条就可以显示的选项的数目。

3. 多行文本域＜textarea＞...＜/textarea＞

在意见反馈栏中往往需要浏览者发表意见和建议，且提供的输入区域一般较大，可以输入较多的文字。使用＜textarea＞标签可以定义高度超过一行的文本输入框，＜textarea＞标签是成对标签，开始标签＜textarea＞和结束标签＜/textarea＞之间的内容就是显示在文本输入框中的初始信息。格式如下：

```
<textarea name="文本域名" rows="行数" cols="列数">
    初始文本内容
</textarea>
```

其中的行数和列数是指不拖动滚动条就可看到的部分。

3.4.4 案例——制作宇宙电子会员注册表单

前面讲解了表单元素的基本用法，其中，文本字段比较简单，也是最常用的表单标签。选择栏在具体的应用过程中有一定的难度，读者需要结合实践、反复练习才能够掌握。下面通过一个综合的案例将这些表单元素集成在一起，制作宇宙电子会员注册表单。

【例 3-13】 制作宇宙电子会员注册表单，本例文件 3-13.html 在浏览器中显示的效果如图 3-20 所示。

代码如下：

```
<!doctype html>
<html>
  <head>
```

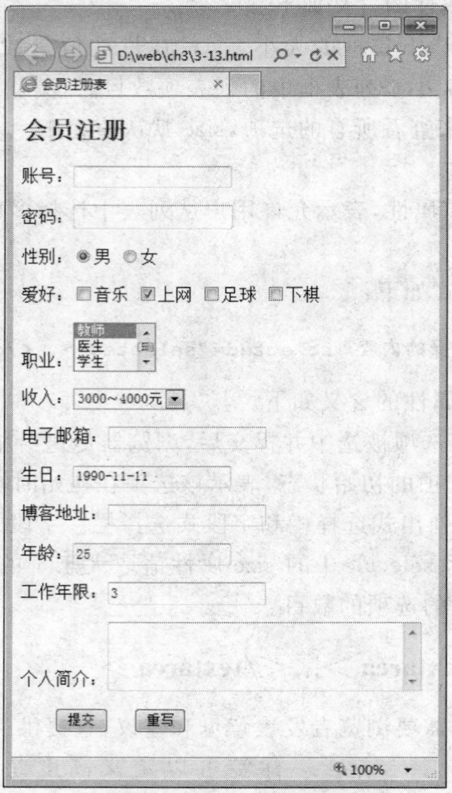

图 3-20　会员注册表单

```
  <meta charset="gb2312">
  <title>会员注册表</title>
</head>
<body>
  <h2>会员注册</h2>
  <form>
    <p>
    账号：<input type="text" required name="username">
    </p>
    <p>
    密码：<input type="password" required name="pass">
    </p>
    <p>
    性别：<input type="radio" name="sex" value="男" checked>男
          <input type="radio" name="sex" value="女">女
    </p>
    <p>
    爱好：<input type="checkbox" name="like" value="音乐">音乐
          <input type="checkbox" name="like" value="上网" checked>上网
          <input type="checkbox" name="like" value="足球">足球
          <input type="checkbox" name="like" value="下棋">下棋
```

```
</p>
<p>
职业：<select size="3" name="work">
        <option value="政府职员">政府职员</option>
        <option value="工程师" selected>工程师</option>
        <option value="工人">工人</option>
        <option value="教师" selected>教师</option>
        <option value="医生">医生</option>
        <option value="学生">学生</option>
    </select>
</p>
<p>
收入：<select name="salary">
        <option value="1000 元以下">1000 元以下</option>
        <option value="1000~2000 元">1000~2000 元</option>
        <option value="2000~3000 元">2000~3000 元</option>
        <option value="3000~4000 元" selected>3000~4000 元</option>
        <option value="4000 元以上">4000 元以上</option>
    </select>
</p>
<p>
电子邮箱：<input type="email" required name="email" id="email"
  placeholder="您的电子邮箱">
</p>
<p>
生日：<input type="date" min="1960-01-01" max="2017-3-16"
  name="birthday" id="birthday" value="1990-11-11">
</p>
<p>
博客地址：<input type="url" name="blog" placeholder="您的博客地址"
  id="blog">
</p>
<p>
年龄：<input type="number" name="age" id="age" value="25" autocomplete=
  "off" placeholder="您的年龄">
</p>
<p>
工作年限：<input type="range" min="1" step="1" max="20" name="slider"
  name="workingyear" id="workingyear" placeholder="您的工作年限"
  value="3">
</p>
<p>
个人简介：<textarea name="think" cols="40" rows="4"></textarea>
</p>
<p>
    <input type="submit" name="submit" value="提
  交"/>  
                    <input type="reset" name="reset" value="重写" />
</p>
```

```
    </form>
  </body>
</html>
```

【说明】 "职业"选择栏使用的是弹出式选择栏；"收入"选择栏使用的是字段式选择栏，其<select>标签中的 size 属性值设置为 3。

3.4.5 表单分组

大型表单容易在视觉上产生混淆，通过对表单分组可以将表单上的元素在形式上进行组合，达到一目了然的效果。常见的分组标签有<fieldset>和<legend>标签。格式如下：

```
<form>
 <fieldset>
   <legend>分组标题</legend>
    表单元素 ...
 </fieldset>
 ...
</form>
```

其中，<fieldset>标签可以看作表单的一个子容器，将所包含的内容以边框环绕方式显示，<legend>标签则是为<fieldset>边框添加相关的标题。

【例 3-14】 表单分组示例，本例文件 3-14. html 在浏览器中显示的效果如图 3-21 所示。

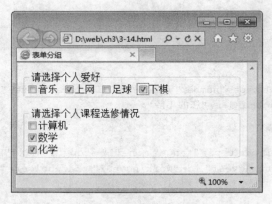

图 3-21　表单分组

代码如下：

```
<html>
  <head>
    <meta charset="gb2312">
    <title>表单分组</title>
```

```
</head>
<body>
  <form>
      <fieldset>
        <legend>请选择个人爱好</legend>
          <input type="checkbox" name="like" value="音乐">音乐
          <input type="checkbox" name="like" value="上网" checked>上网
          <input type="checkbox" name="like" value="足球">足球
          <input type="checkbox" name="like" value="下棋">下棋
      </fieldset>
        <br/>
      <fieldset>
        <legend>请选择个人课程选修情况</legend>
          <input type="checkbox" name="choice" value="computer" />计算机<br/>
          <input type="checkbox" name="choice" value="math" />数学<br/>
          <input type="checkbox" name="choice" value="chemical" />化学<br/>
      </fieldset>
  </form>
  </body>
</html>
```

3.4.6　使用表格布局表单

从上面的宇宙电子会员注册表单案例中可以看出,由于表单没有经过布局,页面整体看起来不太美观。在实际应用中,可以采用以下两种方法布局表单:一是使用表格布局表单;二是使用 CSS 样式布局表单。本节主要介绍使用表格布局表单。

【例 3-15】　使用表格布局制作宇宙电子联系我们表单,表格布局示意图如图 3-22 所示,最外围的虚线表示表单,表单内部包含一个 6 行 3 列的表格。其中,第一行和最后一行使用了跨 2 列的设置。本例文件 3-15.html 在浏览器中显示的效果如图 3-23 所示。

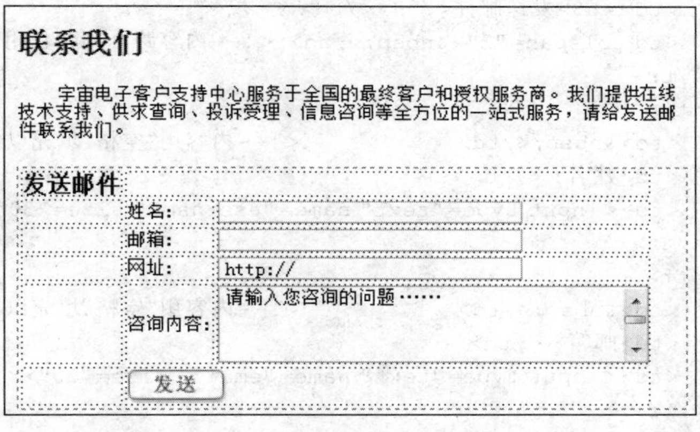

图 3-22　表格布局示意图

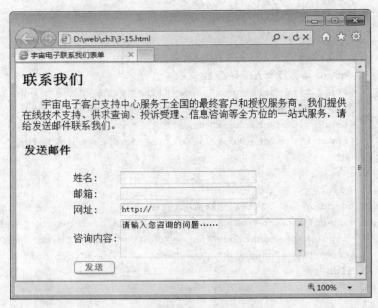

图 3-23　例 3-15 的页面显示效果

代码如下：

```html
<html>
  <head>
   <title>宇宙电子联系我们表单</title>
  </head>
  <body>
    <h2>联系我们</h2>
    <p>    宇宙电子客户支持中心服务于……(此处省略文字)</p>
    <form>
       <table>
          <tr>
            <td><h3>发送邮件</h3></td>
            <td colspan="2"> </td> <!--内容跨 2 列并且用"空格"填充-->
          </tr>
          <tr>
            <td> </td>                <!--内容用"空格"填充以实现布局效果-->
            <td>姓名：</td>
            <td><input type="text" name="username" size="30"></td>
          </tr>
          <tr>
            <td> </td>                <!--内容用"空格"填充以实现布局效果-->
            <td>邮箱：</td>
            <td><input type="text" name="email" size="30"></td>
          </tr>
          <tr>
            <td> </td>                <!--内容用"空格"填充以实现布局效果-->
            <td>网址：</td>
```

```
      <td><input type="text" name="url" size="30" value="http: //"></td>
    </tr>
    <tr>
      <td> </td>                <!--内容用"空格"填充以实现布局效果-->
      <td>咨询内容: </td>
      <td>< textarea name="intro" cols="40" rows="4">请输入您咨询的问
      题……
        </textarea></td>
    </tr>
    <tr>
      <td> </td>                <!--内容用"空格"填充以实现布局效果-->
      <!--下面的发送图片按钮跨 2 列-->
      <td colspan="2"><input type="image" src="images/submit.gif" /></td>
    </tr>
    </table>
  </form>
  </body>
</html>
```

3.4.7　表单的高级用法

在某些情况下,用户需要对表单元素进行限制,设置表单元素为只读或禁用,常应用
于以下场景。

只读场景:网站服务器不希望用户修改的数据,这些数据在表单元素中显示。例如,
注册或交易协议、商品价格等。

禁用场景:只有满足某个条件后,才能选用某项功能。例如,只有用户同意注册协议
后,才允许单击"注册"按钮。

只读和禁用效果分别通过设置 readonly 和 disabled 属性来实现。

【例 3-16】　制作宇宙电子服务协议页面,页面浏览后,服务协议只能阅读而不能修
改,并且只有用户同意注册协议后,才允许单击"注册"按钮,本例文件 3-16.html 在浏览
器中显示的效果如图 3-24 所示。

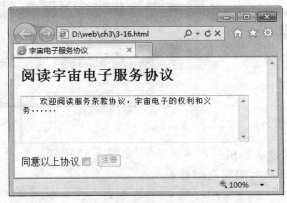

图 3-24　例 3-16 的页面显示效果

代码如下:

```html
<html>
  <head>
    <title>宇宙电子服务协议</title>
  </head>
  <body>
    <h2>阅读宇宙电子服务协议</h2>
    <form>
    <textarea name="content" cols="50" rows="5" readonly="readonly">
        欢迎阅读服务条款协议,宇宙电子的权利和义务……
    </textarea><br /><br />
    同意以上协议<input name="agree" type="checkbox" />         <!--复选框-->
    <input name="register" type="submit" value="注册" disabled="disabled" />
        <!--提交按钮禁用-->
    </form>
  </body>
</html>
```

【说明】 用户选择"同意以上协议"复选框并不能真正使"注册"按钮有效,还需为复选框添加 JavaScript 脚本才能实现这一功能,这里只是讲解如何使表单元素只读和禁用。

习 题

1. 使用跨行跨列的表格制作公告栏分类信息,如图 3-25 所示。
2. 使用表格布局商城支付选择页面,如图 3-26 所示。

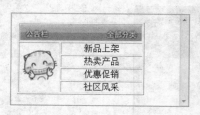

图 3-25 题 1 图

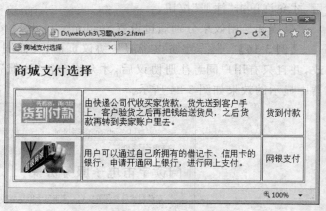

图 3-26 题 2 图

3. 使用表格布局技术制作用户注册表单,如图 3-27 所示。
4. 制作如图 3-28 所示的调查问卷表单。

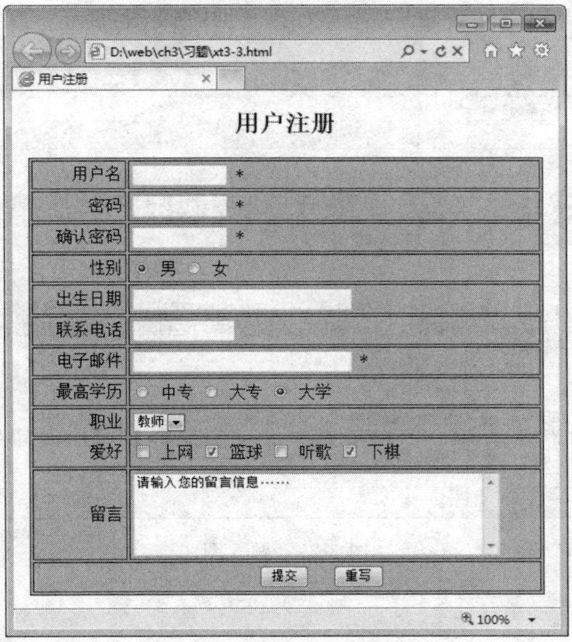

图 3-27　题 3 图

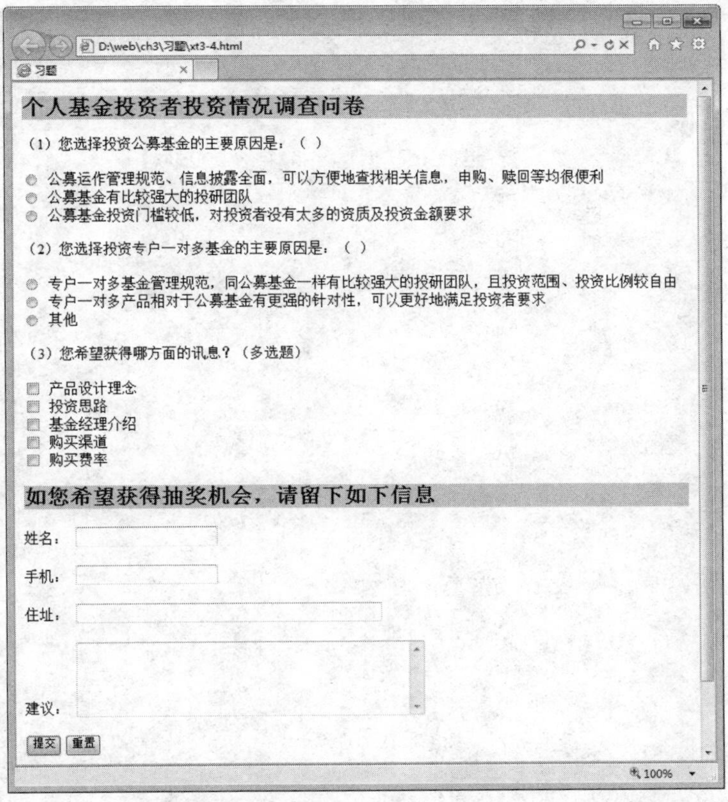

图 3-28　题 4 图

5. 使用结构元素构建网页布局,制作如图 3-29 所示的页面。

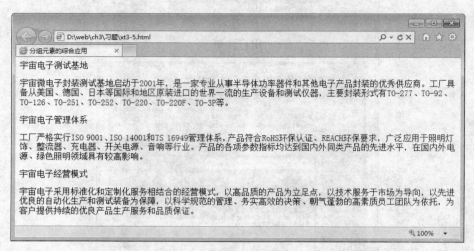

图 3-29　题 5 图

第 4 章　JavaScript 语言基础

使用 HTML 可以搭建网页的结构,使用 CSS 可以控制和美化网页的外观,但是对网页的交互行为和特效却无能为力,此时 JavaScript 脚本语言提供了解决方案。JavaScript 是制作网页的行为标准之一,本章主要介绍 JavaScript 语言的基本知识。

4.1　JavaScript 简介

脚本(Script)实际上就是一段程序,用来完成某些特殊的功能。脚本程序既可以在服务器端运行(称为服务器脚本,例如 ASP 脚本、PHP 脚本等),也可以直接在浏览器端运行(称为客户端脚本)。

客户端脚本常用来响应用户动作、验证表单数据,以及显示各种自定义内容,如对话框、动画等。使用客户端脚本时,由于脚本程序随网页同时下载到客户机上,因此在对网页进行验证或响应用户动作时,无须通过网络与 Web 服务器进行通信,从而降低了网络的传输量和服务器的负荷,改善了系统的整体性能。目前,JavaScript 和 VBScript 是两种使用最广泛的脚本。VBScript 仅被 Internet Explorer 支持,而 JavaScript 则几乎被所有浏览器支持。

JavaScript 是一种基于对象(Object)和事件驱动(Event Driven),并具有安全性能的脚本语言。它可与 HTML、CSS 一起实现在一个 Web 页面中链接多个对象,与 Web 客户交互的作用,从而开发出客户端的应用程序。JavaScript 通过嵌入或调入 HTML 文档中实现其功能,它弥补了 HTML 语言的不足,是 Java 与 HTML 折中的选择。JavaScript 的开发环境很简单,不需要 Java 编译器,而是直接在浏览器中运行,因而备受网页设计者的喜爱。

JavaScript 语言的前身叫作 LiveScript。自从 Sun 公司推出著名的 Java 语言后,Netscape 公司引进了 Sun 公司有关 Java 的程序概念,将 LiveScript 重新进行设计,并改名为 JavaScript。

目前流行的多数浏览器都支持 JavaScript,如 Netscape 公司的 Navigator 3.0 以上版本,Microsoft 公司的 Internet Explorer 3.0 以上版本。

4.2 在网页中插入 JavaScript 的方法

在网页中插入 JavaScript 有在 HTML 文档中嵌入脚本程序、链接脚本文件和在 HTML 标签内添加脚本 3 种方法。

4.2.1 在 HTML 文档中嵌入脚本程序

JavaScript 的脚本程序包括在 HTML 中,使之成为 HTML 文档的一部分。其格式 如下:

```
<script type="text/javascript">
  JavaScript 语言代码;
  JavaScript 语言代码;
    …
</script>
```

语法说明如下。

script 为脚本标记。它必须以<script type="text/javascript">开头,以</script> 结束,界定程序开始的位置和结束的位置。

script 在页面中的位置决定了什么时候装载脚本,如果希望在其他所有内容之前装 载脚本,就要确保脚本在页面的<head>…</head>之间。

JavaScript 脚本本身不能独立存在,它是依附于某个 HTML 页面,在浏览器端运行 的。在编写 JavaScript 脚本时,可以像编辑 HTML 文档一样,在文本编辑器中输入脚本 的代码。

【例 4-1】 在 HTML 文档中嵌入 JavaScript 的脚本,本例文件 4-1. html 在浏览器中 显示的效果如图 4-1 和图 4-2 所示。

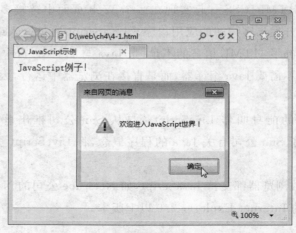

图 4-1 加载时的运行结果

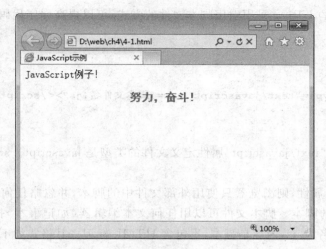

图 4-2 单击"确定"按钮后的运行结果

代码如下：

```html
<html>
  <head>
    <title>JavaScript 示例</title>
    <script language="JavaScript">
      document.write("JavaScript 例子!");
      alert("欢迎进入 JavaScript 世界!");
    </script>
  </head>
  <body>
    <h3 style="font: 12pt; font-family: '黑体'; color: red; text-align:
      center">努力,奋斗! </h3>
  </body>
</html>
```

【说明】

（1）document.write()是文档对象的输出函数，其功能是将括号中的字符或变量值输出到窗口。alert()是 JavaScript 的窗口对象方法，其功能是弹出一个对话框并显示其中的字符串。

（2）图 4-1 所示为浏览器加载时的显示结果，图 4-2 所示为单击自动弹出对话框中的"确定"按钮后的最终显示结果。从例 4-1 中可以看出，在用浏览器加载 HTML 文件时，是从文件头向后解释并处理 HTML 文档的。

（3）在＜script language ＝"JavaScript"＞...＜/script＞中的程序代码有大、小写之分，例如将 document.write()写成 Document.write()，程序将无法正确执行。

4.2.2 链接脚本文件

如果已经存在一个脚本文件（以 js 为扩展名），则可以使用 script 标记的 src 属性引

87

用外部脚本文件的 URL。采用引用脚本文件的方式，可以提高程序代码的利用率。其格式如下：

```
<head>
  …
  <script type="text/javascript" src="脚本文件名.js"></script>
  …
</head>
```

其中，type="text/javascript"属性定义文件的类型是 javascript。src 属性定义.js 文件的 URL。

如果使用 src 属性，则浏览器只使用外部文件中的脚本，并忽略任何位于＜script＞…＜/script＞之间的脚本。脚本文件可以用任何文本编辑器（如记事本）打开并编辑，一般脚本文件的扩展名为.js，内容是脚本，不包含 HTML 标记。其格式如下：

```
JavaScript 语言代码；              //注释
  …
JavaScript 语言代码；
```

例如，将例 4-1 改为链接脚本文件，运行过程和结果与例 4-1 相同。

```
<html>
  <head>
    <title>JavaScript 示例</title>
    <script type="text/javascript" src="test.js"></script>
      <!--URL 为 test.js -->
  </head>
  <body>
    <h3 style="font: 12pt; font-family: '黑体'; color: red; text-align:
      center">努力,奋斗！</h3>
  </body>
</html>
```

脚本文件 test.js 的内容如下：

```
document.write("JavaScript 例子!");
alert("欢迎进入 JavaScript 世界!");
```

4.2.3 在 HTML 标签内添加脚本

可以在 HTML 表单的输入标签内添加脚本，以响应输入的事件。

【例 4-2】 在标签内添加 JavaScript 的脚本，本例文件 4-2.html 在浏览器中显示的效果如图 4-3 和图 4-4 所示。

代码如下：

```
<html>
  <head><title>JavaScript 示例</title></head>
```

图 4-3 初始显示

图 4-4 例 4-2 的运行结果

```
<body>
  JavaScript 例子!
  <form>
    <input type="button" onClick="JavaScript: alert('欢迎进入 JavaScript 世
      界!');" value="单击此按钮">
  </form>
    <h3 style="font: 12pt; font-family: '黑体'; color: red; text-align:
      center">努力,奋斗! </h3>
</body>
</html>
```

4.2.4 多脚本网页

在一个 HTML 文档中,可以有多个脚本程序块,它们可以放在＜head＞和＜body＞中,浏览器将依次执行。

【例 4-3】 在下面 HTML 文档中有 3 段脚本代码,本例文件 4-3.html 在浏览器中显示的效果如图 4-5 所示。

图 4-5 多脚本网页

代码如下：

```html
<html>
  <head>
    <script language="JavaScript">
      document.write("第一个脚本");
    </script>
  </head>
  <body>
    <hr>
    <script language="JavaScript">
      document.write("第二个脚本");
    </script>
    <hr>
    <script language="JavaScript">
      document.write("第三个脚本");
    </script>
  </body>
</html>
```

4.3 JavaScript 的基本数据类型和表达式

JavaScript 脚本语言同其他计算机语言一样，有它自身的基本数据类型、运算符和表达式。

4.3.1 基本数据类型

JavaScript 有 4 种基本的数据类型。

number(数值)类型：可为整数和浮点数。在程序中并没有把整数和实数分开，这两种数据可在程序中自由转换。整数可以为正数、0 或者负数，浮点数可以包含小数点，也可以包含一个"e"(大小写均可，表示 10 的幂)，或者同时包含这两项。

string(字符)类型：字符是用单引号"'"或双引号"""来说明的。

boolean(布尔)类型：布尔型的值为 true 或 false。

object(对象)类型：对象也是 JavaScript 中的重要组成部分，用于说明对象。

JavaScript 的基本类型中的数据可以是常量，也可以是变量。由于 JavaScript 采用弱类型的形式，因而一个数据的变量或常量不必首先作声明，而是在使用或赋值时自动确定其数据的类型。也可以先声明该数据的类型。

JavaScript 还有一个特殊的数据类型 undefined(未定义)，undefined 类型是指一个变量被创建后，还没有赋予任何初值，这时该变量没有类型，被称为未定义的，在程序中直接使用会发生错误。

4.3.2 常量

常量通常又称为字面常量，它是不能改变的数据。

1. 基本常量

（1）字符型常量。使用单引号"'"或双引号"""括起来的一个或几个字符，如"123"、'abcABC123'、"This is a book of JavaScript"等。

（2）数值型常量。整型常量：整型常量可以使用十进制、十六进制、八进制表示其值。

实型常量：实型常量由整数部分加小数部分表示，如 12.32、193.98。可以使用科学或标准方法表示，如 6E8、2.6e5 等。

（3）布尔型常量。布尔常量只有两个值：True 或 False。它主要用来说明或代表一种状态或标志，以说明操作流程。JavaScript 只能用 True 或 False 表示其状态，不能用 1 或 0 表示。

JavaScript 除上面 3 种基本常量外，还有两种特殊的常量值。

2. 特殊常量

（1）空值。JavaScript 中有一个空值 null，表示什么也没有。例如，试图引用没有定义的变量，则返回一个 null 值。

（2）控制字符。与 C/C++ 语言一样，JavaScript 中同样有以反斜杠"\"开头的不可显示的特殊字符，通常称为控制字符（这些字符前的"\"叫转义字符）。举例如下。

\b：表示退格　　　　\f：表示换页　　　　\n：表示换行　　　　\r：表示回车
\t：表示 Tab 符号　　\'：表示单引号本身　　\"：表示双引号本身

4.3.3　变量

变量用来存放程序运行过程中的临时值，这样在需要用这个值的地方就可以用变量来代表。对于变量必须明确变量的命名、变量的类型、变量的声明及变量的作用域。

1. 变量的命名

JavaScript 中的变量命名同其他计算机语言非常相似，变量名称的长度是任意的，但要区分大小写。另外，还必须遵循以下规则。

（1）第一个字符必须是字母（大小写均可）、下划线"_"或美元符"$"。

（2）后续字符可以是字母、数字、下划线或美元符。除下划线"_"字符外，变量名中不能有空格，以及"+""−"","或其他特殊符号。

（3）不能使用 JavaScript 中的关键字作为变量。在 JavaScript 中定义了 40 多个关键字，这些关键字是 JavaScript 内部使用的，如 var、int、double、true，它们不能作为变量。

在对变量命名时，最好把变量的意义与其代表的意思对应起来，以方便记忆。

2. 变量的类型

JavaScript 是一种对数据类型变量要求不太严格的语言，所以不必声明每一个变量的类型,但在使用变量之前先进行声明是一种好的习惯。

变量的类型是在赋值时根据数据的类型来确定的,变量的类型有字符型、数值型、布尔型。

3. 变量的声明

JavaScript 变量可以在使用前先作声明,并可赋值。通过使用 var 关键字对变量作声明。对变量作声明的最大好处就是能及时发现代码中的错误,因为 JavaScript 是采用动态编译的,而动态编译不易发现代码中的错误,特别是变量命名方面。

变量的声明和赋值语句 var 的语法如下:

var　变量名称 1 [=初始值 1],变量名称 2 [=初始值 2] …;

一个 var 可以声明多个变量,其间用“,”分隔。

4. 变量的作用域

变量的作用域是变量的重要概念。在 JavaScript 中同样有全局变量和局部变量,全局变量定义在所有函数体之外,其作用范围是全部函数;而局部变量定义在函数体之内,只对该函数可见,而对其他函数不可见。

4.3.4　运算符和表达式

在定义完变量后,可以对变量进行赋值、计算等一系列操作,这一过程通常由表达式来完成,可以说它是变量、常量和运算符的集合,因此表达式可以分为算术表述式、字符串表达式、布尔表达式。

运算符是完成操作的一系列符号,在 JavaScript 中有算术运算符、字符串运算符、比较运算符、布尔运算符等。运算符又分为双目运算符和单目运算符。单目运算符只需一个操作数,其运算符可在前或后。双目运算符格式如下:

操作数 1　运算符　操作数 2

即双目运算符由两个操作数和一个运算符组成。例如,3+5 或"This"+"that"等。

1. 算术运算符

JavaScript 中的算术运算符有双目运算符和单目运算符。

双目运算符:+(加)、-(减)、*(乘)、/(除)、%(取模)。

单目运算符:++(递加 1)、--(递减 1)。

2. 字符串运算符

字符串运算符“+”用于连接两个字符串。例如,"abc"+"123"。

3. 比较运算符

比较运算符首先对操作数进行比较,然后再返回一个 true 或 false 值。有 6 个比较运算符：＜（小于）、＜＝（小于等于）、＞（大于）、＞＝（大于等于）、＝＝（等于）、!＝（不等于）。

4. 布尔运算符

在 JavaScript 中增加了几个布尔逻辑运算符：!（取反）、&＝（与之后赋值）、&（逻辑与）、|＝（或之后赋值）、|（逻辑或）、^＝（异或之后赋值）、^（逻辑异或）、?:（三目操作符）、‖（或）、＝＝（等于）、|＝（不等于）。

其中三目操作符主要格式如下：

操作数 ？结果 1；结果 2

若操作数的结果为真,则表达式的结果为结果 1,否则为结果 2。

5. 位运算符

位运算符分为位逻辑运算符和位移动运算符。

位逻辑运算符有：&（位与）、|（位或）、^（位异或）、－（位取反）、～（位取补）。

位移动运算符有：＜＜（左移）、＞＞（右移）、＞＞＞（右移,零填充）。

6. 运算符的优先顺序

表达式的运算是按运算符的优先级进行的。下列运算符按其优先顺序由高到低排列。

算术运算符：＋＋、－－、*、/、％、＋、－。

字符串运算符：＋。

位移动运算符：＜＜、＞＞、＞＞＞。

位逻辑运算符：&、|、^、－、～。

比较运算符：＜、＜＝、＞、＞＝、＝＝、!＝。

布尔运算符：!、&＝、&、|＝、|、^＝、^、?:、||、＝＝、|＝。

4.4 JavaScript 的程序结构

变量如同语言中的单词,表达式如同语言中的词组,而只有语句才是语言中完整的句子。在任何编程语言中,程序都是通过语句来实现的。在 JavaScript 中包含完整的一组编程语句,用于实现基本的程序控制和操作功能。

在 JavaScript 中,每条语句后面以一个分号结尾。JavaScript 的要求并不严格,在编写脚本语言时,语句后面也可以不加分号。建议加上分号,这是一种良好的编程习惯。

JavaScript 脚本程序是由控制语句、函数、对象、方法、属性等组成的。JavaScript 所提供的语句分为以下几大类。

4.4.1 简单语句

1. 赋值语句

赋值语句的功能是把右边表达式赋值给左边的变量。其格式如下：

变量名=表达式；

像 C 语言一样，JavaScript 也可以采用变形的赋值运算符，如 x＋＝y 等同于 x＝x＋y，其他运算符也一样。

2. 注释语句

在 JavaScript 的程序代码中，可以插入注释语句以增加程序的可读性。注释语句有单行注释和多行注释之分。

单行注释语句的格式如下：

//注释内容

多行注释语句的格式如下：

/* 注释内容
   注释内容 */

3. 输出字符串

在 JavaScript 中常用的输出字符串的方法是利用 document 对象的 write()方法、window 对象的 alert()方法。

（1）用 document 对象的 write()方法输出字符串。document 对象的 write()方法的功能是向页面内写文本，其格式如下：

document.write(字符串 1, 字符串 2, ...) ；

（2）用 window 对象的 alert()方法输出字符串。window 对象的 alert()方法的功能是弹出提示对话框，其格式如下：

alert(字符串);

4. 输入字符串

在 JavaScript 中常用的输入字符串的方法是利用 window 对象的 prompt()方法以及表单的文本框。

（1）用 window 对象的 prompt()方法输入字符串。window 对象的 prompt()方法的功能是弹出对话框，让用户输入文本，其格式如下：

prompt(提示字符串，默认值字符串);

例如,下面的代码用 prompt()方法得到字符串,然后赋值给变量 name。

```html
<html>
  <body>
    <script language="JavaScript">
      var name=prompt("请输入您的姓名: ", "");
      document.write("您好!"+name);
    </script>
  </body>
</html>
```

(2) 用文本框输入字符串。使用 Blur 事件和 onBlur 事件处理程序,可以得到在文本框中输入的字符串。Blur 事件和 onBlur 事件的具体解释可参考第 5 章中事件处理程序的相关内容。

【例 4-4】 下面的代码执行时,在文本框中输入的文本将在对话框中输出,本例文件 4-4. html 在浏览器中的显示效果如图 4-6 所示。

图 4-6 例 4-4 的页面显示效果

代码如下:

```html
<html>
  <head>
    <title>用文本框输入</title>
    <script language="JavaScript">
      function test(str) {
        alert("您输入的内容是: "+str);
      }
    </script>
  </head>
  <body>
    <form name="chform" method="post">
      <p>请输入:
      <input type="text" name="textname" onBlur="test(this.value)"
      value="" size="10"></p>
```

```
    </form>
  </body>
</html>
```

【例 4-5】　下面的代码执行时,单击"计算"按钮可得到算术表达式的值,本例文件 4-5.html在浏览器中的显示效果如图 4-7 所示。

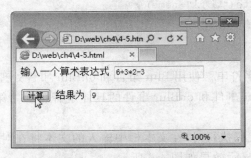

图 4-7　例 4-5 的页面显示效果

代码如下:

```
<html>
  <head>
    <script language="JavaScript">
      function c1(form){
        myform.results.value=eval(myform.entry.value);
        //得到文本框的值:表单名.文本框名.value
      }
    </script>
  </head>
  <body>
    <form name="myform" method="post">
      输入一个算术表达式
      <input type="text" name="entry" value="6+3*2-3"><p>
      <input type="button" value="计算" onClick="c1(this.form);">
      结果为
      <input type="text" name="results" onFocus="this.blur();"><p>
    </form>
  </body>
</html>
```

4.4.2　程序控制流程

1. 条件语句

JavaScript 提供了 if、if else 和 switch 这 3 种条件语句,条件语句也可以嵌套。

1) if 语句

if 语句是最基本的条件语句,它的格式与 C++ 一样,其格式如下:

```
if(条件)
  { 语句段 1;
    语句段 2;
    ...
  }
```

"条件"是一个关系表达式,用来实现判断,"条件"要用()括起来。如果"条件"的值为 true,则执行{}里面的语句,否则跳过 if 语句执行后面的语句。如果语句段只有一句,可以省略{},例如:

```
if(x==1)  y=6;
```

【例 4-6】 本例弹出一个确认框,如果用户单击"确定"按钮,则网页中显示"OK!";如果单击"取消"按钮,则网页中显示"Cancel!",本例文件 4-6.html 在浏览器中的显示效果如图 4-8 所示。

图 4-8 例 4-6 的页面显示效果

代码如下:

```
<html>
  <body>
    <script>
      var userChoice=window.confirm("请选择"确定"或"取消"");
      if (userChoice==true) {
        document.write("OK!");
      }
      if (userChoice==false) {
        document.write("Cancel!");
      }
    </script>
  </body>
</html>
```

【说明】 其中的 window.confirm("提示文本")是 window 对象的 confirm 方法,其功能是弹出确认框,如果单击"确定"按钮,其函数值为 true;单击"取消"按钮,其函数值为

false。

也可以使用"?"条件测试运算符,其代码如下:

```
<script>
  var userChoice=window.confirm("请选择"确定"或"取消"");
  var result= (userChoice==true) ? "OK!" : "Cancel!";
  document.write(result);
</script>
```

2) if else 语句

if else 语句的格式如下:

```
if(条件)
  语句段 1;
else
  语句段 2;
```

若"条件"为 true,则执行语句段 1;否则执行语句段 2。"条件"要用()括起来。若 if 后的语句段有多行,则必须使用{}将其括起来。

3) switch 语句

分支语句 switch 根据变量取值的不同采取不同的处理方法。switch 语句的格式如下:

```
switch (变量)
{ case 特定数值 1 :
      语句段 1;
      break;
  case 特定数值 2 :
      语句段 2;
      break;
   ⋮
  default :
      语句段 3;
}
```

"变量"要用()括起来。case 必须用{}括起来。语句段即使是由多个语句组成的,也不能用{}括起来。

当 switch 中变量的值等于第一个 case 语句中的特定数值时,执行其后的语句段,执行到 break 语句时,直接跳离 switch 语句。如果变量的值不等于第一个 case 语句中的特定数值,则判断第二个 case 语句中的特定数值。如果所有的 case 都不符合,则执行 default 中的语句。如果省略 default 语句,当所有 case 都不符合时,则跳离 switch,什么都不执行。每条 case 语句中的 break 是必需的;如果没有 break 语句,将继续执行下一个 case 语句的判断。

【例 4-7】 if 语句和 switch 语句的用法,本例文件 4-7. html 在浏览器中的显示效果如图 4-9 所示。

代码如下:

图 4-9 例 4-7 的页面显示效果

```
<html>
 <head>
  <title>if and switch 示例</title>
 </head>
 <body>
  <script language="JavaScript">
   var x=1, y ;
   document.write("x=1");
   document.write("<br>");
   if (x=1)
     document.write("x 等于 1");
   else
     document.write("x 不等于 1");
   document.write("<br>");
   switch (x)
   { case 0 : document.write("x 等于 0");
          break;
     case 1 : document.write("x 是等于 1");
          break;
     default : document.write("x 不等于 0 或 1");
   }
  </script>
 </body>
</html>
```

2. 循环语句

JavaScript 中提供了多种循环语句,有 for、while 和 do while 语句,还提供用于跳出循环的 break 语句,用于终止当前循环并继续执行下一轮循环的 continue 语句,以及用于标号语句(label)。

1) for 循环语句

for 循环语句的格式如下:

for(初始化;条件;增量)
  {
    语句段;
  }

for 实现条件循环,当"条件"成立时,执行语句段,否则跳出循环体。

for 循环语句的执行步骤如下。

(1) 执行"初始化"部分,给计数器变量赋初值。

(2) 判断"条件"是否为真,如果为真则执行循环体,否则就退出循环体。

(3) 执行循环体语句之后,执行"增量"部分。

(4) 重复步骤(2)和步骤(3),直到退出循环。

JavaScript 也允许循环的嵌套,从而实现更加复杂的应用。

【例 4-8】 使用 for 语句在网页中输出" * "号组成一个三角形,本例文件 4-8.html 在

99

浏览器中的显示效果如图 4-10 所示。

代码如下：

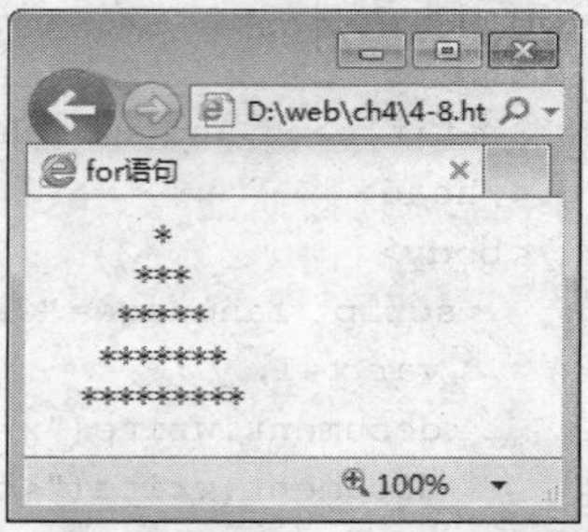

图 4-10　例 4-8 的页面显示效果

```html
<html>
  <head>
    <title>for 语句</title>
  </head>
  <body>
    <script language='javascript'
      type='text/javascript'>
      var x,y;
      for (x=0; x<5; x++)              //x 为行控制变量,5 行
        { for (y=0; y<=(5-x); y++)     //y 为当前行的空格个数
          document.write(' ');     //  是空格的字符
        for (i=1; i<=(2*x+1); i++)     //i 为当前行" * "的个数
          document.write(' * ');
        document.write('<br>')         //换行
        }
    </script>
  </body>
</html>
```

2）while 循环语句

while 循环语句的格式如下：

while(条件)
{
  语句段；
}

当条件表达式为真时就执行循环体中的语句。"条件"要用( )括起来。

while 语句的执行步骤如下。

（1）计算"条件"表达式的值。

（2）如果"条件"表达式的值为真，则执行循环体，否则跳出循环。

（3）重复步骤（1）和步骤（2），直到跳出循环。

有时可用 while 语句代替 for 语句。while 语句适合条件复杂的循环,for 语句适合已知循环次数的循环。

【例 4-9】　在下面程序中,如果单击"取消"按钮,将再次让用户选择,直到单击"确定"按钮才能退出选择,然后在网页中显示"你最终选定的是 OK!",本例文件 4-9.html 在浏览器中的显示效果如图 4-11 所示。

代码如下：

```html
<body>
  <script>
    var result=window.confirm("请选择"确定"或"取消"");
```

图 4-11 例 4-9 的页面显示效果

```
    while (result==false) {
        result=window.confirm("请选择"确定"或"取消"");
    }
    document.write("你最终选定的是 OK!");
</script>
</body>
```

3) do while 语句

do while 语句是 while 的变体,其格式为:

```
do
{
    语句段;
}
while(条件)
```

do while 的执行步骤如下。

(1) 执行循环体中的语句。

(2) 计算条件表达式的值。

(3) 如果条件表达式的值为真,则继续执行循环体中的语句,否则退出循环。

(4) 重复步骤(1)和步骤(2),直到退出循环。

do while 语句的循环体至少要执行一次,而 while 语句的循环体可以一次也不执行。

不论使用哪一种循环语句,都要注意控制循环的结束标志,避免出现死循环。

4) 标号语句

label 语句用于为语句添加标号。在任意语句前放上标号,都可为该语句指定一个标号。其格式如下:

标号名称: 语句;

label 语句常常用于标记一个循环、switch 或 if 语句,且与 break 或 continue 语句联合使用。

5）break 语句

break 语句的功能是无条件跳出循环结构或 switch 语句。一般 break 语句是单独使用的，有时也可在其后面加一个语句标号，以表明跳出该标号所指定的循环体，然后执行循环体后面的代码。

【例 4-10】 循环及 break、label 语句的使用，本例文件 4-10.html 在浏览器中的显示效果如图 4-12 所示。

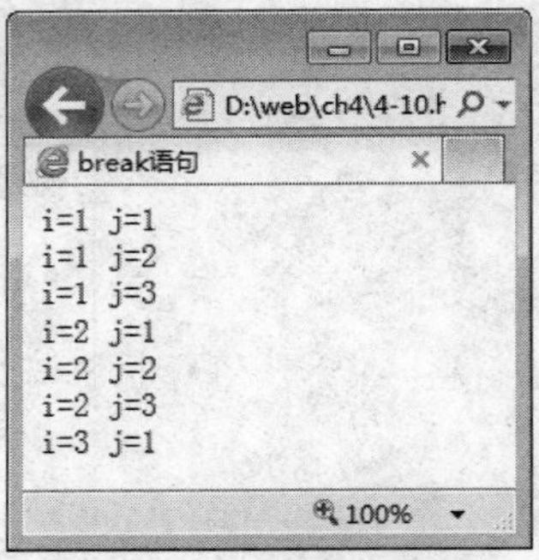

代码如下：

```html
<html>
  <head>
    <title>break 语句</title>
  </head>
  <body>
    <script language='javascript' type='text/javascript'>
    <!--
    var i;
    forLoop1:
    for(i=1;i<10;i++)
    {
      for(j=1;j<10;j++)
      {
        document.write("i="+i+" ");
        document.write("j="+j+"<br>");
        if(j==3) break;              //跳出嵌套的第二层循环
        if(i==3) break forLoop1;     //跳出顶层循环
      }
    }
    //-->
    </script>
  </body>
</html>
```

图 4-12 例 4-10 的页面显示效果

6）continue 语句

continue 语句的功能是结束本轮循环，跳转到循环的开始处，从而开始下一轮循环；而 break 则是结束整个循环。continue 可以单独使用，也可以与语句标号一起使用。

【例 4-11】 continue 和 break 语句的用法，在网页上输出 1～10 的数字后跳出循环，本例文件 4-11.html 在浏览器中的显示效果如图 4-13 所示。

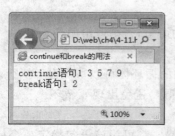

图 4-13 例 4-11 的页面显示效果

代码如下：

```html
<html>
  <head>
    <title>continue 和 break 的用法</title>
```

```
  </head>
  <body>
    <script language='javascript' type='text/javascript'>
    var x;
    document.write('continue 语句');
    for(x=1;x<10;x++)
    { if (x%2==0) continue;    //遇到偶数则跳出此次循环,进入下次循环
       document.write(x+' ');
    }
    document.write('<br>');
    document.write('break 语句');
    for (x=1;x<=10;x++)
    { if (x%3==0) break;       //遇到能被 3 整除,结束整个循环
       document.write(x+' ');
    }
    </script>
  </body>
</html>
```

【说明】 break 语句使循环从 for 或 while 中跳出,continue 使跳过循环内剩余的语句而进入下一次循环。

4.5 函　　数

在 JavaScript 中,函数是能够完成一定功能的代码块,它可以在脚本中被事件和其他语句调用。一般在编写脚本时,当有一段能够实现特定功能的代码需要经常使用时,就要考虑编写一个函数来实现这个功能以代替这段代码。当要用到这个功能时,即可直接调用这个函数,而不必再写这段代码。当一段代码很长,需要实现很多功能时,就可根据这段代码实现的功能而划分成几个功能单一的函数,既可以提高程序的可读性,也利于脚本的编写和调试。

4.5.1 函数的定义

JavaScript 并不区分函数(Function)和过程(Procedure),在 JavaScript 中只有函数。也就是说,JavaScript 中的函数同时具有函数和过程的功能。函数是已命名的代码块,代码块中的语句被作为一个整体引用和执行。函数可以使用参数来传递数据,也可以不使用参数。函数在完成功能后可以有返回值,也可以不返回任何值。

JavaScript 遵循先定义函数,后调用函数的规则。函数的定义通常放在 HTML 文档头中,也可以放在其他位置,但最好放在文档头,这样就可以确保先定义后使用。

定义函数的格式如下:

function 函数名(参数 1, 参数 2, ...)

```
{
    语句段;
    …
    return 表达式;              //return 语句指明被返回的值
}
```

函数名是指调用函数时引用的名称,一般用能够描述函数实现功能的单词来命名,也可以用多个单词组合命名。参数是调用函数时接收传入数据的变量名,可以是常量、变量或表达式,是可选的。可以使用参数列表,向函数传递多个参数,使在函数中可以使用这些参数。{}中的语句是函数的执行语句,当函数被调用时执行。如果返回一个值给调用函数的语句,应该在代码块中使用 return 语句。

图 4-14 例 4-12 的页面显示效果

【例 4-12】 在 JavaScript 中使用函数的例子,本例文件 4-12.html 在浏览器中的显示效果如图 4-14 所示。

代码如下:

```html
<html>
  <head>
    <title>使用函数</title>
    <script language="javascript" type="text/javascript">
    function hello()              //定义没有参数的函数
    {
      document.write("Hello,");
    }       //本函数没有返回值
    function message(message)     //定义有一个参数的函数
    {
      document.write(message);
    }       //本函数没有返回值
    </script>
  </head>
  <body>
    <script language="javascript" type="text/javascript">
    hello();                //调用无参数的函数,本函数没有返回值
    message("Hi");          //调用有参数的函数,本函数没有返回值
    </script>
  </body>
</html>
```

【说明】 如果需要函数返回值,则要使用 return 语句。

【例 4-13】 函数返回值的示例,本例文件 4-13.html 在浏览器中的显示效果如图 4-15 所示。

代码如下:

```html
<html>
  <head>
    <script language="JavaScript">
```

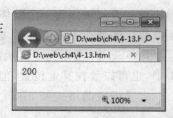

图 4-15 例 4-13 的页面显示效果

```
    function multiple(number1,number2) {
      var result=number1 * number2;
      return result;                //函数有返回值
    }
  </script>
</head>
<body>
  <script language="JavaScript">
    var result=multiple(10,20);     //调用有返回值的函数
    document.write(result);
  </script>
</body>
</html>
```

4.5.2　函数的调用

1. 无返回值的调用

如果函数没有返回值或调用程序不关心函数的返回值,可以用下面的格式调用定义的函数。

函数名(传递给函数的参数 1, 传递给函数的参数 2, …);

例如,在例 4-12 代码中的"hello();"和"message("Hi");"语句,由于 hello()函数没有返回值,所以可以使用这种方式。

2. 有返回值的调用

如果调用程序需要函数的返回结果,则要用下面的格式调用定义的函数。

变量名=函数名(传递给函数的参数 1, 传递给函数的参数 2, …);

例如:

```
result=multiple(10,20);
```

对于有返回值的函数调用,也可以在程序中直接利用其返回的值。例如:

```
document.write(multiple(10,20));
```

3. 在超链接标记中调用函数

当单击超链接时,可以触发调用函数,有两种方法。
(1) 使用<a>标记的 onClick 属性调用函数,其格式如下:

<a href="#" onClick="函数名(参数表)">热点文本</a>

(2) 使用<a>标记的 href 属性,其格式如下:

<a href="javascript: 函数名(参数表)">热点文本</a>

105

【例 4-14】 本例分别用两种方法，从超链接中调用函数，函数的功能是显示一个 alert 对话框，本例文件 4-14. html 在浏览器中的显示效果如图 4-16 所示。

图 4-16 例 4-14 的页面显示效果

代码如下：

```
<html>
  <head>
    <script language="JavaScript">
    function hello() {
      window.alert("Hello!");
    }
    </script>
  </head>
  <body>
    <a href="#" onClick="hello();">通过 onClick 属性调用函数</a><br>
    <a href="javascript: hello();">通过 href 属性调用函数</a>
  </body>
</html>
```

4. 在装载网页时调用函数

有时希望在装载(执行)一个网页时仅执行一次 JavaScript 代码，这时可使用<body>标记的 onLoad 属性，其代码格式如下：

```
<head>
  <script language="JavaScript">
    function 函数名(参数表) {
      当网页装载完成后执行的代码;
    }
  </script>
</head>
<body onLoad="函数名(参数表);">
  网页的内容
</body>
```

【例 4-15】 本例中的 hello() 函数显示一个对话框，当网页装载完成后就调用一次

hello()函数,本例文件 4-15.html 在浏览器中的显示效果如图 4-17 所示。

图 4-17　例 4-15 的页面显示效果

代码如下:

```html
<html>
  <head>
    <script language="JavaScript">
    function hello() {            //定义函数
      window.alert("Hello");
    }
    </script>
  </head>
  <body onLoad="hello();">  <!--使用 onLoad 调用函数 -->
    网页内容
  </body>
</html>
```

4.5.3　全局变量与局部变量

根据变量的作用范围,变量又可分为全局变量和局部变量。全局变量是在所有函数之外的脚本中定义的变量,其作用范围是这个变量定义之后的所有语句,包括其后定义的函数中的程序代码和它后面的其他＜script＞...＜/script＞标记中的程序代码。局部变量是定义在函数代码之内的变量,只有在该函数中且位于这个变量定义之后的程序代码可以使用这个变量。局部变量对其后的其他函数和脚本代码来说都是不可见的。

如果在函数中定义了与全局变量同名的局部变量,则在该函数中且位于这个变量定义之后的程序代码使用的是局部变量,而不是全局变量。

【例 4-16】　本例的 HTML 中有两段脚本,每个脚本定义了一个函数,在函数外和函数内分别定义了同名变量 myString,本例文件 4-16.html 在浏览器中

图 4-18　例 4-16 的页面显示效果

107

的显示效果如图 4-18 所示。

代码如下：

```
<html>
  <head>
    <title>全局变量与局部变量</title>
  </head>
  <body>
    <script language="JavaScript">          //第一个脚本程序块
      var myString="111111";              //定义全局变量 myString
      document.write (myString+"<br>"); //输出全局变量 myString 的值为"111111"
      function show1() {
        myString="222222";                //对全局变量 myString 赋新值
      }
      show1();                            //调用函数 show1()
      document.write (myString+"<br>"); //输出全局变量 myString 的值为"222222"
    </script>
    <script language="JavaScript">          //第二个脚本程序块
      document.write(myString+"<br>");  //输出全局变量 myString 的值为"222222"
      function show2() {
        var myString="333333";            //定义同名局部变量
        document.write(myString+"<br>");
      }
      show2();    //调用函数 show2(),输出局部变量 myString 的值为"333333"
      document.write(myString+"<br>");  //输出全局变量 myString 的值为"222222"
    </script>
  </body>
</html>
```

4.5.4 JavaScript 内置的函数

1. escape()和 unescape()

escape()和 unescape()函数的功能是对字符串进行编码和解码。在许多 URL 地址中，会看到"％＋数字"的情况，这是由于采用了 ISO-Latin-1 字符集进行编码。可以采用 unescape()函数对字符串进行解码，也可以用 escape()函数对字符串进行编码。

2. eval()

eval(字符串)函数将字符串所代表的运算或语句作为表达式来执行。因为在 JavaScript 中编写的每条表达式语句都是事先明确固定的，不能根据运行时的情况进行变动。例如：

```
var a=0;
eval("a=a+1");
```

执行后 a 变量的值是 1。又如：

```
var str2="document.write('Hello!')";
eval(str2);
```

执行后会在浏览器窗口中显示"Hello!"。

对于"var a1＝1;"这样的语句,在程序运行时不能改变变量的名称。使用 eval 函数就能实现这样的功能。例如,下面这段代码定义了 n 个变量,变量名分别为 a0、a1、a2……相当于直接在程序中写入"var a0＝0; var a1＝1;"这样的代码。

```
for(var i=0; i<n; i++) {
eval("var a"+i+"="+i); }
```

3. parseInt()和 parseFloat()

在使用表单时,常将文本框中的字符串按照需要转换为整数和浮点数,这样的操作就要用到 parseInt()函数和 parseFloat()函数,它们可以分别将字符串转换为整型数和浮点数。例如：

```
var int0=parseInt("6.8");
```

则 int0 的值为 6。parseInt()函数不是对字符串所代表的数值四舍五入,而是进行截尾操作。又如：

```
var float0=parseFloat("6.8");
```

则 float0 的值为 6.8。

4. isNaN()

NaN 意为 not a number,即不是一个数值。isNaN()函数用于判断表达式是否是一个数值。若 isNaN()返回的值为 true,则表达式不是数值;反之,则是一个数值。例如：

```
var str0="Hello!";
if(isNaN(str0)){
  document.write(str0+"不是一个数值") }
else{
  document.write(str0+"是一个数值") }
```

以上代码运行的结果是显示"Hello! 不是一个数值"。

4.6 基于对象的 JavaScript 语言

JavaScript 语言采用的是基于对象的(Object-Based)、事件驱动的编程机制,因此,必须理解对象以及对象的属性、事件和方法等概念。

4.6.1　对象

1．对象的概念

JavaScript 中的对象是由属性（properties）和方法（methods）两个基本的元素构成的。用来描述对象特性的一组数据，也就是若干个变量，称为属性；用来操作对象特性的若干个动作，也就是若干函数，称为方法。

简单地说，属性用于描述对象的一组特征，方法为对象实施一些动作，对象的动作常要触发事件，而触发事件又可以修改属性。一个对象建立以后，其操作就通过与该对象有关的属性、事件和方法来描述。

例如，document 对象的 bgColor 属性用于描述文档的背景颜色，使用 document 对象的 write 方法可以向页面中写入文本内容。

通过访问或设置对象的属性，并且调用对象的方法，就可以对对象进行各种操作，从而获得需要的功能。

在 JavaScript 中，可以使用的对象有 JavaScript 的内置对象、由浏览器根据 Web 页面的内容自动提供的对象、用户自定义的对象。

JavaScript 中的对象同时又是一种模板，它描述一类事物的共同属性，而在程序编制过程中，所使用的是对象的实例而非对象。对象和对象实例的这种关系就好像人类与具体某个人的关系一样。

JavaScript 中的对象名、属性名与变量名一样要区分大小写。

2．对象的使用

要使用一个对象，有以下 3 种方法。

（1）引用 JavaScnPt 内置对象。

（2）由浏览器环境中提供。

（3）建新对象。

一个对象在被引用之前必须已经存在。

3．对象的操作语句

在 JavaScript 中提供了几个用于操作对象的语句、关键字及运算符。

1）for…in 语句

for…in 语句的基本格式如下：

```
for(变量 in 对象){
    代码块;
}
```

该语句的功能是用于对某个对象的所有属性进行循环操作，它将一个对象的所有属性名称逐一赋值给一个变量，并且不需要事先知道对象属性的个数。

110

【例 4-17】　列出 window 对象的所有属性名及其对应的值,本例文件 4-17.html 在浏览器中的显示效果如图 4-19 所示。

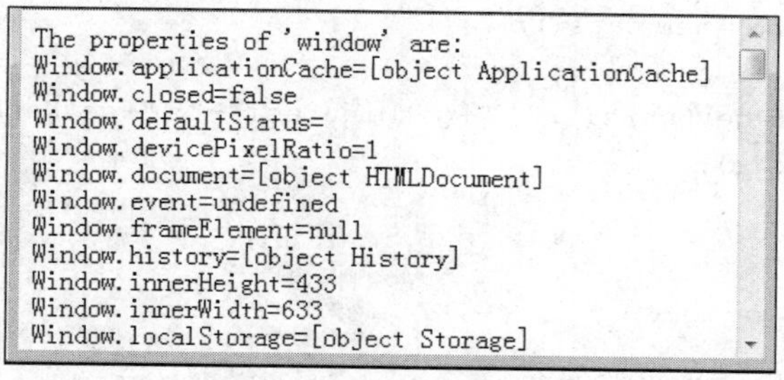

```
The properties of 'window' are:
Window.applicationCache=[object ApplicationCache]
Window.closed=false
Window.defaultStatus=
Window.devicePixelRatio=1
Window.document=[object HTMLDocument]
Window.event=undefined
Window.frameElement=null
Window.history=[object History]
Window.innerHeight=433
Window.innerWidth=633
Window.localStorage=[object Storage]
```

图 4-19　例 4-17 的页面显示效果

代码如下:

```html
<html>
  <body>
    The properties of 'window' are: <br>
    <script language="javascript" type="text/javascript">
      for(var i in window){
        window.document.write('Window.'+i+'='+window[i]+'<br>');
      }
    </script>
  </body>
</html>
```

【说明】　从显示结果可以看到,通过 for…in 循环,window 对象的所有属性名及其对应的值都被显示出来了,中间用“=”分开。关于 window 对象以及其他一些对象的具体内容后面将作介绍。

2)with 语句

with 语句的基本格式如下:

```
with(对象){
    代码块;
}
```

该语句的功能用于声明一个对象,代码块中的语句都被认为是对这一对象属性进行的操作。这样,当需要对一个对象进行大量操作时,就可通过 with 语句来替代一连串的“对象名”,从而节省代码。

例如,下面是一个使用 Date 对象显示当前时间的程序。

```html
<script language="javascript">
  var current_time=new Date();
  var str_time=current_time.getHours()+": "+current_time.getMinutes()+
  ": "+current_time.getSeconds();
  alert(str_time);
</script>
```

可以使用 with 语句简写：

```html
<script language="javascript">
  var current_time=new Date();
  with (current_time) {
    var str_time=getHours()+": "+getMinutes()+": "+getSeconds();
    alert(str_time);
  }
</script>
```

3）this 关键字

this 用于将对象指定为当前对象。

4）new 关键字

使用 new 可以创建指定对象的一个实例，其创建对象实例的格式如下：

对象实例名=new 对象名(参数表);

5）delete 操作符

delete 操作符可以删除一个对象的实例，其格式如下：

delete 对象名;

4.6.2 对象的属性

在 JavaScript 中，每一种对象都有一组特定的属性。有许多属性可能是大多数对象所共有的，如 Name 属性定义对象的内部名称；还有一些属性只局限于个别对象。

对象属性的引用有以下 3 种方式。

1. 点（.）运算符

把点放在对象实例名和它对应的属性之间，以此指向一个唯一的属性。属性的使用格式如下：

对象名.属性名=属性值;

例如，一个名为 person 的对象实例，它包含 sex、name、age 3 个属性，对它们的赋值可用如下代码。

```
person.sex="female";
person.name="Jane";
person.age=18;
```

2. 对象的数组下标

通过"对象[下标]"的格式也可以实现对象的访问。在用对象的下标访问对象属性时，下标是从 0 开始，而不是从 1 开始的。例如，前面代码可改写为：

```
person[0]="female";
person[1]="Jane";
person[2]=18;
```

通过下标形式访问属性，可以使用循环操作获取其值。对上面的例子可用以下方式获取每个属性的值。

```
function show_number(person)
{for(var i=0; i<3; i++)
  document.write(person[i])
}
```

若采用 for...in 语句，则不知其属性的个数也可以实现：

```
function show_number(person)
{for(var prop in this)
  document.write(this[prop])
}
```

3. 通过字符串的形式实现

通过"对象[字符串]"的格式实现对象的访问。

```
person["sex"]="female";
person["name"]="Jane";
person["age"]=18;
```

4.6.3　对象的事件

事件就是对象上所发生的事情。事件是预先定义好的、能够被对象识别的动作，如单击（Click）事件、双击（DblClick）事件、装载（Load）事件、鼠标移动（MouseMove）事件等，不同的对象能够识别不同的事件。通过事件，可以调用对象的方法，以产生不同的执行动作。

有关 JavaScript 的事件，后面章节将详细介绍。

4.6.4　对象的方法

一般来说，方法就是要执行的动作。JavaScript 的方法是函数。如 window 对象的关闭（close）方法、打开（open）方法等。每个方法可完成某个功能，但其实现步骤和细节用户既看不到，也不能修改，用户能做的工作就是按照约定直接调用它们。

方法只能在代码中使用，其用法依赖于方法所需的参数个数以及它是否具有返回值。

在 JavaScript 中，对象方法的引用非常简单。只需在对象名和方法之间用点分隔就可指明该对象的某一种方法，并加以引用。其格式如下：

对象名.方法()

例如,引用 person 对象中已存在的一个方法 howold(),则可使用:

```
document.write(person.howold());
```

如果引用 math 内部对象中 sin()的方法,则:

```
with(math){
    document.write(sin(30));
    document.write(sin(75));
}
```

若不使用 with,则引用时相对要复杂些。

```
document.write(math.sin(30));
document.write(math.sin(75));
```

4.7　JavaScript 的内置对象

作为一种基于对象编程的语言,JavaScript 在编程时经常需要使用到各种对象。下面介绍一些 JavaScript 编程中经常用到的内置对象的特点和使用方法,包括数组对象、字符串对象、日期对象、时间对象和数学对象等。

JavaScript 中提供的内部对象按使用方法可分为两种情况:一种是动态对象,在引用它的属性和方法时,必须使用 new 关键字创建一个对象实例,然后使用"对象实例名. 成员"的格式来访问其属性和方法。另一种是静态对象,在引用该对象的属性和方法时不需要使用 new 关键字创建对象实例,直接使用"对象名. 成员"的格式来访问其属性和方法。

4.7.1　数组对象

在 JavaScript 中,数组(Array)的组织方式是以对象的形式出现的。

1. 数组对象的定义方法

数组对象的定义有 3 种方法。

```
var 数组对象名=new Array();
var 数组对象名=new Array(数组元素个数);
var 数组对象名=new Array(第 1 个数组元素的值, 第 2 个数组元素的值, ...);
```

第 1 种方法在定义数组时不指定元素个数,当具体为其指定数组元素时,数组元素的个数会自动适应。例如,定义数组:

```
order=new Array();          //定义有 0 个数组元素的数组
order[12]="abc123";         //用 [ ]引用数组下标
```

JavaScript 自动把数组扩充为 13 个元素,前 12 个元素(order[0]～order[11])的值

被初始化为 null,第 13 个元素 order[12]为"abc123"。

JavaScript 数组元素的访问也是通过数组下标来实现的,数组元素的下标是从 0 开始的。

第 2 种方法是指定数组元素的个数,此时将创建指定个数的数组元素。同样,当具体指定数组元素时,数组的元素个数也可以动态更改。例如,定义数组:

```
var person=new Array(10);        //定义有 10 个数组元素的数组
person[20]="Jhon";               //为数组元素赋值,数组自动扩充为 21 个元素
```

第 3 种方法是在定义数组对象的同时,对每一个数组元素赋值,同时数组元素按照顺序赋值,各数组元素之间用逗号分隔,并且不允许省略其中的数组元素。例如,新建一个名为 person 的数组,其中包含 ZhangSan、LiSi、WangWu 3 个元素。

```
var person=new Array("ZhangSan","LiSi","WangWu");
```

数组中的元素类型可以是数值型、字符型或其他对象,并且同一个数组中的元素类型也可以不同,甚至一个数组元素也可以是一个数组。例如:

```
var person=new Array("ZhangSan",169,new array("BeiJing", 2008);
```

上面例子中,数组 person 中的 3 个元素及对应的值分别为:person[0]＝"ZhangSan",person[1]＝169,person[2,0]＝"BeiJing",person[2,1]＝2008。

对于用数组作为数组元素的情况,可用多维数组的方式访问,如上例 person[2,1]＝2008 也可写为 person[2][1]＝2008。

除使用以上 3 种方法定义数组对象外,还可以直接用[ ]定义数组并赋值。例如:

```
var order=[1,2,3,4,5,6];
```

其效果与用 var order＝new Array(1,2,3,4,5,6)相同。

【例 4-18】 定义一个具有 3 个元素的一维数据并分别赋值,然后显示出来。本例文件 4-18. html 在浏览器中的显示效果如图 4-20 所示。

代码如下:

图 4-20 例 4-18 的页面显示效果

```html
<html>
  <body>
    <script>
    var myArray=new Array(3);     //定义有 3 个元素的数组对象
    myArray[0]="Item 0";
    myArray[1]="Item 1";
    myArray[2]="Item 2";
    for (i=0; i<myArray.length; i++)
    {
        document.write(myArray[i]+"<br>");
    }
    </script>
  </body>
```

115

```
</html>
```

【例 4-19】 定义一个二维数组,并把数组元素显示到表格中。本例文件 4-19. html 在浏览器中的显示效果如图 4-21 所示。

代码如下:

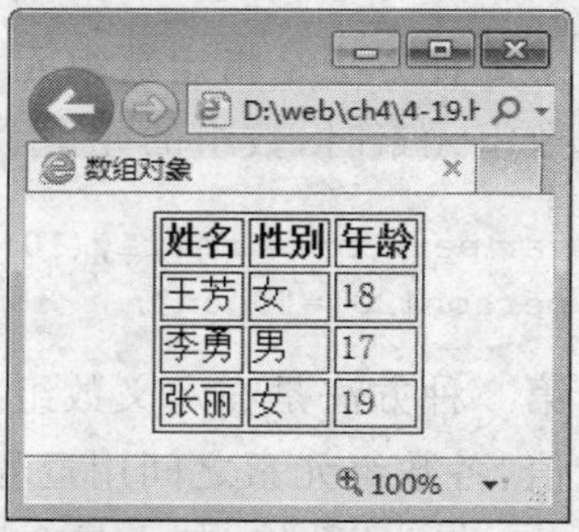

```
<html>
  <head>
    <title>数组对象</title>
  </head>
  <body>
    <script language="JavaScript"
     type="text/javascript">
     var order=new Array();
     order[0]=new Array("王芳","女",18);
     order[1]=new Array("李勇","男",17);
     order[2]=new Array("张丽","女",19);
     document.write('<table border align="center">');
     document.write('<th>姓名</th><th>性别</th><th>年龄</th>');
     for(i=0; i<order.length; i++)
                                //length 属性表示数组元素的个数,order.length 为 3
     { document.write('<tr>');
       for(j=0; j<order[0].length; j++) //order[0].length 为 3
       { document.write('<td>'+order[i][j]+'</td>'); }
       document.write('</tr>');
     }
     document.write('</table>');
    </script>
  </body>
</html>
```

图 4-21　例 4-19 的页面显示效果

2. 数组对象的属性

数组对象的属性主要是 length,它用于获得数组中元素的个数,即数组中最大下标加 1。

3. 数组对象的方法

sort(function):在不指定参数时,用于对数组中的字符串元素按字母(对应的 ASCII 码)顺序进行排序。若有元素不是字符串类型,则先转换为字符串类型,再排序。指定参数时,所指定的参数是一个排序函数。

reverse():颠倒数组中元素的顺序。

concat($array_1$,...,$array_n$):用于将 n 个数组合并到 $array_1$ 数组中。

join(string):将数组中的所有元素合并为一个字符串,其间用 string 参数分隔。省略参数时,直接合并,不加分隔。

slice(start,stop):返回数组从 start 起、stop 止的部分。start 和 stop 为负数时,分别表示倒数第 start 或倒数第 stop 个元素。

tostring()：返回一个字符串，其中包含数组中的所有元素，每个元素用逗号分隔。

【例 4-20】 分别定义两个一维数组，分别把数组中的元素按原始顺序和排序输出，本例文件 4-20.html 在浏览器中的显示效果如图 4-22 所示。

代码如下：

```
<body>
  <script language="JavaScript">
    var myArray1=new Array(5)
    myArray1[0]="z";
    myArray1[1]="c";
    myArray1[2]="d";
    myArray1[3]="a";
    myArray1[4]="q";
    document.write(myArray1+"<br>");              //原始顺序
    document.write(myArray1.sort()+"<br>");       //升序排列
    var myArray2=new Array(5);
    myArray2[0]=6;
    myArray2[1]=3;
    myArray2[2]=1;
    myArray2[3]=9;
    myArray2[4]=0;
    document.write(myArray2+"<br>");              //原始顺序
    document.write(myArray2.sort()+"<br>");       //升序排列
    document.write(myArray2.reverse()+"<br>");    //降序排列
  </script>
</body>
```

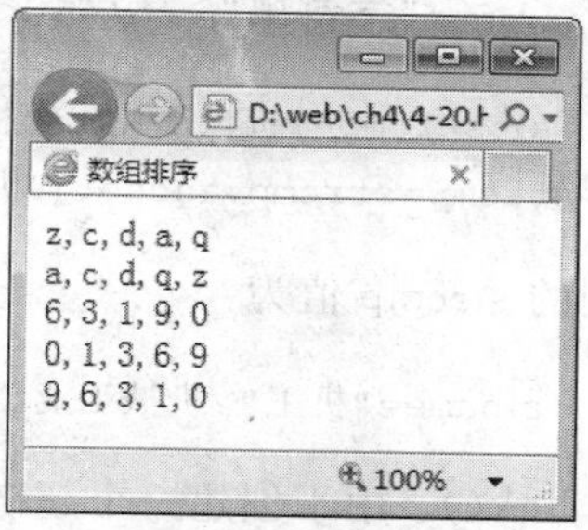

图 4-22 例 4-20 的页面显示效果

4.7.2 字符串对象

1. 字符串（String）对象的定义方法

String 对象是动态对象，需要创建对象实例后才能引用它的属性或方法。有两种方法可创建一个字符串对象。其格式如下：

```
字符串变量名="字符串";
字符串变量名=new String("字符串");
```

2. 字符串对象的属性

字符串对象的最常用属性是 length，功能是得到字符串的字符个数。例如：

```
var myUrl="http://www.cmpbook.com";
var myUrlLen=myUrl.length;  //或 var myUrlLen="http://www.cmpbook.com".length;
```

3. 字符串对象的方法

String 对象的方法主要用于字符串在 Web 页面中的显示、字体大小、字体颜色、字符

117

的搜索以及字符的大小写转换。

anchor(字符串)：为字符串对象中的内容两端加上 HTML 的定位锚点标记，如同
＜a name＝"字符串"＞ 文本 ＜/a＞。例如：

```
var strcmp="机械工业出版社网站";
strcmp=strcmp.anchor("机工");
```

得到的 strcmp 值为：

```
<a name="机工">机械工业出版社网站</a>
```

link()：用于创建一个超链接。例如：

```
<html>
  <body>
    <script>
      var cmpbooklink="机械工业出版社网站"
      document.write("单击进入"+cmpbooklink.link("http: //wwww.cmpbook.com/"));
      document.close();
    </script>
  </body>
</html>
```

big()：用大字体显示字符。例如：

```
var mystr="abc123"; mystr=mystr.big();
```

small()：用小字体显示字符。

italics()：用斜体字显示字符。

bold()：用粗体字显示字符。

blink()：使字符闪烁显示。

fixed()：固定高亮字显示。

fontsize(size)：控制字体大小。

fontcolor(color)：控制字体颜色。

toUpperCase()和 toLowerCase()：把指定字符串转换为大写或小写。

indexOf[character,fromIndex]：返回从第 fromIndex 个字符起查找字符 character
第一次出现的位置。

chartAt(position)：返回指定字符串的第 position 个字符。

substring(start,end)：返回指定字符串 start 到 end 的所有字符。

sub()：将指定字符串用下标格式显示。

toString()：把对象中的数据转换成字符串。例如：

```
temp=counter * 10;
myStr=temp.toString();
```

4.7.3　日期对象

日期(Date)对象用于表示日期和时间。通过日期对象可以进行一系列与日期、时间有关的操作和控制。JavaScript 并没有提供真正的日期类型,它是从 1970 年 1 月 1 日 0:0:0开始以 ms(毫秒)来计算当前时间的。表示日期的数据都是数值型的,可进行数学运算。

1. 日期对象的定义方法

日期对象的定义方法有 4 种。

(1) 创建日期对象实例,并赋值为当前时间,其格式如下:

var 日期对象名=new Date();

(2) 创建日期对象实例,并以 GMT(格林尼治平均时间,即 1970 年 1 月 1 日 0 时 0 分 0 秒 0 毫秒)的延迟时间来设定对象的值,其单位是 ms。其格式如下:

var 日期对象名=new Date(milliseconds);

(3) 使用特定的表示日期和时间的字符串 string,为创建的对象实例赋值。string 的格式与日期对象的 parse 方法相匹配。其格式如下:

var 日期对象名=new Date(string);

(4) 按照年、月、日、时、分、秒、毫秒的顺序,为创建的对象实例赋值。其格式如下:

var 日期对象名=new Date(year,month,day,hours,mintues,seconds,milliseconds);

Date 中的月份、日期、小时、分钟、秒、毫秒数都是从 0 开始,而年是从 1970 年开始。这一方法是从 UNIX 沿袭下来的,1970 年 1 月 1 日 0 时又被认为是 UNIX 的"创世纪"。

2. 日期对象的方法

Date 对象没有提供直接访问的属性。只具有获得日期、时间,设置日期、时间,格式转换的方法。

1) 获取日期、时间的方法

获得日期、时间的方法如下。

getFullYear():得到当前年份数。

getMonth():得到当前月份数,0 代表 1 月,1 代表 2 月,11 代表 12 月。

getDate():得到当前日期数。

getDay():得到当前星期数。

getHours():得到当前小时数。

getMinutes():得到当前分钟数。

getSeconds():得到当前秒数。

getTimeZoneOffset()：得到时区的偏移信息。

2）设置日期和时间的方法

设置日期、时间的方法如下。

setFullYear()：设置年份。

setMonth()：设置月份。

setDate()：设置日期。

setHours()：设置小时。

setMinutes()：设置分钟。

setSeconds()：设置秒数。

3）格式转换的方法

格式转换的方法如下。

toGMTString()：转换成以格林尼治标准时间表达的字符串。

toLocaleString()：转换成以当地时间表达的字符串。

toString()：把时间信息转换为字符串。

parse：从表示时间的字符串中读出时间。

UTC：返回从格林尼治标准时间到指定时间的差距（单位为 ms）。

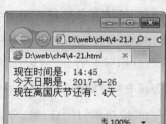

【例 4-21】 制作一个节日倒计时的程序，本例文件 4-21.html 在浏览器中的显示效果如图 4-23 所示。

代码如下：

图 4-23 例 4-21 的页面显示效果

```
<head>
  <script language="JavaScript">
    var timedate=new Date(2017,9,1);
    //2017 年 10 月 1 日,注意 0 代表 1 月,9 代表 10 月
    var times="国庆节";
    var now=new Date();
    var date=timedate.getTime() -now.getTime();
    var time=Math.floor(date / (1000 * 60 * 60 * 24));
    if (time>=0)
      document.write("现在时间是：",now.getHours(),"：",now.getMinutes());
      document.write("<br>今天日期是：",now.getFullYear(),"-",now.
        getMonth()+1,"-",now.getDate());
      document.write("<br>现在离"+times+"还有："+time+"天");
  </script>
</head>
```

4.7.4　数学对象

在数学（Math）对象中，既定义一些常用的计算方法，又包含一些数学常量。数学对象是静态对象，不能用 new 关键字创建对象的实例，数学对象的调用方式如下：

120

Math.数学函数名(参数表)

通常把数学对象中的数学常数作为数学对象的属性,把数学对象中的函数作为数学对象的方法。

1. 数学对象的属性

与其他对象属性不同的是,数学对象中的属性是只读的,可以使用的常数如下。

E:代表数学常数 e(=2.7182)。

LN10:10 的自然对数(=2.30259)。

LN2:2 的自然对数(=0.69315)。

PI:圆周率(=3.1415926)。

SQRT1_2:1/2(即 0.5)的平方根(=0.7071)。

SQRT2:2 的平方根(=1.4142)。

LOG2E:以 2 为底 e(自然对数的底)的对数(=1.44269)。

LOG10E:以 10 为底 e(自然对数的底)的对数(为 0.4349)。

数学对象的常量和函数与其他对象一样,是区分大小写的。

2. 数学对象的方法

数学对象的主要函数包括如下。

sin(a):求 a 的正弦值。

cos(a):求 a 的余弦值。

tan(a):求 a 的正切值。

asin(a):求 a 的反正弦值。

acos(a):求 a 的反余弦值。

atan(a):求 a 的反正切值。

exp(a):求 a 的指数。

log(a):求 a 的自然对数。

pow(base,exponent):求 base 为底、exponent 为指数的乘方值。

round(a):对 a 进行四舍五入运算。

floor(a):得到不大于 a 的最大整数。

sqrt(a):求 a 的平方根。

abs(a):求 a 的绝对值。

random():取随机数,返回 0~1 的伪随机数。

max(a,b):取 a 和 b 中的较大者。

min(a,b):取 a 和 b 中的较小者。

数学对象中,函数的参数均为浮点型,且三角函数中的参数为弧度值。

4.8　自定义对象

在 JavaScript 中可以使用内置对象，也可以创建用户自定义对象，但必须为该对象创建一个实例。这个实例就是一个新对象，它具有对象定义中的基本特征。这里介绍两种自定义对象的方法。

1. 初始化对象

初始化对象是一种通过初始化对象的值，建立自定义对象的方法。初始化对象的一般格式如下：

对象＝{ 属性 1：属性值 1；属性 2：属性值 2；…；属性 n：属性值 n}；

2. 定义对象的构造函数

定义对象的构造函数的一般格式如下：

```
function 对象名(属性 1,属性 2,…,属性 n)
{
    this.属性 1=属性值 1;
    this.属性 2=属性值 2;
        ⋮
    this.属性 n=属性值 n;
    this.方法 1=函数名 1;
    this.方法 2=函数名 2;
        ⋮
    this.方法 m=函数名 m;
}
```

可以看出，构造函数的名称就是自定义对象的名称；函数接收参数用于初始化对象本身的属性。构造函数没有返回值。

在定义对象的过程中，还定义了该对象的方法。在定义对象的方法时，方法名和所引用的函数名是两个概念，它们既可同名，也可以不同名。被引用的函数必须是在定义这个对象前定义好的，否则在执行时就会出错。

在定义好对象及其对应的方法后，就可创建这个对象的实例。与其他对象创建对象实例一样，自定义对象创建对象实例同样是用 new 语句。

下面用构造函数法自定义对象，并为对象实例增加属性和方法。

```
<script language="JavaScript">
  function Person(name,age)
  {
    this.name=name;         //属性
    this.age=age;           //属性
    this.say=sayFunc;       //方法,sayFunc 为函数名
  }
  function sayFunc()
```

```
{
  alert(this.name+","+this.age);
}
var person1=new Person("Tom",17);
person1.say();
var person2=new Person("Jhon",20);
person2.say();
</script>
```

在创建 person1 对象实例时,构造函数中的 this 代表 person1 对象实例。this. age＝ age 和 this. name＝name 语句为 person1 对象实例增加两个属性;this. say＝sayFunc 语句为 person1 对象增加一个方法。在创建 person2 对象实例时也相同。

当执行"person1. say();"语句时,所调用的 sayFunc()中的 this 代表 person1 这个对象实例;当执行"person2. say();"时,所调用的 sayFunc()中的 this 就代表 person2 这个对象实例。

习　　题

1. 已知圆的半径是 10,计算圆的周长和面积,如图 4-24 所示。

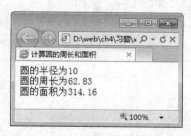

图 4-24　题 1 图

2. 使用多重循环在网页中输出乘法口诀表,如图 4-25 所示。

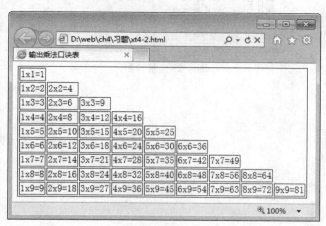

图 4-25　题 2 图

123

3. 在页面中用中文显示当天的日期和星期,如图 4-26 所示。

4. 在网页中显示一个工作中的数字时钟,如图 4-27 所示。

图 4-26　题 3 图

图 4-27　题 4 图

5. 创建自定义函数在网页中输出自定义行列的表格,如图 4-28 所示。

6. 应用构造函数创建图书对象及实例,输出对象的所有属性和值,如图 4-29 所示。

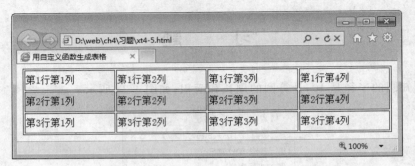

图 4-28　题 5 图

图 4-29　题 6 图

第 5 章 DOM 对象及编程

网页最终都要通过与用户的交互操作,在浏览器中显示出来。JavaScript 将浏览器本身、网页文档以及网页文档中的 HTML 元素等都用相应的内置对象来表示,其中一些对象是作为另外一些对象的属性而存在的,这些对象及对象之间的层次关系统称为文档对象模型(Document Object Model,DOM)。在脚本程序中访问 DOM 对象,就可以实现对浏览器本身、网页文档以及网页文档中的 HTML 元素的操作,从而控制浏览器和网页元素的行为和外观。

5.1 DOM 模型

DOM 是一种与平台、语言无关的接口,允许程序和脚本动态地访问或更新 HTML 或 XML 文档的内容、结构和样式,且提供了一系列的函数和对象来实现访问、添加、修改及删除操作。HTML 文档中的 DOM 模型如图 5-1 所示。

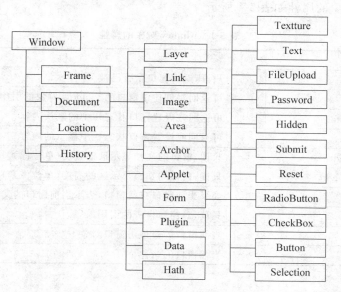

图 5-1 HTML 文档中的 DOM 模型

DOM 对象的一个特点是,它的各种对象有明确的从属关系。也就是说,一个对象可能是从属于另一个对象的,而它又可能包含其他的对象。

在从属关系中,window 对象的从属地位最高,它反映的是一个完整的浏览器窗口。window 对象的下级还包含 frame、document、location、history 对象,这些对象都是作为 window 对象的属性而存在的。网页文件中的各种元素对象又是 document 对象的直接或间接属性。

在 JavaScript 中,window 对象为默认的最高级对象,其他对象都直接或间接地从属于 window 对象,因此在引用其他对象时,不必再写"window."。

DOM 除了定义各种对象外,还定义了各个对象所支持的事件,以及各个事件所对应的用户的具体操作。

CSS、脚本编程语言和 DOM 的结合使用,能够使 HTML 文档与用户具有交互性和动态变换性,这 3 种技术的结合称为动态 HTML(Dynamic HTML,DHTML)。下面介绍几个重要的浏览器对象,以及如何运用 JavaScript 编程实现用户与 Web 页面交互。

5.2　window 对象

窗口(window)对象处于整个从属关系的最高级,它提供了处理窗口的方法和属性。每一个 window 对象代表一个浏览器窗口。

5.2.1　window 对象的属性

window 对象的属性如表 5-1 所示。

表 5-1　window 对象的属性

属　　性	描　　述
closed	只读,返回窗口是否已被关闭
opener	可返回对创建该窗口的 window 对象的引用
defaultstatus	可返回或设置窗口状态栏中的默认内容
status	可返回或设置窗口状态栏中显示的内容
innerWidth	只读,窗口的文档显示区的宽度(单位像素)
innerHeight	只读,窗口的文档显示区的高度(单位像素)
parent	如果当前窗口有父窗口,表示当前窗口的父窗口对象
self	只读,对窗口自身的引用
top	当前窗口的最顶层窗口对象
name	当前窗口的名称

1. closed 属性

closed 属性用于判断一个窗口是否被关闭。

下面一行代码可关闭当前窗口。

```
<a href="/" onClick="javascript: window.close();return false;">关闭窗口</a>
```

下面代码将在 2 秒后关闭当前页。

```
<script language="JavaScript">
  setTimeout("window.close();", 2000);
</script>
```

2. opener 属性

opener 属性用于存放 open()方法打开窗口的父窗口。

3. defaultstatus 属性

defaultstatus 属性用于设置浏览器状态栏默认的显示信息。

4. status 属性

status 属性用于设置浏览器状态栏当前显示的信息。

【例 5-1】 设置浏览器状态栏默认显示的信息,当用户单击"改变状态栏提示"按钮后,状态栏将显示新的提示,本例文件 5-1. html 在浏览器中显示的效果如图 5-2 和图 5-3 所示。

图 5-2 状态栏默认的显示信息

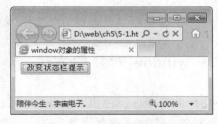

图 5-3 单击"改变状态栏提示"按钮后的状态栏显示

代码如下:

```
<html>
  <head>
    <title>window 对象的属性</title>
    <script type="text/javascript">
      defaultStatus="宇宙电子,陪伴今生。";
      function changeStatus(){
        status="陪伴今生,宇宙电子。";
      }
    </script>
  </head>
  <body>
    <input type="button" value="改变状态栏提示" onclick="changeStatus()" />
  </body>
</html>
```

5．其他属性

除了以上常用的属性，document、location、history 这 3 个下级对象也被作为 window 对象的属性。例如，下面代码将自动转到新的 URL。

```html
<html>
  <head>
    <script language="JavaScript">
      window.location="http: //www.163.com/";      //新的 URL
    </script>
  </head>
  <body>
    <p>当前网页</p>      //本内容来不及显示就立即转到新的 URL
  </body>
</html>
```

也可以用表单实现用户输入 URL（如输入 http：//www.sohu.com）。

```html
<form>
  Enter a URL: <input type="text" name="url">
  <input type="button" value="Go" onClick="window.location=this.form.url.
    value">
</form>
```

任何一个浏览器对象都被看作它上级对象的属性。

5.2.2 window 对象的方法

在前面的章节已经使用了 prompt()、alert()和 confirm()等预定义函数，在本质上是 window 对象的方法。除此之外，window 对象还提供了一些其他方法，见表 5-2。

表 5-2 window 对象的常用方法

方　　法	描　　述
open()	打开一个新的浏览器窗口或查找一个已命名的窗口
close()	关闭浏览器窗口
alert()	显示带有一段消息和一个确认按钮的对话框
prompt()	显示可提示用户输入的对话框
confirm()	显示带有一段消息以及确认按钮和取消按钮的对话框
moveBy(x,y)	可相对窗口的当前坐标将它移动指定的像素
moveTo(x,y)	可把窗口的左上角移动到一个指定的坐标(x,y)，但不能将窗口移出屏幕
setTimeout(code,millisec)	在指定的毫秒数后调用函数或计算表达式，仅执行一次
setInterval(code,millisec)	按照指定的周期（以毫秒计）来调用函数或计算表达式
clearTimeout()	取消由 setTimeout()方法设置的计时器

方　　法	描　　述
clearInterval()	取消由 setInterval()设置的计时器
focus()	可把键盘焦点给予一个窗口
blur()	可把键盘焦点从顶层窗口移开

下面具体介绍几种常用方法。

1. open()方法

open()方法用于打开一个新窗口,其格式如下:

var targetWindow=window.open(url,name,features,replace)

参数 features 用于设置窗口在创建时所具有的特征,如标题栏、菜单栏、状态栏、是否全屏显示等特征,见表 5-3。

表 5-3　窗口特征

窗　口　特　征	描　　述
channelmode	是否使用 channel 模式显示窗口,取值范围 yes|no|1|0,默认为 no
directories	是否添加目录按钮,取值范围 yes|no|1|0,默认为 yes
fullscreen	是否使用全屏模式显示浏览器,取值范围 yes|no|1|0,默认为 no
location	是否显示地址栏,取值范围 yes|no|1|0,默认为 yes
menubar	是否显示菜单栏,取值范围 yes|no|1|0,默认为 yes
resizable	窗口是否可调节尺寸,取值范围 yes|no|1|0,默认为 yes
scrollbars	是否显示滚动条,取值范围 yes|no|1|0,默认为 yes
status	是否添加状态栏,取值范围 yes|no|1|0,默认为 yes
titlebar	是否显示标题栏,取值范围 yes|no|1|0,默认为 yes
toolbar	是否显示浏览器的工具栏,取值范围 yes|no|1|0,默认为 yes
width	窗口显示区的宽度,单位是像素
height	窗口显示区的高度,单位是像素
left	窗口的 y 坐标,单位是像素
top	窗口的 x 坐标,单位是像素

例如,下面代码在显示主页时打开 holder. html,并立即关闭。

```html
<html>
  <head>
    <script language="JavaScript">
      var placeHolder=window.open("holder.html","placeholder","width=200,
        height=200");
    </script>
    <title>The Main Page</title>
  </head>
```

129

```
<body onLoad="placeHolder.close()">
                            //改为 onLoad="placeHolder"则不关闭打开的窗口
  <p>This is the main page</p>
  </body>
</html>
```

2. close（）方法

close()方法用于关闭指定的浏览器窗口,其格式如下:

targetWindow.close()

当关闭当前页面时,参数 targetWindow 可以是 window 对象,也可省略;当关闭当前页面中所打开的其他页面时,windowObject 为目标窗口对象。

3. alert（）方法

alert()方法用于弹出警告框,参数为警告信息,其格式如下:

alert("text");

参数 text 可以是一个表达式,最终 alert()方法接收到的是字符串值。

4. confirm（）方法

confirm()方法用于弹出确认框,参数为确认信息,其格式如下:

confirm("text");

类似于 alert()方法,confirm()方法只接收 1 个参数,并转换为字符串值显示。而confirm()方法还会产生一个值为 true 或 false 的结果,即返回一个布尔值。当浏览者单击对话框中的“确定”按钮,confirm()方法将返回 true;单击对话框中的“取消”按钮,confirm()方法将返回 false。JavaScript 程序可以使用判断语句对这两种值做出不同处理,以达到显示不同结果的目的。

5. prompt（）方法

prompt()方法用于提示对话框,一般用于类似题目测试这样的小程序。提示对话框显示一段提示文本,其下面是一个等待浏览者输入的文本框,并伴有“确定”和“取消”按钮,其格式如下:

prompt(text,defaultText)

参数 text 为提示信息,defaultText 为默认值。例如,下面代码执行时弹出提示对话框,要求用户输入文本,确认后显示输入的文本。

```
<html>
  <head>
    <script languaga="JavaScript">
      var test=window.prompt("请输入数据:","");
```

```
        document.write("<p style='font: 9pt;color: #009900'>您输入的是: "+
        test+"</p>");
      </script>
  </head>
</html>
```

6. setTimeout()方法

setTimeout()方法用于设置一个计时器,在指定的时间间隔后调用函数或计算表达式,且仅执行一次,其格式如下:

var id_Of_timeout=setTimeout(code,millisec)

其中:

(1) 参数 code 必需,表示被调用的函数或需要执行的 JavaScript 代码串。

(2) 参数 millisec 必需,表示在执行代码前需等待的时间(以毫秒计)。

(3) code 代码仅被执行一次。

(4) setTimeout()方法返回一个计时器的 ID。

【例 5-2】　设置计时器,页面初次加载时显示初始的提示信息,延时 5000ms 后再调用 hello()函数,显示其对话框,本例文件 5-2. html 在浏览器中显示的效果如图 5-4 和图 5-5 所示。

图 5-4　页面初次加载时显示的信息

图 5-5　延时 5000ms 后显示对话框

代码如下:

```
<html>
  <head>
    <title>计时器</title>
    <script>
      function hello() {
        window.alert("欢迎您!");
      }
      window.setTimeout("hello()",5000);    //延时 5000ms 后再调用 hello()函数
```

131

```
    </script>
  </head>
  <body>
    <h3>宇宙电子</h3>
  </body>
</html>
```

7. clearTimeout（）方法

clearTimeout()方法用于取消由 setTimeout()方法所设置的计时器,其格式如下:

clearTimeout(id_Of_timeout)

其中,参数 id_Of_timeout 表示由 setTimeout()方法返回的计时器 ID。

8. setInterval（）方法

setInterval()方法用于设置一个定时器,按照指定的周期(以毫秒计)调用函数或计算表达式,其格式如下:

var id_Of_Interval=setInterval(code,millisec)

其中:

（1）参数 code 必需,表示被调用的函数或需要执行的 JavaScript 代码串。

（2）参数 millisec 必需,表示调用 code 代码的时间间隔(以毫秒计)。

（3）setInterval()方法返回一个定时器的 ID。

（3）setInterval()方法会不停地调用 code 代码,直到被 clearInterval()方法取消或关闭窗口。

9. clearInterval（）方法

clearInterval()方法用于取消由 setInterval()方法所设置的定时器,其格式如下:

clearInterval(id_Of_Interval)

其中,参数 id_Of_Interval 表示由 setInterval()方法返回的计时器 ID。

5.3　document 对象

文档(document)对象包含当前网页的各种特征,是 window 对象的子对象,是指在浏览器窗口中显示的内容部分,如标题、背景、使用的语言等。

5.3.1　document 对象的属性

document 对象的属性见表 5-4。

表 5-4　document 对象的属性

属　性	描　　述
body	提供对 body 元素的直接访问
cookie	设置或查询与当前文档相关的所有 cookie
referrer	返回载入当前文档的 URL
URL	返回当前文档的 URL
lastModified	返回文档最后被修改的日期和时间
domain	返回下载当前文档的服务器域名
all[]	返回对文档中所有 HTML 元素的引用，all[] 已经被 document 对象的 getElementById()等方法替代
forms[]	返回对文档中所有的 form 对象集合
images[]	返回对文档中所有的 image 对象集合，但不包括由<object>标签内定义的图像

【例 5-3】　在下面例子中，网页的初始背景色为浅灰色，单击"红色"按钮，将把网页的背景色改变为红色，本例文件 5-3.html 在浏览器中显示的效果如图 5-6 和图 5-7 所示。

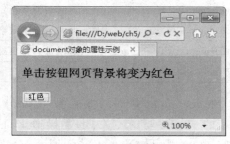

图 5-6　网页的初始背景色　　　　　图 5-7　单击"红色"按钮改变网页的背景色

代码如下：

```
<html>
  <head>
    <title>document 对象的属性示例</title>
    <script language="JavaScript">
      document.bgColor="#cccccc";      //原来的颜色为浅灰色
      function changecolor(){          //动态改变颜色
        document.bgColor="red";
      }
    </script>
  </head>
<body bgcolor="white" style="font: 9pt">
    <h3>单击按钮网页背景将变为红色</h3>
    <form>
      <input type="button" value="红色" onclick="changecolor()">
    </form>
  </body>
</html>
```

5.3.2 document 对象的方法

document 对象的方法从整体上分为两大类。

(1) 对文档流的操作。

(2) 对文档元素的操作。

document 对象的方法见表 5-5。

表 5-5 document 对象的方法

方 法	描 述
open()	打开一个新文档,并擦除当前文档的内容
write()	向文档写入 HTML 或 JavaScript 代码
writeln()	与 write()方法作用基本相同,在每次内容输出后额外加一个换行符(\n),在使用<pre>标签时比较有用
close()	关闭一个由 document. open()方法打开的输出流,并显示选定的数据
getElementById()	返回对拥有指定 ID 的第一个对象
getElementsByName()	返回带有指定名称的对象的集合
getElementsByTagName()	返回带有指定标签名的对象的集合
getElementsByClassName()	返回带有指定 class 属性的对象集合,该方法属于 HTML 5 DOM

在 document 对象的方法中,open()、write()、writeln()和 close()方法可以实现文档流的打开、写入、关闭等操作;而 getElementById()、getElementsByName()、getElementsByTagName()、getElementsByClassName()等方法用于操作文档中的元素。

1. open()方法

open()方法用于打开一个新文档。

2. write()和 writeln()方法

write()和 writeln()方法都是用于向文档流中输出内容;当输出内容为纯文本时,将在页面中直接显示;当输出内容为 HTML 标签时,由浏览器解析后并进行显示。

writeln()与 write()基本相同,区别在于 writeln()每次输出结果之后额外加一个换行符(\n)。页面中的换行通常使用
标签而非换行符(\n),换行符仅在<pre>标签中起作用。

3. close()方法

close()用于关闭当前文档。

【例 5-4】 文档的打开、写入、关闭操作。网页加载后显示文档的原始内容,单击"单击将显示新文档"按钮,用新文档的内容替换浏览器中的原始内容,本例文件 5-4. html 在浏览器中显示的效果如图 5-8 和图 5-9 所示。

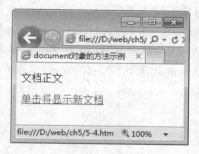
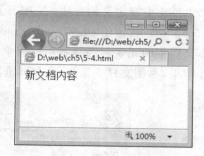

图 5-8　文档的原始内容　　　　　　图 5-9　替换后的文档内容

代码如下：

```html
<html>
  <head>
    <title>document 对象的方法示例</title>
    <script language="JavaScript">
      function newDocument() {
        document.open();                           //打开一个新文档
        document.write("<p>新文档内容</p>");        //向文档流中输出内容
        document.close();                          //关闭当前文档
      }
    </script>
  </head>
  <body>
    <p>文档正文</p>
    <p><a href="#" onClick="newDocument()">单击将显示新文档</a></p>
  </body>
</html>
```

4. getElementById ()方法

getElementById()方法用于返回指定 ID 的元素。当页面中有多个 ID 相同的元素时，只返回第一个符合条件的元素。在页面元素操作时，元素的 ID 应尽量唯一，以免因浏览器不兼容而导致无法实现页面效果。

5. getElementsByName ()方法

getElementsByName()方法用于返回指定 name 属性的元素集合，多用于单行文本框和复选框等具有 name 属性的元素。

6. getElementsByTagName ()方法

getElementsByTagName()方法用于返回指定标签名的元素集合，元素在集合中的顺序即是其在文档中的顺序。当参数为"＊"时，将返回页面中所有的标签元素。

7. getElementsByClassName ()方法

getElementsByClassName()用于返回指定 class 属性的元素集合，该方法属于

HTML 5 DOM 中新定义的方法,在 IE 8 及之前版本中无效。

【例 5-5】 使用 getElementById( )、getElementsByName( )、getElementsByTagName( ) 方法操作文档中的元素。浏览者填写表单中的选项后,单击"统计结果"按钮,弹出消息框显示统计结果,本例文件 5-5. html 在浏览器中显示的效果如图 5-10 所示。

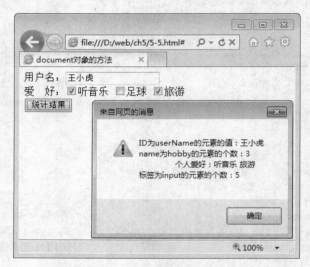

图 5-10 例 5-5 的页面显示效果

代码如下:

```
<!doctype html>
<html>
  <head>
    <title>document 对象的方法</title>
    <script type="text/javascript">
     function count(){
       var userName=document.getElementById("userName");
       var hobby=document.getElementsByName("hobby");
       var inputs=document.getElementsByTagName("input");
       var result="ID 为 userName 的元素的值:"+userName.value+"\nname 为
         hobby 的元素的个数:"+hobby.length+"\n\t 个人爱好:";
       for(var i=0;i<hobby.length;i++){
         if(hobby[i].checked){
           result+=hobby[i].value+" ";
         }
       }
       result+="\n 标签为 input 的元素的个数:"+inputs.length
       alert(result);
     }
    </script>
  </head>
```

```
<body>
  <form name="myform">
    用户名：<input type="text" name="userName" id="userName" /><br/>
    爱　好：<input type="checkbox" name="hobby" value="听音乐"/>听音乐
    <input type="checkbox" name="hobby" value="足球"/>足球
    <input type="checkbox" name="hobby" value="旅游"/>旅游<br/>
    <input type="button" value="统计结果" onclick="count()"/>
  </form>
</body>
</html>
```

5.4　location 对象

位置(location)对象是 window 对象的子对象,用于提供当前窗口或指定框架的 URL 地址。

5.4.1　location 对象的属性

location 对象中包含当前页面的 URL 地址的各种信息,例如,协议、主机服务器和端口号等,location 对象的属性见表 5-6。

表 5-6　location 对象的属性

属　性	描　述
protocol	设置或返回当前 URL 的协议
host	设置或返回当前 URL 的主机名称和端口号
hostname	设置或返回当前 URL 的主机名
port	设置或返回当前 URL 的端口部分
pathname	设置或返回当前 URL 的路径部分
href	设置或返回当前显示的文档的完整 URL
hash	URL 的锚部分(从 # 号开始的部分)
search	设置或返回当前 URL 的查询部分(从问号"?"开始的参数部分)

5.4.2　location 对象的方法

location 对象提供了以下 3 个方法,用于加载或重新加载页面中的内容,location 对象的方法见表 5-7。

表 5-7　location 对象的方法

方　　法	描　　述
assign(url)	可加载一个新的文档，与 location. href 实现的页面导航效果相同
reload(force)	用于重新加载当前文档；当参数 force 默认为 false 时；当参数 force 为 false 且文档内容发生改变时，从服务器端重新加载该文档；当参数 force 为 false 但文档内容没有改变时，从缓存区中装载文档；当参数 force 为 true 时，每次都从服务器端重新加载该文档
replace(url)	使用一个新文档取代当前文档，且不会在 history 对象中生成新的记录

5.5　history 对象

　　历史(history)对象用于保存用户在浏览网页时所访问过的 URL 地址，history 对象的 length 属性表示浏览器访问历史记录的数量。由于隐私方面的原因，JavaScript 不允许通过 history 对象获取已经访问过的 URL 地址。

　　history 对象提供了 back()、forward()和 go()方法来实现针对历史访问的前进与后退功能，见表 5-8。

表 5-8　history 对象的方法

方　　法	描　　述
back()	加载 history 列表中的前一个 URL
forward()	加载 history 列表中的下一个 URL
go()	加载 history 列表中的某个具体页面

　　【例 5-6】　下面程序建立"上一页"和"下一页"按钮，模仿浏览器的"前进"和"后退"按钮，本例文件 5-6. html 在浏览器中显示的效果如图 5-11 所示。

　　代码如下：

```
<html>
  <head>
    <title>历史对象示例</title>
    <script language="JavaScript">
      function back()
        { window.history.back() ;}
      function forward()
        { window.history.forward(); }
    </script>
  </head>
<body>
  <div align="center">
  <h3>历史对象示例</h3><hr>
```

图 5-11　例 5-6 的页面显示效果

```
<form>
    单击下面按钮后退一页或前进一页<br>
    <input type="button" value="<上一页" onclick="back()">
    <input type="button" value=">下一页" onclick="forward()">
</form>
    </div>
  </body>
</html>
```

5.6　form 对象

form 对象是 document 对象的子对象,通过 form 对象可以实现表单验证等效果。通过 form 对象可以访问表单对象的属性及方法。语法格式如下:

document.表单名称.属性
document.表单名称.方法(参数)
document.forms[索引].属性
document.forms[索引].方法(参数)

5.6.1　form 对象的属性

form 对象的属性见表 5-9。

表 5-9　form 对象的属性

属　　性	描　　述
elements[]	返回包含表单中所有元素的数组;元素在数组中出现的顺序与在表单中出现的顺序相同
enctype	设置或返回用于编码表单内容的 MIME 类型,默认值是"application/x-www-form-urlencoded";当上传文件时,enctype 属性应设为"multipart/form-data"
target	可设置或返回在何处打开表单中的 action-URL,可以是_blank、_self、_parent、_top
method	设置或返回用于表单提交的 HTTP 方法
length	用于返回表单中元素的数量
action	设置或返回表单的 action 属性
name	返回表单的名称

5.6.2　form 对象的方法

form 对象的方法见表 5-10。

表 5-10　form 对象的方法

方　法	描　　述
submit()	表单数据提交到 Web 服务器
reset()	对表单中的元素进行重置

提交表单有两种方式：即提交按钮 submit 和提交方法 submit()。

在＜form＞标签中,onsubmit 属性用于指定在表单提交时调用的事件处理函数；在 onsubmit 属性中使用 return 关键字表示根据被调用函数的返回值来决定是否提交表单,当函数返回值为 true 时则提交表单,否则不提交表单。

5.7　JavaScript 的对象事件处理程序

5.7.1　对象的事件

在 JavaScript 中,事件是预先定义好的、能够被对象识别的动作,事件定义了用户与网页交互时产生的各种操作。例如,单击按钮时,就产生一个事件,告诉浏览器发生了需要进行处理的单击操作。浏览器一些动作也可能产生事件,例如,浏览器载入一个网页时,就会产生 Load 事件。当事件发生时,JavaScript 将检测两条信息,即发生的是哪种事件和哪个对象接收了事件。

每种对象能识别一组预先定义好的事件,但并非每一种事件都会产生结果,因为 JavaScript 只是识别事件的发生。为了使对象能够对某一事件做出响应(Respond),就必须编写事件处理函数。

事件处理函数是一段独立的程序代码,它在对象检测到某个特定事件时执行(响应该事件)。一个对象可以响应一个或多个事件,因此可以使用一个和多个事件过程对用户或系统的事件做出响应。程序员只需编写必须响应的事件函数,而其他无用的事件过程则不必编写,如命令按钮的"单击"(Click)事件比较常见,其事件函数需要编写,而其 MouseDown 或 MouseUp 事件则可有可无,程序员可根据需要选择。

利用 JavaScript 实现交互功能的 Web 网页基本拥有以下 3 部分的内容。

(1) 在 head 部分定义一些 JavaScript 函数,其中的一些可能是事件处理函数,另外一些可能是为了配合这些事件处理函数而编写的普通函数。

(2) HTML 本身的各种格式控制标记。

(3) 拥有句柄属性的 HTML 标记,主要涉及一些界面元素。这些元素可把 HTML 与 JavaScript 代码相连。

句柄就是界面对象的一个属性,以存储特定事件处理函数的信息。每当事件发生时,JavaScript 自动查找界面对象中相应的事件句柄,调用注册在上面的事件处理函数。

一般的句柄形式总是在事件的名称前面加前缀 on,例如对应事件 Load 的句柄就是 onLoad。

事件句柄不但可在发生 HTML 语言中注册,还可使用 JavaScript 语句注册在界面对象上。事件句柄不仅可在发生实际的用户事件时由浏览器调用,也可以在 JavaScript 中调用。

尽可能利用函数的形式来定义所有事件的句柄,因为通常事务处理不是几个语句能够解决的,而太长的语句会严重影响文件的可读性,加重浏览器的负担,甚至导致浏览器的崩溃。

对象事件有 3 类。

(1) 用户引起的事件,如网页装载、表单提交等。

(2) 引起页面之间跳转的事件,主要是超链接。

(3) 表单内部与界面对象的交互,包括界面对象的改变等。这类事件可以按照应用程序的具体功能自由设计。

5.7.2 常用的事件及处理

1. 浏览器事件

浏览器事件主要由 Load、Unload 以及 Submit 等事件组成。

(1) Load 事件。Load 事件发生在浏览器完成一个窗口或一组框架的装载之后。onLoad 句柄在 Load 事件发生后由 JavaScript 自动调用执行。因为这个事件处理函数可在其他所有的 JavaScript 程序和网页之前被执行,可以用来完成网页中所用数据的初始化,如弹出一个提示窗口,显示版权或欢迎信息,弹出密码认证窗口等。例如:

```
<body onLoad="window.alert(Pleae input password!")>
```

网页开始显示时并不触发 Load 事件,只有当所有元素(包含图像、声音等)被加载完成后才触发 Load 事件。

例如,下面的代码可以在加载网页时显示对话框说明已经触发了 Load 事件。

```
<html>
  <head><title>Load 事件过程</title>
    <script language="javascript">
    function init()
    {  window.alert("触发了 Load 事件");
    }
    </script>
  </head>
  <body onLoad="init()">网页内容</body>
</html>
```

(2) Unload 事件。Unload 事件发生在用户在浏览器的地址栏中输入一个新的 URL,或者使用浏览器工具栏中的导航按钮,从而使浏览器试图载入新的网页。在浏览器载入新的网页之前,自动产生一个 Unload 事件,通知原有网页中的 JavaScript 脚本程序。

onUnload 事件句柄与 onLoad 事件句柄构成一对功能相反的事件处理模式。使用 onLoad 事件句柄可以初始化网页,而使用 onUnload 事件句柄则可以结束网页。

下面例子在打开 HTML 文件时显示"欢迎",在关闭浏览器窗口时显示"再见"。

```html
<html>
  <body onLoad="alert('欢迎')" onUnload="alert('再见')">
    网页内容
  </body>
</html>
```

(3) Submit 事件。Submit 事件在完成信息的输入,准备将信息提交给服务器处理时发生。onSubmit 句柄在 Submit 事件发生时由 JavaScript 自动调用执行。onSubmit 句柄通常在<form>标记中声明。

为了减少服务器的负担,可在 Submit 事件处理函数中实现最后的数据校验。如果所有的数据验证都能通过,则返回一个 true 值,让 JavaScript 向服务器提交表单,把数据发送给服务器;否则,返回一个 false 值,禁止发送数据,且给用户相关的提示,让用户重新输入数据。

【例 5-7】 本例是一个在提交时检查条件是否满足要求的简单程序。首先定义了一个文本输入框,要求用户在此文本框中输入一个在"a"和"z"之间的小写字母。在用户提交表单时,就用 check()函数对文本框中的内容进行校验。若输入文本框中的是一个小写字母,就提交表单;否则就给出提示,并保持当前的表单,本例文件 5-7. html 在浏览器中显示的效果如图 5-12 所示。

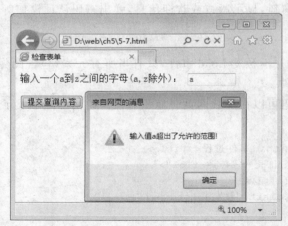

图 5-12 例 5-7 的页面显示效果

代码如下:

```html
<html>
  <head>
    <title>检查表单</title>
    <script language="JavaScript">
      function check() {
```

```
      var va1=document.chform.textname.value;
      if("a"<va1 && va1<"z")
        return(true);
      else {
        alert("输入值"+va1+"超出了允许的范围!");
        return(false);}
    }
  </script>
</head>
<body>
  <form name="chform" method="post" onSubmit="check()">
    <p>输入一个 a 到 z 之间的字母(a,z 除外):
    <input type="text" name="textname" value="a" size="10"></p>
    <input type="submit">
  </form>
</body>
</html>
```

2. 鼠标事件

常用的鼠标事件有 MouseDown、MouseMove、MouseUp、MouseOver、MouseOut、Click、Blur 以及 Focus 等。

(1) MouseDown 事件。当按下鼠标的某一个键时发生 MouseDown 事件。在这个事件发生后,JavaScript 自动调用 onMouseDown 句柄。

在 JavaScript 中,如果发现一个事件处理函数返回 false 值,就中止事件的继续处理。如果 MouseDown 事件处理函数返回 false 值,与鼠标操作有关的其他一些操作,例如拖放、激活超链接等都会无效,因为这些操作首先都必须产生 MouseDown 事件。

这个句柄适用于网页、普通按钮以及超链接。

(2) MouseMove 事件。移动鼠标时,发生 MouseMove 事件。这个事件发生后,JavaScript 自动调用 onMouseMove 句柄。MouseMove 事件不从属于任何界面元素。只有当一个对象(浏览器对象 window 或者 document)要求捕获事件时,这个事件才在每次鼠标移动时产生。

(3) MouseUp 事件。释放鼠标键时,发生 MouseUp 事件。在这个事件发生后,JavaScript 自动调用 onMouseUp 句柄。这个事件同样适用于普通按钮、网页以及超链接。

与 MouseDown 事件一样,如果 MouseUp 事件处理函数返回 false 值,与鼠标操作密切相关的其他操作,例如拖放、选定文本以及激活超链接都无效,因为这些操作首先都必须产生 MouseUp 事件。

(4) MouseOver 事件。当光标移动到一个对象上面时,发生 MouseOver 事件。在 MouseOver 事件发生后,JavaScript 自动调用执行 onMouseOver 句柄。

在通常情况下,当光标扫过一个超链接时,超链接的目标会在浏览器的状态栏中显示;也可通过编程在状态栏中显示提示信息或特殊的效果,使网页更具有变化性。在下面的示例代码中,第 1 行代码当光标在超链接上时可在状态栏中显示指定的内容,第 2～

4 行代码是当光标在文字或图像上时,弹出相应的对话框。

```
<a href="http: //www.sohu.com/" onMouseOver="window.status='你好吗';return
  true">请单击</a>
<a href onmouseover="alert('弹出信息!')">显示的链接文字</a>
<img src="image1.jpg" onMouseOver="alert('在图像之上');"><br>
<a href="#" onMouseOver="window.alert('在链接之上');"><img src="image2.jpg">
  </a><hr>
```

(5) MouseOut 事件。MouseOut 事件发生在光标离开一个对象时。在这个事件发生后,JavaScript 自动调用 onMouseOut 句柄。这个事件适用于区域、层及超链接对象。

下例是一个使用 MouseOut 事件句柄的实例。每次当光标在对象上面移动并离开它时,就会弹出对话框。需要注意的是,用户是被迫地接收信息,多次重复这一过程,就会不能忍受,所以要慎用这样的事件。

【例 5-8】 MouseOut 事件示例。浏览者将鼠标移至页面中的"搜狐网"链接并离开它时,将弹出确认框,如果单击"确定"按钮,则页面跳转至"搜狐网"的主页,本例文件 5-8.html 在浏览器中显示的效果如图 5-13 和图 5-14 所示。

图 5-13 光标移至"搜狐网"链接

图 5-14 光标离开链接后弹出确认框

代码如下:

```
<html>
  <head>
    <title>MouseOut 事件</title>
    <script language="JavaScript">
      function warn(){
        if (confirm("下面将自动转到搜狐网"))
          window.location="http: //www.sohu.com";
      }
    </script>
  </head>
  <body>
    <p><a href="http: //www.sohu.com" onMouseOut="warn()">搜狐网</a></p>
  </body>
```

```
</html>
```

（6）Click 事件。Click 事件可在两种情况下发生。首先，在一个表单上的某个对象被单击时发生；其次，在单击一个超链接时发生。onClick 事件句柄在 Click 事件发生后由 JavaScript 自动调用执行。onClick 事件句柄适用于普通按钮、提交按钮、单选按钮、复选框以及超链接。下面代码用于单击图像后弹出一个对话框。

```
<img src="image1.jpg" onClick="window.alert('单击图像');"><br>
```

例如，下面程序检查文本框中输入的内容，并在信息框中显示出来。

```
<body>
  <form name="myForm">
    <input type="text" name="myText">
  </form>
  <a href="#" onClick="window.alert(document.myForm.myText.value);">检查文
    本框</a>
</body>
```

MouseDown 和 MouseUp 的事件处理函数一样，如果通过 Click 事件句柄返回 false 值，将会取消这个单击动作。

（7）Blur 事件。Blur 事件是在一个表单中的选择框、文本输入框中失去焦点时，即在表单其他区域单击鼠标时发生。即使此时当前对象的值没有改变，仍会触发 onBlur 事件。onBlur 事件句柄在 Click 事件发生后，由 JavaScript 自动调用执行。

【例 5-9】　Blur 事件示例。在本例中，需要用户输入姓名和学号。当用户先输入姓名，然后转换焦点到"学号"文本框时，就会判断"姓名"文本框中的内容是否为空；如果文本框中内容为空就弹出消息框，警告用户"姓名"不能为空，本例文件 5-9.html 在浏览器中显示的效果如图 5-15 所示。

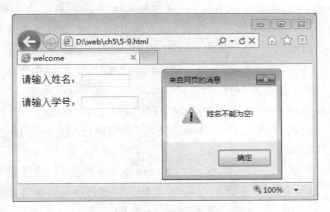

图 5-15　例 5-9 的页面显示效果

代码如下：

```
<html>
  <head>
```

```
<title>welcome</title>
<script language="JavaScript">
  function chk()
  { var th=window.reform.stu_name.value;
    if(th=="")
    { alert("姓名不能为空!"); }
  }
</script>
</head><body>
<form name="reform" method="post">
  <p>请输入姓名：<input type="text" name="stu_name" size="10" onBlur=
  "chk()"></p>
  <p>请输入学号：<input type="text" name="stu_no" size="12"></p>
</form>
</body>
</html>
```

（8）Focus 事件。在一个选择框、文本框或者文本输入区域得到焦点时发生 Focus 事件。onFocus 事件句柄在 Click 事件发生时由 JavaScript 自动调用执行。用户可以通过单击对象，也可通过键盘上的 Tab 键使一个区域得到焦点。

onFocus 句柄与 onBlur 句柄功能相反。

3. 键盘事件

在介绍键盘事件之前，先来了解 JavaScript 解释器传给键盘事件处理函数 Event 对象的一些共同属性。

（1）type：是指各自的事件名称，以字符串形式表示。

（2）layerX，layerY：是指发生事件时，光标相对于当前层的水平和垂直位置。

（3）pageX，pageY：是指发生事件时，光标相对于当前网页的水平和垂直位置。

（4）screenX，screenY：是指发生事件时，光标相对于屏幕的水平和垂直位置。

（5）which：是指键盘上按下键的 ASCII 码值。

（6）modifiers：是指键盘上随着按下键的同时可能按下的修饰键。

下面介绍几个主要的键盘事件。

（1）KeyDown 事件。在键盘上按下一个键时，发生 KeyDown 事件。在这个事件发生后，由 JavaScript 自动调用 onKeyDown 句柄。该句柄适用于浏览器对象 document、图像、超链接以及文本区域。

（2）KeyPress 事件。KeyPress 事件与 KeyDown 事件类似，当按键被按下时，将触发 KeyPress 事件，它发生在当前获得焦点的元素上。与 KeyDown 事件不同的是，每插入一个字符，就会发生 KeyPress 事件；而 KeyDown 事件总是发生在 KeyPress 事件之前，如果这个事件处理函数返回 false 值，就不会产生 KeyPress 事件。

（3）KeyUp 事件。在键盘上按下一个键，再释放这个键时发生 KeyUp 事件。在这个事件发生后由 JavaScript 自动调用 onKeyUp 句柄。这个句柄适用于浏览器对象 document、图像、超链接以及文本区域。

（4）Change 事件。在一个选择框、文本输入框或者文本输入区域失去焦点，其中的值又发生改变时，就会发生 Change 事件。在 Change 事件发生时，由 JavaScript 自动调用 onChange 句柄。Change 事件是个非常有用的事件，它的典型应用是验证一个输入的数据。

【例 5-10】　本例中，可在下拉框中选择身份，只要改变了选择，JavaScript 可以截取这个改变，并调用函数，给出用户需要的信息，本例文件 5-10.html 在浏览器中显示的效果如图 5-16 所示。

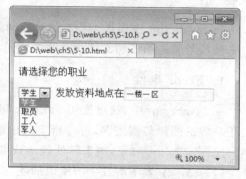

图 5-16　例 5-10 的页面显示效果

代码如下：

```html
<html>
  <head>
    <script language="JavaScript">
    function gosite(oneform)
    {
      oneform.stposition.value=oneform.site.options.value;
    }
    </script>
  </head>
<body>
  <form name="myform">
    <p>请选择您的职业</p>
    <select name="site" onchange="gosite(document.myform)">
      <option value="一楼一区">学生
      <option value="一楼二区">职员
      <option value="二楼一区">工人
      <option value="二楼三区">军人
    </select>
    发放资料地点在<input type="text" name="stposition" value="一楼一区">
  </form>
  </body>
</html>
```

（5）Select 事件。选定文本输入框或文本输入区域的一段文本后，发生 Select 事件。在 Select 事件发生后，由 JavaScript 自动调用 onSelect 句柄。onSelect 句柄适用于文本输入框以及文本输入区。

（6）Move 事件。在用户或标本程序移动一个窗口或者一个帧时，发生 Move 事件。在这个事件发生后，由 JavaScript 自动调用 onMove 句柄。该事件适用于窗口以及帧。

（7）Resize 事件。在用户或者脚本程序移动窗口或帧时发生 Resize 事件。在事件发生后由 JavaScript 自动调用 onResize 句柄。该事件适用于浏览器对象 document 以及帧。

5.7.3 错误处理

在 JavaScript 中提供了脚本执行期间处理错误的功能。用户一般可以使用 Error 事件来处理与装入图形和文档相关联的错误,以及处理运行的错误。

1. Error 事件

在 JavaScript 中,通过使用 onError 句柄处理属性可以指定出错时的错误处理函数。对于一般的图像装载错误,可与指定其他事件处理函数一样简单指定。如果 onError 句柄绑定到 window 对象,则事件处理函数可以使用以下 3 个参数。

(1) sMsg:表示所发生的错误描述。

(2) sURL:表示发生错误页面的 URL。

(3) sLine:表示发生错误的行号。

利用这些参数可向用户提供有关的错误信息。

onError 事件处理函数的返回值确定是否向用户显示标准错误信息(返回 true 时不提示,返回 false 时显示)。

下例演示当装载图像出错时的处理,代码如下:

```html
<html>
  <head><title>出错处理</title>
    <script language="JavaScript">
      function doerror()
      {
        alert("图像装载错误!");
      }
    </script>
  </head>
<body>
  <img src="shengtang.gif" onerror="doerror()">
</body>
</html>
```

当打开网页时,img 标记符的 src 属性是一个不存在的图像。因此当装载图像出错时,调用出错函数显示"图像装载错误!"提示框。

2. 错误处理语句

1) throw 语句

throw 语句用于扔出异常,其语法格式如下:

```
throw expression;
```

其中,expression 表达式的值表示发生错误类型,通常应使用比较容易理解和调试的语句。例如:

148

```
throw "装载错误";
```

2) try 和 catch 语句

try 和 catch 语句需要结合使用,一起支持异常处理的过程,其语法格式如下:

```
try
{
  statements;        //扔出异常
}
catch(exception)
{
  statements;        //处理异常
}
```

如果在处理 try 语句中所包含的语句时发生异常,则控制立即转入 catch 语句所包含的语句,并将出错信息保存在 exception 中;如果处理 try 语句所包含语句时没有发生异常,则跳过 catch 语句,控制转入 catch 语句后面的语句。

5.7.4　表单对象与交互性

form 对象(称表单对象或窗体对象)提供一个让客户端输入文字或选择的功能,例如,单选按钮、复选框、选择列表等,由＜form＞标记组构成,JavaScript 自动为每一个表单建立一个表单对象,并可以将用户提供的信息送至服务器进行处理,也可以在 JavaScript 脚本中编写程序对数据进行处理。

表单中的基本元素(子对象)有按钮、单选按钮、复选按钮、提交按钮、重置按钮、文本框等。在 JavaScript 中要访问这些基本元素,必须通过对应特定的表单元素的表单元素名来实现。每一个元素主要是通过该元素的属性或方法来引用。

调用 form 对象的一般格式如下:

```
<form name="表单名" action="URL" ...>
  <input type="表项类型" name="表项名" value="缺省值" 事件="方法函数"...>
    ...
</form>
```

1. Text(单行单列输入元素)

功能:对 Text 标识中的元素实施有效的控制。

属性:

name　设定提交信息时的信息名称。

value　用于设定出现在窗口中对应 HTML 文档中 value 的信息。

defaultvalue　包括 Text 元素的默认值。

方法:

blur()　将当前焦点移到后台。

select()　加亮文字。

事件：

onFocus 当 Text 获得焦点时，产生该事件。

onBlur 当元素失去焦点时，产生该事件。

onSelect 当文字被加亮显示后，产生该事件。

onChange 当 Text 元素值改变时，产生该事件。

2．Textarea（多行多列输入元素）

功能：对 Textarea 中的元素进行控制。

属性：

name 设定提交信息时的信息名称。

value 设定出现在窗口中对应 HTML 文档中 value 的信息。

defaultvalue 元素的默认值。

方法：

blur() 将输入焦点失去。

select() 加亮文字。

事件：

onBlur 当失去输入焦点后，产生该事件。

onFocus 当输入获得焦点后，产生该事件。

onChange 当文字值改变时，产生该事件。

onSelect 加亮文字，产生该事件。

3．Select（选择元素）

功能：实施对滚动选择元素的控制。

属性：

name 设定提交信息时的信息名称。

value 用于设定出现在窗口中对应 HTML 文档中 value 的信息。

length 对应 HTML 文档 Select 中的 length。

options 组成多个选项的数组。

selectIndex 指明一个选项。

text 选项对应的文字。

selected 指明当前选项是否被选中。

index 指明当前选项的位置。

defaultSelected 默认选项。

事件：

onBlur 当 select 选项失去焦点时，产生该事件。

onFocas 当 select 选项获得焦点时，产生该事件。

onChange 选项状态改变后，产生该事件。

下面程序把在列表框中选定的内容在信息框中显示，代码如下：

```
<body>
```

```
<form name="myForm">
  <select name="mySelect">
    <option value="第一个选择">1</option>
    <option value="第二个选择">2</option>
    <option value="第三个选择">3</option>
  </select>
</form>
<a href="#" onClick="window.alert(document.myForm.mySelect.value);">请选
  择列表</a>
</body>
```

4. Button（按钮）

功能：对 Button 的控制。

属性：

name　　设定提交信息时的信息名称。

value　　设定出现在窗口中对应 HTML 文档中 value 的信息。

方法：

click()　　该方法类似于单击一个按钮。

事件：

onClick　　当单击 Button（按钮）时，产生该事件。

下例演示一个单击按钮的事件，代码如下：

```
<body>
  <form name="myForm" action="target.html">
    <input type="button" value="单击我" onClick="window.alert('你单击了我.');">
  </form>
</body>
```

【例 5-11】　本例中，窗体 myForm 包含一个 Text 对象和一个按钮。当用户单击按钮 button1 时，窗体的名字就将赋给 Text 对象；当用户单击按钮 button2 时，函数 showElements 将显示一个警告对话框，里面包含窗体 myForm 上的每个元素的名称。本例文件 5-11.html 在浏览器中显示的效果如图 5-17 和图 5-18 所示。

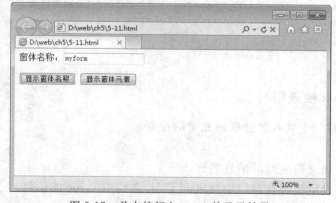

图 5-17　单击按钮 button1 的显示结果

151

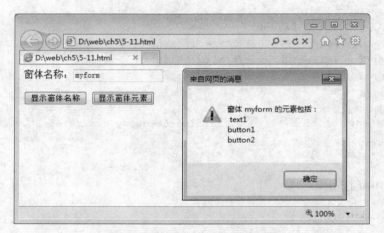

图 5-18 单击按钮 button2 的显示结果

代码如下：

```html
<html>
  <head>
    <script language="JavaScript">
    function showelements(theForm) {
        str="窗体 "+theForm.name+" 的元素包括: \n ";
        for (i=0; i<theForm.length; i++)
            str+=theForm.elements[i].name+"\n";
        alert(str);
    }
    </script>
  </head>
  <body>
    <form name="myform">
      窗体名称: <input type="text" name="text1">
      <p>
      <input name="button1" type="button" value="显示窗体名称"
        onclick="this.form.text1.value=this.form.name">
      <input name="button2" type="button" value="显示窗体元素"
        onclick="showelements(this.form)">
    </form>
  </body>
</html>
```

5. checkbox(检查框)

功能：实施对一个具有复选框的元素的控制。

属性：

name 设定提交信息时的信息名称。

value 用于设定出现在窗口中对应 HTML 文档中 value 的信息。

checked 该属性指明框的状态 true/false。

152

defaultchecked　默认状态。

方法：

click()　使框的某一个项被选中。

事件：

onClick　当框被选中时,产生该事件。

下面程序中,单击链接,将显示是否选中复选框的提示,代码如下:

```
<body>
  <form name="myForm">
    <input type="checkbox" name="myCheck" value="My Check Box">Check Me
  </form>
  <a href="#" onClick="window.alert(document.myForm.myCheck.checked ?
    'Yes': 'No');">
  Am I Checked?</a>
</body>
```

6. Password(口令)

功能：对具有口令输入的元素的控制。

属性：

name　设定提交信息时的信息名称。

value　设定出现在窗口中对应 HTML 文档中 value 的信息。

defaultValue　默认值。

方法：

select()　加亮输入口令域。

blur()　失去 password 输入焦点。

focus()　获得 password 输入焦点。

7. Submit(提交元素)

功能：对一个具有提交功能按钮的控制。

属性：

name　设定提交信息时的信息名称。

value　用于设定出现在窗口中对应 HTML 文档中 value 的信息。

方法：

click()　相当于单击 submit 按钮。

事件：

onClick　当单击该按钮时,产生该事件。

5.7.5　案例——使用 form 对象实现 Web 页面信息交互

下面举例说明在 JavaScript 程序中如何使用 form 对象实现 Web 页面信息交互。

【例 5-12】 使用 form 对象实现 Web 页面信息交互,要求浏览者输入姓名并接受商城协议。当不输入姓名并且未接受协议时,单击"提交"按钮会弹出警告框,提示用户输入姓名并且接受协议;当用户输入姓名并且接受协议时,单击"复位"按钮会弹出确认框,等待用户确认是否清除输入的信息。本例文件 5-12.html 在浏览器中显示的效果如图 5-19 所示。

图 5-19　使用 form 对象实现 Web 页面信息交互

代码如下:

```html
<html>
  <head>
    <title>使用 form 对象实现 Web 页面信息交互</title>
    <script>
      function check(){
        if (window. document. form1. name1. value. length = = 0&&window. document.
        form1.agree.checked==false)
          alert("姓名不能为空且必须接受协议!");
          return true;
      }
      function set() {
        if(confirm("真的清除吗?"))          //在弹出的确认框中如果用户选择"确定"
          return true;                     //函数返回真
        else
          return false;
      }
    </script>
  </head>
<body>
< form name="form1" action="" method="post" onsubmit="check()" onreset=
  "set()">
    请输入姓名<input type="text" name="name1" size="16"><br>
    接受商城协议<input type="checkbox" name="agree"><br>
    <input type="submit" value="提交">
    <input type="reset" value="复位">
```

154

```
    </form>
  </body>
</html>
```

【说明】　在 JavaScript 程序中使用 form 对象,可以实现更为复杂的 Web 页面信息交互过程。但前提是这些交互过程只在 Web 页面内进行,不需要占用服务器资源。

习　　题

1. 编写程序实现按时间随机变化的网页背景,如图 5-20 所示。

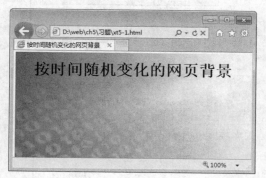

图 5-20　题 1 图

2. 使用 window 对象的 setTimeout()方法和 clearTimeout()方法设计一个简单的计时器。当单击“开始计时”按钮后启动计时器,文本框从 0 开始进行计时;单击“暂停计时”按钮后暂停计时,如图 5-21 所示。

图 5-21　题 2 图

3. 使用对象的事件编程实现当用户选择下拉菜单的颜色时,文本框的字体颜色跟随改变,如图 5-22 所示。

4. 制作一个禁止右击操作的网页。当浏览者在网页上右击时,自动弹出一个警告对话框,禁止用户使用右键快捷菜单,如图 5-23 所示。

5. 编写程序实现年月日的联动功能,当改变“年”“月”菜单的值时,“日”菜单的值的范围也会相应地改变,如图 5-24 所示。

155

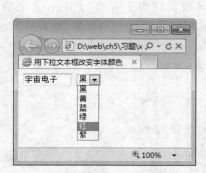

图 5-22　题 3 图

图 5-23　题 4 图

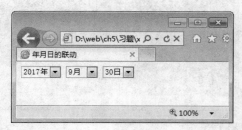

图 5-24　题 5 图

第 6 章　使用 JavaScript 制作网页特效

　　在网页中添加一些适当的网页特效，使页面具有动态效果，丰富页面的观赏性与表现力，能吸引更多的浏览者访问页面。JavaScript 技术可以实现各种网页特效，本章将综合之前介绍的 JavaScript 的基本知识，通过综合案例详解介绍 JavaScript 各种网页特效的核心技巧和实现过程。

6.1　文　字　特　效

　　使用 JavaScript 脚本可以制作各种文字特效，通过这些特效，可以使页面中的文字动起来。

6.1.1　打字效果

　　文字在页面中逐一出现即可形成打字效果，其原理很简单，每次多获取一个待打出的字符串的值，输出覆盖原来输出的内容即可。

　　【例 6-1】　制作宇宙电子简介的打字效果，页面的显示效果如图 6-1 所示。

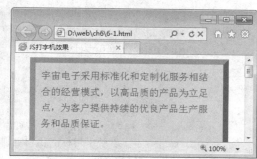

图 6-1　打字效果

代码如下：

```
<!doctype html>
<html>
  <head>
    <title>JS 打字机效果</title>
```

```
<style type="text/css">
 #main {                                      //打字区域的样式
  width: 80%;                                 //宽度为窗口的 80%
  height: 750px;
  margin: auto;                               //水平自动居中对齐
  padding: 10px;                              //内边距 10px
  background: #cfe1ca;
  border: 10px outset #f9c6aa;                //边框宽度 10px
  line-height: 30px;                          //行高 30px
  color: #9f3c61;
  font-size: 18px;                            //文字大小 18px
 }
</style>
<script type="text/javascript">
 var typeWriter={
 msg: function(msg){
  return msg;                                 //获取打字的内容
 },
 len: function(){
  return this.msg.length;                     //获取打字内容的长度
 },
 seq: 0,
 speed: 150,                                  //打字时间 (ms)
 type: function(){
  var _this=this;
  document.getElementById("main").innerHTML=_this.msg.substring(0, _this
    .seq);
  if (_this.seq==_this.len()) {               //如果输出完毕
   _this.seq=0;
   clearTimeout(t);                           //取消计时器
  }
  else {                                      //如果没有输出完毕
   _this.seq++;                               //获取一个待打出的字符串的值
   var t=setTimeout(function(){_this.type()}, this.speed);
                                              //设置打字的时间间隔(速度)
  }
 }
 }
window.onload=function(){ //页面加载时自动调用获取文字内容函数和打字输出函数
  var msg="宇宙电子采用标准化和定制化服务相结合……(此处省略文字)";
  function getMsg(){
   return msg;
  }
  typeWriter.msg=getMsg(msg);
  typeWriter.type();
 }
</script>
</head>
<body>
```

158

```
    <div id="main"></div>
  </body>
</html>
```

【说明】

（1）函数 getMsg()用于获取打字的内容，函数 type()用于打印输出获取的内容。

（2）setTimeout(function(){_this. type()}, this. speed);语句用于设置打印的速度，this. speed 的值越小则打印速度越快。

6.1.2　文字爬楼滚动效果

使用 JavaScript 脚本结合文本框实现文字慢慢向上爬的效果，其原理很简单，使用表格和文本框构建一个高楼的楼梯，然后逐层向每层的文本框中显示要输出的文字，实现文字的爬楼滚动效果。

【例 6-2】　制作文字爬楼滚动效果，页面的显示效果如图 6-2 所示。

图 6-2　文字爬楼滚动效果

代码如下：

```
<!doctype html>
<html>
  <head>
    <title>文字爬楼</title>
  </head>
<body>
  <script language=JavaScript>
    msg="宇宙电子节节高升"                    //设置文字内容
    align="center";                        //设置表格居中对齐
    speed=250;                             //设置文字爬楼速度(ms)
    up=true;                               //设置文字向上爬动
    spas=" ";
```

```
for (a=0;a<=12;a++) {spas+=" "}
msg=spas+msg+spas;
j=eval(-1);
stop=msg.length;                        //获取文字长度
document.write("<form name='form'><table border=0 cellspacing=0 "+
  "cellpadding=0 align="+align+">");
for (i=1;i<=13;i++) {                    //设置 13 层楼梯
  document.write("<tr><td><input type=text name=\"box"+i+"\" size=2>");
                                         //生成文本框
  document.write("</td></tr>");
}
document.write("</table></form>");
function scrollIt() {                    //文字爬楼函数
  j++;
  with (document.form) {
    if ((j+12)<=stop) {                  //未到达文字的最后一个字符
      box1.value=msg.charAt(j);          //逐层向每层的文本框中显示要输出的文字
      box2.value=msg.charAt(j+1);
      box3.value=msg.charAt(j+2);
      box4.value=msg.charAt(j+3);
      box5.value=msg.charAt(j+4);
      box6.value=msg.charAt(j+5);
      box7.value=msg.charAt(j+6);
      box8.value=msg.charAt(j+7);
      box9.value=msg.charAt(j+8);
      box10.value=msg.charAt(j+9);
      box11.value=msg.charAt(j+10);
      box12.value=msg.charAt(j+11);
      box13.value=msg.charAt(j+12);
    } else {                             //到达文字的最后一个字符
      j=0;                               //重新循环
    }
  }
  setTimeout("scrollIt()",speed);        //设置文字爬楼的时间间隔(速度)
}
scrollIt();                              //调用文字爬楼函数
</script>
</body>
</html>
```

6.2 菜单与选项卡特效

菜单与选项卡特效是常见的网页效果,许多网站都可以看到这些效果的应用。

6.2.1 制作二级纵向列表模式的导航菜单

【例 6-3】 使用 JavaScript 脚本制作二级纵向列表模式的导航菜单,页面显示效果如

图 6-3 所示。

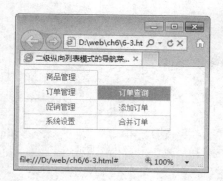

图 6-3　二级纵向列表模式的导航菜单

代码如下：

```
<!doctype html>
  <head>
    <title>二级纵向列表模式的导航菜单</title>
    <script type="text/javascript">
    startList=function() {
    if(document.all&&document.getElementById) {
     navRoot=document.getElementById("nav");   //获取页面元素无序列表nav
     for (i=0; i<navRoot.childNodes.length; i++) {
      node=navRoot.childNodes[i];
      if (node.nodeName=="LI") {
       node.onmouseover=function() {
        this.className+=" over";           //定义一个鼠标经过一级导航时的类over
       }
       node.onmouseout=function() {
        this.className=this.className.replace(" over", "");
       }
      }
     }
    }
    }
    window.onload=startList;                  //页面加载时调用函数
   </script>
   <style type="text/css">
    ul {
       margin: 0;                           //外边距为0px
       padding: 0;                          //内边距为0px
       list-style: none;                    //列表无项目符号
       width: 120px;
       border-bottom: 1px solid  #999;
       font-size: 12px;
       text-align: center;                  //文字居中对齐
    }
    ul li {
```

```
        position: relative;                          //相对定位
    }
    li ul {
        position: absolute;                          //绝对定位
        left: 119px;
        top: 0;
        display: none;
    }
    ul li a {
        width: 108px;
        display: block;                              //块级元素
        text-decoration: none;                       //无修饰
        color: #666666;
        background: #fff;
        padding: 5px;
        border: 1px solid #ccc;
        border-bottom: 0px;
    }
    ul li a: hover {
        background-color: #69f;
        color: #fff;
    }
    //解决 ul 在 IE 下显示不正确的问题
    * html ul li {
        float: left;
        height: 1%;
    }
    * html ul li a {
        height: 1%;
    }
    //end
    li: hover ul, li.over ul {
        display: block;
    }
    </style>
</head>
<body>
    <ul id="nav">
        <li><a href="#">商品管理</a>
            <ul>
                <li><a href="#">添加商品</a></li>
                <li><a href="#">商品分类</a></li>
                <li><a href="#">品牌管理</a></li>
                <li><a href="#">用户评论</a></li>
            </ul>
        </li>
        <li><a href="#">订单管理</a>
            <ul>
                <li><a href="#">订单查询</a></li>
```

```
      <li><a href="#">添加订单</a></li>
      <li><a href="#">合并订单</a></li>
    </ul>
  </li>
  <li><a href="#">促销管理</a>
    <ul>
      <li><a href="#">拍卖活动</a></li>
      <li><a href="#">商品团购</a></li>
      <li><a href="#">优惠活动</a></li>
    </ul>
  </li>
  <li><a href="#">系统设置</a></li>
  </ul>
  </body>
</html>
```

【说明】　在页面的＜head＞…＜/head＞之间添加实现二级导航菜单的 JavaScript 脚本,代码中需要指定鼠标经过一级导航时的类名 over。

6.2.2　制作 Tab 选项卡切换效果

许多网站都可以看到 Tab 选项卡栏目切换的效果,实现的方式有很多,总的来说原理都是一致的,都是通过鼠标事件触发相应的功能函数,实现相关栏目的切换。

【例 6-4】　制作宇宙电子客服中心页面的栏目切换的效果,页面的显示效果如图 6-4 所示。

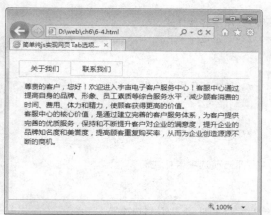

图 6-4　Tab 选项卡切换效果

代码如下:

```
<html>
  <head>
    <meta charset="gb2312">
    <title>简单纯 js 实现网页 Tab 选项卡切换效果</title>
```

```css
<style>
* {                                      //页面所有元素的默认外边距和内边距
    margin: 0;
    padding: 0;
}
body{                                    //页面整体样式
    font-size: 14px;
    font-family: "Microsoft YaHei";
}
ul,li{                                   //列表和列表项样式
    list-style: none;                    //列表项无符号
}
#tab{                                    //选项卡样式
    position: relative;                  //相对定位
    margin-left: 20px;                   //左外边距为 20px
    margin-top: 20px                     //上外边距为 20px
}
#tab .tabList ul li{                     //选项卡列表项样式
    float: left;                         //向左浮动
    background: #fefefe;
    border: 1px solid #ccc;              //1px 浅灰色实线边框
    padding: 5px 0;
    width: 100px;
    text-align: center;                  //文本水平居中对齐
    margin-left: -1px;
    position: relative;
    cursor: pointer;
}
#tab .tabCon{                            //选项卡容器样式
    position: absolute;                  //绝对定位
    left: -1px;
    top: 32px;
    border: 1px solid #ccc;              //1px 浅灰色实线边框
    border-top: none;
    width: 450px;
    height: auto;                        //高度自适应
}
#tab .tabCon div{                        //非当前选项卡样式
    padding: 10px;
    position: absolute;
    opacity: 0;                          //完全透明,无法看到选项卡
}
#tab .tabList li.cur{                    //当前选项卡列表样式
    border-bottom: none;                 //当前选项卡底部无边框
    background: #fff;
}
#tab .tabCon div.cur{                    //当前选项卡不透明样式
    opacity: 1;                          //完全不透明,能够看到选项卡
}
```

```html
     </style>
 </head>
 <body>
  <div id="tab">
   <div class="tabList">
     <ul>
        <li class="cur">关于我们</li>
        <li>联系我们</li>
     </ul>
   </div>
   <div class="tabCon">
     <div class="cur">
        <p>尊贵的客户，您好！欢迎进入宇宙电子客户服务中心！……(此处省略文字)</p>
        <p>客服中心的核心价值,是通过建立完善的客户服务体系,……(此处省略文字)</p>
     </div>
     <div>
        <p><strong>宇宙电子客服中心</strong></p>
        <p>地址：开封市复兴大道</p>
        <p>电话：13837860222</p>
        <p>email: jw@163.com</p><br/>
        <p><strong>销售中心</strong></p>
        <p>电话：13912345678</p>
        <p>email: kitty@163.com</p><br/>
        <p><strong>市场 & 广告部</strong></p>
        <p>电话：13712345678</p>
        <p>email: lucy@163.com</p>
     </div>
   </div>
  </div>
</div>
<script>
window.onload=function() {
    var oDiv=document.getElementById("tab");
    var oLi=oDiv.getElementsByTagName ("div")[0].getElementsByTagName ("li");
    var aCon=oDiv.getElementsByTagName ("div")[1].getElementsByTagName ("div");
    var timer=null;
    for (var i=0; i<oLi.length; i++) {
        oLi[i].index=i;
        oLi[i].onmouseover=function() {                      //鼠标悬停切换选项卡
            show(this.index);
        }
    }
    function show(a) {
        index=a;
        var alpha=0;
        for (var j=0; j<oLi.length; j++) {
            oLi[j].className="";
            aCon[j].className="";
            aCon[j].style.opacity=0;
            aCon[j].style.filter="alpha(opacity=0)";     //非当前选项卡完全透明
```

165

```
                }
                oLi[index].className="cur";
                clearInterval(timer);
                timer=setInterval(function() {
                    alpha+=2;
                    alpha>100 && (alpha=100);
                    aCon[index].style.opacity=alpha/100;      //当前选项卡完全不透明
                    aCon[index].style.filter="alpha(opacity="+alpha+")";
                    alpha==100 && clearInterval(timer);
                })
            }
        }
    </script>
  </body>
</html>
```

【说明】

（1）实现选项卡切换效果的原理是将当前选项卡的不透明度样式设置为完全不透明，进而显示出选项卡；将非当前选项卡的不透明度样式设置为完全透明，隐藏非当前选项卡。

（2）本例中共设置了两个选项卡，如果用户需要设置更多的选项卡，很容易实现，只需要增加列表项<li>的定义即可。

（3）本例采用的是鼠标悬停切换选项卡的效果，如果需要设置为鼠标单击切换选项卡的效果，只需要将 JavaScript 脚本中的 onMouseOver 修改为 onClick 即可。

6.3　图　片　特　效

JavaScript 除了可以对页面中的文字进行特效处理外，还可以对页面中的图片实现各种特殊效果。

6.3.1　制作循环滚动的图文字幕

在网站的首页经常可以看到循环滚动的图文展示信息，引起浏览者的注意，这种技术是通过滚动字幕技术实现的。

1. 字幕标签的语法

在网页中，制作滚动字幕使用<marquee>标签，其格式如下：

```
<marquee direction="left|right|up|down" behavior="scroll|side|alternate"
  loop="i|-1|infinite" hspace="m" vspace="n" scrollamount="i" scrolldelay="j"
  bgcolor="色彩" width="x|x%" height="y">流动文字或(和)图片</marquee>
```

字幕属性的含义如下。

direction：设置字幕内容的滚动方向。

behavior：设置滚动字幕内容的运动方式。

loop：设置字幕内容滚动次数，默认值为无限。

hspace：设置字幕水平方向空白像素数。

vspace：设置字幕垂直方向空白像素数。

scrollamount：设置字幕滚动的数量，单位是像素。

scrolldelay：设置字幕滚动的延迟时间，单位是毫秒。

bgcolor：设置字幕的背景颜色。

width：设置字幕的宽度，单位是像素。

height：设置字幕的高度，单位是像素。

2. 案例——循环滚动的图文字幕

【例 6-5】　制作循环滚动的宇宙电子产品展示页面，滚动的图像支持超链接，并且鼠标指针移动到图像上时，画面静止；鼠标指针移出图像后，图像继续滚动，页面显示的效果如图 6-5 所示。

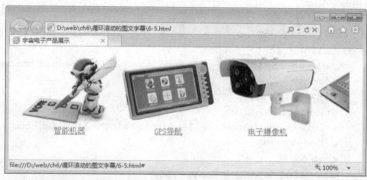

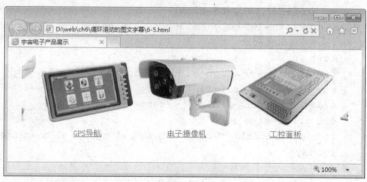

图 6-5　循环滚动的图文字幕

制作步骤如下。

（1）前期准备。在示例文件夹下创建图像文件夹 images，用来存放图像素材。将本页面需要使用的图像素材存放在文件夹 images 下，本实例中使用的图片素材大小均为

200px×150px。

(2) 制作页面。在示例文件夹下新建一个名为 6-5. html 的网页,代码如下:

```
<html>
  <head>
    <title>宇宙电子产品展示</title>
  </head>
  <body>
  <table width="660" border="0" align="center">
  <tr>
    <td>
  <div id=demo style="overflow: hidden; width: 660px; color: #ffffff; height:
    180px">
  <table cellPadding=0 width=100%align=left border=0 cellspace=0>
  <tbody>
  <tr>
<!---------------------demo1--------------------->
  <td id=demo1 vAlign=top>
    <table cellSpacing=1 cellPadding=1>
    <tbody>
    <tr vAlign=top>
      <td vAlign=top noWrap>
        <div align=right>
          <table cellSpacing=0 cellPadding=0 align=center border=0>
            <tbody>
            <tr>
            <td align=middle>
            <table cellSpacing=0 cellPadding=0 width=200 align=center border=0>
            <tbody>
            <tr>
            <td align=middle height=150>
            <a href="#" target=_blank>
            <img width=200 height=150 src="images/01.jpg" border=0>
            </a></td></tr>
            <tr>
            <td class=nav1 align=middle height=20>
            <a class=apm2 href="#" target=_blank>智能机器
            </a></td></tr></tbody></table></td>
            <td align=middle>
            <table cellSpacing=0 cellPadding=0 width=200 align=center border=0>
            <tbody>
            <tr>
            <td align=middle height=150>
            <a href="#" target=_blank>
              <img width=200 height=150 src="images/02.jpg" border=0>
            </a></td></tr>
            <tr>
            <td class=nav1 align=middle height=20>
            <a class=apm2 href="#" target=_blank>GPS 导航
```

```
</a></td></tr></tbody></table></td>
    <td align=middle>
    <table cellspacing=0 cellpadding=0 width=200 align=center border=0>
    <tbody>
    <tr>
    <td align=middle height=150>
    <a href="#" target=_blank>
    <img width=200 height=150 src="images/03.jpg" border=0>
    </a></td></tr>
    <tr>
    <td class=nav1 align=middle height=20>
    <a class=apm2 href="#" target=_blank>电子摄像机
    </a></td></tr></tbody></table></td>
    <td align=middle>
    <table cellspacing=0 cellpadding=0 width=200 align=center border=0>
    <tbody>
    <tr>
    <td align=middle height=150>
    <a href="#" target=_blank>
    <img width=200 height=150 src="images/04.jpg" border=0>
    </a></td></tr>
    <tr>
    <td class=nav1 align=middle height=20>
    <a class=apm2 href="#" target=_blank>工控面板
      </a></td></tr></tbody></table></td>
    </tr></tbody></table></div></td></tr></tbody></table></td>
<!------------------demo2--------------------->
    <td id=demo2 width="0">
    </td>
    </tr></tbody></table>
  </div>
<!------------------demo end------------------->
  <script>
    var dir=1                        //每步移动像素,该值越大,字幕滚动越快
    var speed=20                     //循环周期(毫秒),该值越大,字幕滚动越慢
    demo2.innerHTML=demo1.innerHTML
    function Marquee(){               //正常移动
      if (dir>0  && (demo2.offsetWidth-demo.scrollLeft)<=0) demo.scrollLeft=0
      if(dir<0 && (demo.scrollLeft<=0)) demo.scrollLeft=demo2.offsetWidth
      demo.scrollLeft+=dir
      demo.onmouseover=function() {clearInterval(MyMar)}        //暂停移动
      demo.onmouseout= function() {MyMar=setInterval(Marquee,speed)}
                                                                //继续移动
    }
    var MyMar=setInterval(Marquee,speed)
  </script>
  </td>
 </tr>
</table>
```

169

```
    </body>
    </html>
```

【说明】 制作循环滚动字幕的关键在于字幕参数的设置,要求如下。

(1) 滚动字幕代码的第 1 行定义的是字幕 Div 容器,其宽度决定了字幕中能够同时显示的最多图片个数。例如,本例中每张图片的宽度为 200px,设置字幕 Div 的宽度为 660px。这样,在字幕 Div 中最多能显示 3 个完整的图片。字幕所在表格的宽度应当等于字幕 Div 的宽度。例如,设置表格的宽度为 660px,恰好等于字幕 Div 的宽度。

(2) 字幕 Div 的高度应当大于图片的高度,这是因为在图片下方定义的还有超链接文字,而文字本身也会占用一定的高度。例如,本例中每个图片的高度为 150px,设置字幕 Div 的高度为 180px,这样既可以显示出图片,也可以显示出链接文字。

6.3.2　制作幻灯片切换广告

在网站的首页中经常能够看到幻灯片播放的广告,既美化了页面的外观,又可以节省版面的空间。本小节主要讲解如何使用 JavaScript 脚本制作幻灯片广告。

【例 6-6】 制作幻灯片广告,每隔一段时间,广告自动切换到下一幅画面;用户单击广告下方的数字,将直接切换到相应的画面;用户单击链接文字,可以打开相应的网页(读者可以根据需要自己设置链接的页面,这里不再制作该链接功能),本例文件 6-6.html 在浏览器中的浏览效果如图 6-6 所示。

图 6-6　幻灯片广告

制作步骤如下。

(1) 前期准备。在栏目文件夹下创建图像文件夹 images,用来存放图像素材。将本页面需要使用的图像素材存放在文件夹 images 下,本实例中使用的图片素材大小均为 410px×200px。

幻灯片切换广告的特效需要使用特定的 Flash 幻灯片播放器,本例中使用的幻灯片播放器名为 playswf.swf,将其复制到示例文件夹的根目录中。

(2) 制作页面。在示例文件夹下新建一个名为 6-6.html 的网页,代码如下:

```
<!doctype html>
<html>
    <head>
```

```
  <title>Flash 幻灯片广告</title>
</head>
<body>
  <div style="width: 410px;height: 220px;border: 1px solid #000">
    <script type=text/javascript>
    <!--
      imgUrl1="images/01.jpg";
      imgtext1="曲院幽荷";
      imgLink1=escape("#");
      imgUrl2="images/02.jpg";
      imgtext2="杨柳垂堤";
      imgLink2=escape("#");
      imgUrl3="images/03.jpg";
      imgtext3="夕阳断桥";
      imgLink3=escape("#");
      imgUrl4="images/04.jpg";
      imgtext4="翠绿竹林";
      imgLink4=escape("#");
      var focus_width=410                 //图片的宽度
      var focus_height=200                //图片的高度
      var text_height=20                  //文字的高度
      var swf_height=focus_height+text_height
                                          //播放器的高度=图片的高度+文字的高度
      var pics=imgUrl1+"|"+imgUrl2+"|"+imgUrl3+"|"+imgUrl4
      var links=imgLink1+"|"+imgLink2+"|"+imgLink3+"|"+imgLink4
      var texts=imgtext1+"|"+imgtext2+"|"+imgtext3+"|"+imgtext4
      document.write('<object ID="focus_flash" classid="clsid: d27cdb6e-
        ae6d-11cf-96b8-44553540000"
        codebase="http: //fpdownload.macromedia.com/pub/shockwave/cabs/
        flash/swflash.cab#version=6,0,0,0" width="'+focus_width+'"
        height="'+swf_height+'">');
      document.write('<param name="allowScriptAccess" value="sameDomain">
        <param name="movie" value="playswf.swf"><param name="quality"
        value="high"><param name="bgcolor" value="#fff">');
      document.write('<param name="menu" value="false"><param name=wmode
        value="opaque">');
      document.write('<param name="FlashVars" value="pics='+pics+'&links='+
        links+'&texts='+texts+'&borderwidth='+focus_width+'
        &borderheight='+focus_height+'&textheight='+text_height+'">');
      document.write('<embed ID="focus_flash" src="playswf.swf" wmode=
        "opaque" FlashVars="pics='+pics+'&links='+links+'&texts='+texts+'
        &borderwidth='+focus_width+'&borderheight='+focus_height+'
        &textheight='+text_height+'" menu="false" bgcolor="#c5c5c5"
        quality="high"
        width="'+focus_width+'" height="'+swf_height+'" allowScriptAccess=
        "sameDomain" type="application/x-shockwave-flash" pluginspage=
```

171

```
        "http://www.macromedia.com/go/getflashplayer" />');
      document.write('</object>');
    -->
    </script>
    </div>
  </body>
</html>
```

【说明】 制作幻灯片切换效果的关键在于播放器参数的设置,要求如下。

(1) 播放器参数中的 focus_width 设置为图片的宽度(410px),focus_height 设置为图片的高度(200px),text_height 设置为文字的高度(20px),pics 用于定义图片的来源,links 用于定义链接文字的链接地址,texts 用于定义链接文字的内容。

(2) 幻灯片所在 Div 容器的宽度应当等于图片的宽度,Div 容器的高度应当等于图片的高度+文字的高度。例如,设置 Div 容器的宽度为 410px,恰好等于图片的宽度;设置 Div 容器的高度为 220px,恰好等于图片的高度(200px)+文字的高度(20px)。

习　　题

1. 编写程序设置网页字体的大小,可以分为大、中、小 3 种模式显示,如图 6-7 所示。

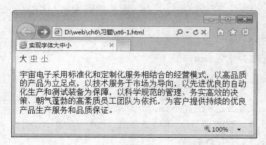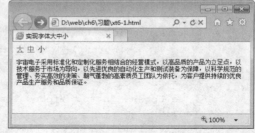

图 6-7　题 1 图

2. 制作一个循环切换画面的广告网页。每隔一段时间,广告自动切换到下一幅画面;用户单击广告右边的小图,将直接切换到相应的画面,效果如图 6-8 所示。

图 6-8　题 2 图

3. 文字循环向上滚动,当光标移动到文字上时,文字停止滚动;光标移开则继续滚动,如图 6-9 所示。

图 6-9　题 3 图

4. 编写程序在页面中显示颜色变幻、逐字输出的欢迎词,如图 6-10 所示。

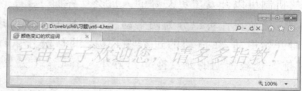

图 6-10　题 4 图

173

第7章 HTML 5 高级应用

HTML 5 引入了多媒体、API、数据库支持等高级应用功能,允许更大的灵活性,支持开发非常精彩的交互式网站。HTML 5 还提供了高效的数据管理、绘制、视频和音频工具,结合 JavaScript 编程,进一步促进了 Web 应用的开发。

7.1 HTML 5 拖放 API

拖放是 HTML 5 标准中非常重要的部分,通过拖放应用程序编程接口(Application Programming Interface,API)可以让 HTML 页面中的任意元素都变成可拖动的,使用拖放机制可以开发出更友好的人机交互界面。

拖放操作可以分为两个动作:在某个元素上按下鼠标移动鼠标(没有松开鼠标),此时开始拖动,在拖动的过程中,只要没有松开鼠标,将会不断产生事件,这个过程称为"拖";把被拖动的元素拖动到另外一个元素上并松开鼠标,这个过程被称为"放"。

7.1.1 draggable 属性

draggable 属性用来定义元素是否可以拖动,该属性有两个值:true 和 false,默认为 false。当值为 true 时,表示元素选中之后可以进行拖动操作,否则不能拖动。

【例 7-1】 draggable 属性示例,本例文件 7-1. html 在浏览器中的显示效果如图 7-1 所示。

图 7-1 例 7-1 的页面显示效果

代码如下：

```
<!doctype html>
<html>
  <head>
    <meta charset="gb2312">
    <title>draggable 属性示例</title>
  </head>
  <body>
    <h1 align="center">元素 draggable 属性</h1>
    <p draggable="true">可以拖动的文字</p>
    可以拖动的图片<img src="images/logo.jpg" border="1" draggable="true">
  </body>
</html>
```

【说明】　draggable 属性设置为 true 时仅仅表示当前元素允许拖放，但是并不能真正实现拖放，必须与 JavaScript 脚本结合使用才能实现该功能，在接下来的案例中将会讲解如何实现这一功能。

7.1.2　拖放触发的事件和数据传递

在例 7-1 中，设置元素的 draggable 属性为 true 只是定义了当前元素允许拖放，用户看不到拖放的效果，并且在拖放时也不能携带数据。因此，使用拖放时，还需要通过 JavaScript 脚本绑定事件监听器，并在事件监听器中设置所需携带的数据。

1. 拖放触发的事件

在拖放过程中，可触发的事件见表 7-1。

表 7-1　拖放时可能触发的事件

事　　件	事　件　源	描　　　述
ondragstart	被拖动的 HTML 元素	开始拖动元素时触发该事件
ondrag	被拖动的 HTML 元素	拖动元素过程中触发该事件
ondragend	被拖动的 HTML 元素	拖动元素结束时触发该事件
ondragenter	拖动时鼠标所进入的目标元素	被拖动的元素进入目标元素的范围内时触发该事件
ondragleave	拖动时鼠标所离开的元素	被拖动的元素离开当前元素的范围内时触发该事件
ondragover	拖动时鼠标所经过的元素	在所经过的元素范围内，拖动元素时会不断地触发该事件
ondrop	停止拖动时鼠标所释放的目标元素	被拖动的元素释放到当前元素中时，会触发该事件

2. 数据传递

dataTransfer 对象用于从被拖动元素向目标元素传递数据，其中提供了许多实用的属性和方法。例如，通过 dropEffect 与 effectAllowed 属性相结合可以自定义拖放的效果，使用 setData()和 getData()方法可以将拖放元素的数据传递给目标元素。

dataTransfer 对象的属性见表 7-2。

表 7-2　dataTransfer 对象的属性

属　　性	描　　述
dropEffect	设置或返回允许的操作类型，可以是 none、copy、link 或 move
effectAllowed	设置或返回被拖放元素的操作效果类别，可以是 none、copy、copyLink、copyMove、link、linkMove、move、all 或 uninitialized
items	返回一个包含拖动数据的 dataTransferItemList 对象
types	返回一个 DOMStringList，包括存入 dataTransfer 对象中数据的所有类型
files	返回一个拖动文件的集合，如果没有拖动文件该属性为空

dataTransfer 对象的方法见表 7-3。

表 7-3　dataTransfer 对象的方法

方　　法	描　　述
setData(format,data)	向 dataTransfer 对象中添加数据
getData(format)	从 dataTransfer 对象读取数据
clearData(format)	清除 dataTransfer 对象中指定格式的数据
setDragImage(icon,x,y)	设置拖放过程中的图标，参数 x、y 表示图标的相对坐标

在 dataTransfer 对象所提供的方法中，参数 format 用于表示在读取、添加或清空数据时的数据格式，该格式包括 text/plain(文本文字格式)、text/html(HTML 页面代码格式)、text/xml(XML 字符格式)和 text/url-list(URL 格式列表)。

需要注意的是，IE 浏览器并不完全支持 text/plain、text/html、text/xml 和 text/url-list 格式，可以通过 text 简写方式进行兼容。

【例 7-2】　HTML 5 拖放示例，用户可以拖动页面中的图片放置到目标矩形中，本例文件 7-2. html 在浏览器中的显示效果如图 7-2 所示。

图 7-2　例 7-2 的页面显示效果

代码如下：

```
<!doctype html>
<html>
  <head>
    <meta charset="gb2312">
    <title>HTML 5 拖放示例</title>
    <style type="text/css">
      #div1{                              //目标矩形的样式
        width: 500px;
        height: 80px;
        padding: 10px;
        border: 1px solid #aaaaaa;        //边框为 1px 浅灰色实线边框
      }
    </style>
    <script type="text/javascript">
      function allowDrop(ev){
        ev.preventDefault();              //设置允许将元素放置到其他元素中
      }
      function drag(ev){
        ev.dataTransfer.setData("Text",ev.target.id);
                                          //设置被拖动元素的数据类型和值
      }
      function drop(ev){                  //当放置被拖动元素时发生 drop 事件
        ev.preventDefault();              //设置允许将元素放置到其他元素中
        var data=ev.dataTransfer.getData("Text");
                                          //从 dataTransfer 对象读取被拖动元素的数据
        ev.target.appendChild(document.getElementById(data));
      }
    </script>
  </head>
  <body>
    <p>请把宇宙电子网站的标志图片拖放到矩形中：</p>
    <div id="div1" ondrop="drop(event)" ondragover="allowDrop(event)">
    </div>
    <br />
    <img id="drag1" src="images/logo.jpg" draggable="true" ondragstart=
    "drag(event)" />
  </body>
</html>
```

【说明】

（1）开始拖动元素时触发 ondragstart 事件，在事件的代码中使用 dataTransfer. setData()方法设置被拖动元素的数据类型和值。本例中，被拖动元素的数据类型是 "Text"，值是被拖动元素的 id(即"drag1")。

（2）ondragover 事件规定放置被拖动元素的位置，默认为无法将元素放置到其他元素中。如果需要设置允许放置，必须阻止对元素的默认处理方式，需要通过调用 ondragover 事件的 event. preventDefault()方法来实现这一功能。

（3）当放置被拖动元素时将触发 drop 事件。本例中，div 元素的 ondrop 属性调用了一个函数 drop(event)来实现放置被拖动元素的功能。

7.2 多媒体播放

在 HTML 5 出现之前并没有将视频和音频嵌入页面的标准方式，多媒体内容在大多数情况下都是通过第三方插件或集成在 Web 浏览器的应用程序置于页面中。通过这样的方式实现的音视频功能，需要借助第三方插件，并且实现代码复杂冗长。由于这些插件不是浏览器自身提供的，往往需要手动安装，不仅烦琐而且容易导致浏览器崩溃。运用 HTML 5 中新增的＜video＞标签和＜audio＞标签可以避免这样的问题。

7.2.1 HTML 5 的多媒体支持

HTML 5 中提供了＜video＞和＜audio＞标签，可以直接在浏览器中播放视频和音频文件，无须事先在浏览器上安装任何插件，只要浏览器本身支持 HTML 5 规范即可。目前各种主流浏览器如 IE 9＋、Firefox、Opera、Safari 和 Chrome 等浏览器都支持使用＜video＞和＜audio＞标签来播放视频和音频。

HTML 5 对原生音频和视频的支持潜力巨大，但由于音频、视频的格式众多，以及相关厂商的专利限制，导致各浏览器厂商无法自由使用这些音频和视频的解码器，浏览器能够支持的音频和视频格式相对有限。如果用户需要在网页中使用 HTML 5 的音频和视频，就必须熟悉下面列举的音频和视频格式。音频格式有 Ogg Vorbis、MP3、WAV。视频格式有 Ogg、H. 264(MP4)、WebM。

1. 音频格式

（1）Ogg Vorbis。Ogg Vorbis 是一种新的音频压缩格式，类似于 MP3 等现有的音乐格式。它是完全免费、开放和没有专利限制的。Ogg Vorbis 有一个很出众的特点，就是支持多声道。Ogg Vorbis 文件的扩展名是. Ogg，这种文件的设计格式非常先进，目前创建的 Ogg 文件可以在未来的任何播放器上播放。因此，这种文件格式可以不断地进行大小和音质的改良，而不影响旧有的编码器或播放器。

（2）MP3。MP3 格式诞生于 20 世纪 80 年代的德国。MP3 是指 MPEG 标准中的音频部分，也就是 MPEG 音频层。MPEG 音频文件的压缩是一种有损压缩，通过牺牲声音文件中 12～16kHz 的高音频部分的质量来压缩文件的大小。相同时间长度的音乐文件，用 MP3 格式存储，一般只有 WAV 文件的 1/10，而音质也次于 CD 格式或 WAV 格式的声音文件。

（3）WAV。WAV 格式是 Microsoft 公司开发的一种声音文件格式，用于保存 Windows 平台的音频信息资源，被 Windows 平台及其应用程序所支持，支持多种音频位数、采样频率和声道，是目前 PC 上广为流行的声音文件格式。几乎所有的音频编辑软件都识别 WAV 格式。

2. 视频格式

（1）Ogg。Ogg 也是 HTML 5 所使用的视频格式之一。Ogg 采用多通道编码技术，可以在保持编码器灵活性的同时而不损害原本的立体声空间影像，而且实现的复杂程度比传统的联合立体声方式要低。

（2）H.264(MP4)。MP4 的全称是 MPEG-4 Part 14，是一种储存数字音频和数字视频的多媒体文件格式，文件扩展名为.mp4。MP4 封装格式是基于 QuickTime 容器格式定义，媒体描述与媒体数据分开，目前被广泛应用于封装 H.264 视频和 ACC 音频，是高清视频的代表。

（3）WebM。WebM 由 Google 提出，是一个开放、免费的媒体文件格式。WebM 影片格式是以 Matroska（即 MKV）容器格式为基础开发的新容器格式，包括 VP8 影片轨和 Ogg Vorbis 音轨。WebM 标准的网络视频更加偏向于开源并且是基于 HTML 5 标准的，WebM 项目旨在为对每个人都开放的网络开发高质量、开放的视频格式，其重点是解决视频服务这一核心的网络用户体验。

7.2.2 音频标签

目前，大多数音频是通过插件（比如 Flash）来播放的。然而，并非所有浏览器都拥有同样的插件。HTML 5 规定了一种通过音频标签＜audio＞来包含音频的标准方法，＜audio＞标签能够播放声音文件或者音频流。

1. ＜audio＞标签支持的音频格式及浏览器兼容性

＜audio＞标签支持 3 种音频格式，在不同的浏览器中的兼容性见表 7-4。

表 7-4 3 种音频格式的浏览器兼容性

音频格式	IE 9+	Firefox	Opera	Chrome	Safari
Ogg Vorbis		√	√	√	
MP3	√			√	√
WAV		√	√		√

2. ＜audio＞标签的属性

＜audio＞标签的属性见表 7-5。

表 7-5　＜audio＞标签的属性

属　性	描　述
autoplay	如果出现该属性,则音频在就绪后马上播放
controls	如果出现该属性,则向用户显示控件,比如播放、暂停和音量控件
loop	如果出现该属性,则每当音频结束时重新开始播放
preload	如果出现该属性,则音频在页面加载时进行加载,并预备播放
src	要播放音频的 URL

为了解决浏览器对音频和视频格式的支持,使用＜source＞标签为音频或视频指定多个媒体源,浏览器可以选择适合自己播放的媒体源。

【例 7-3】　使用＜audio＞标签播放音频,本例文件 7-3. html 在浏览器中的显示效果如图 7-3 所示。

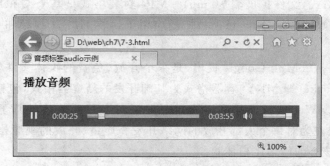

图 7-3　例 7-3 的页面显示效果

代码如下:

```
<!doctype html>
<html>
  <head>
    <meta charset="gb2312">
    <title>音频标签 audio 示例</title>
  </head>
  <body>
    <h3>播放音频</h3>
    <audio controls="controls" autoplay="autoplay">
      <source src="audio/song.mp3" type="audio/mpeg" />
      <source src="audio/song.ogg" type="audio/ogg" />
      <source src="audio/song.wav" type="audio/x-wav" />
      您的浏览器不支持音频标签
    </audio>
  </body>
</html>
```

【说明】

(1)＜audio＞与＜/audio＞标签之间插入的内容是提供不支持＜audio＞标签的浏览器显示的。

(2)＜audio＞标签允许包含多个＜source＞标签。＜source＞标签可以链接不同的

180

音频文件,浏览器将使用第一个可识别的格式。

7.2.3 视频标签

对于视频来说,大多数视频也是通过插件(比如 Flash)来显示的。然而,并非所有浏览器都拥有同样的插件。HTML 5 规定了一种通过视频标签<video>来包含视频的标准方法。<video>标签能够播放视频文件或者视频流。

1. <video>标签支持的视频格式及浏览器兼容性

<video>标签支持 3 种视频格式,在不同的浏览器中的兼容性见表 7-6。

表 7-6　3 种视频格式的浏览器兼容性

视频格式	IE 9+	Firefox	Opera	Chrome	Safari
Ogg		√	√	√	
MP4	√			√	√
WebM		√	√	√	

2. <video>标签的属性

<video>标签的属性见表 7-7。

表 7-7　<video>标签的属性

属　性	描　　述
autoplay	如果出现该属性,则视频在就绪后马上播放
controls	如果出现该属性,则向用户显示控件,比如播放、暂停和音量控件
height	设置视频播放器的高度
loop	如果出现该属性,则每当音频结束时重新开始播放
preload	如果出现该属性,则视频在页面加载时进行加载,并预备播放。如果使用 autoplay,则忽略该属性
src	要播放音频的 URL
width	设置视频播放器的宽度

【例 7-4】　使用<video>标签播放视频,本例文件 7-4. html 在浏览器中的显示效果如图 7-4 所示。

代码如下:

```
<!doctype html>
<html>
  <head>
    <meta charset="gb2312">
    <title>视频标签 video 示例</title>
  </head>
```

181

图 7-4　例 7-4 的页面显示效果

```html
<body>
    <h3>播放视频</h3>
    <video controls="controls" autoplay="autoplay">
        <source src="video/movie.mp4" type="video/mp4" />
        <source src="video/movie.webm" type="video/webm" />
        <source src="video/movie.ogg" type="video/ogg" />
        您的浏览器不支持视频标签
    </video>
</body>
</html>
```

【说明】

(1)＜video＞与＜/video＞标签之间插入的内容是提供不支持＜video＞标签的浏览器显示的。

(2)＜video＞标签同样允许包含多个＜source＞标签,这里不再赘述。

7.2.4　HTML 5 多媒体 API

HTML 5 中提供了 Video 和 Audio 对象,用于控制视频或音频的回放及当前状态等信息,Video 和 Audio 对象的相似度非常高,区别在于所占屏幕空间不同,但属性与方法基本相同。Video 和 Audio 对象常用的属性见表 7-8。

表 7-8　Video 和 Audio 对象常用的属性

属　性	描　述
autoplay	用于设置或返回是否在就绪(加载完成)后随即播放音频
controls	用于设置或返回视频(音频)是否应该显示控件(比如播放/暂停等)
currentSrc	返回当前视频或(音频)的 URL

182

续表

属　性	描　述
currentTime	用于设置或返回视频(音频)中的当前播放位置(以秒计)
duration	返回视频(音频)的总长度(以秒计)
defaultMuted	用于设置或返回视频(音频)默认是否静音
muted	用于设置或返回是否关闭声音
ended	返回视频(音频)的播放是否已结束
readyState	返回视频(音频)当前的就绪状态
paused	用于设置或返回视频(音频)是否暂停
volume	用于设置或返回视频(音频)的音量
loop	用于设置或返回视频(音频)是否应在结束时再次播放
networkState	返回视频(音频)的当前网络状态
src	用于设置或返回视频(音频)的 src 属性的值

Video 和 Audio 对象常用的方法见表 7-9。

表 7-9　Video 和 Audio 对象常用的方法

方　法	描　述
play()	开始播放视频(音频)
pause()	暂停当前播放的视频(音频)
load()	重新加载视频(音频)元素
canPlayType()	检查浏览器是否能够播放指定的视频(音频)类型
addTextTrack()	向视频(音频)添加新的文本轨道

【例 7-5】　使用 Video 对象创建一个自定义视频播放器,播放器包括"开始播放"/"暂停播放"按钮、播放进度信息和"静音"/"取消静音"按钮,本例文件 7-5.html 在浏览器中的显示效果如图 7-5 所示。

图 7-5　例 7-5 的页面显示效果

代码如下:

```
<!doctype html>
<html>
```

183

```html
<head>
    <meta charset="gb2312">
    <title>使用 Video 对象自定义视频播放器</title>
<body>
    <div id="videoDiv">
        <video id="myVideo" controls>
            <source src="video/movie.mp4" type="video/mp4" />
            <source src="video/movie.webm" type="video/webm" />
            <source src="video/movie.ogg" type="video/ogg" />
            您的浏览器不支持<video />标签
        </video>
    </div>
    <div id="controlBar">
      <input id="videoPlayer" type="button" value="开始播放" />
        <input id="videoInfo" type="text" disabled style="width: 70px"/>
        <input id="videoVoice" type="button" value="静音" />
    </div>
    <script type="text/javascript">
        var myVideo=document.getElementById("myVideo");
        var videoPlayer=document.getElementById("videoPlayer");
        var videoVoice=document.getElementById("videoVoice");
        var videoInfo=document.getElementById("videoInfo");
        //播放/暂停按钮
        videoPlayer.onclick=function(){
            if(myVideo.paused){
                myVideo.play();
                videoPlayer.value="暂停播放";
            }else{
                myVideo.pause();
                videoPlayer.value="开始播放";
            }
        };
        //视频播放时,播放进度信息同步
        myVideo.ontimeupdate=function(){
            var currentTime=myVideo.currentTime.toFixed(2);
            var totalTime=myVideo.duration.toFixed(2);
            videoInfo.value=currentTime+"/"+totalTime;
        };
        //静音或取消静音
        videoVoice.onclick=function(){
            if(!myVideo.muted){
                videoVoice.value="取消静音";
                myVideo.muted=true;
            }else{
                videoVoice.value="静音";
                myVideo.muted=false;
            }
```

```
            };
        </script>
    </body>
</html>
```

【说明】　本例中显示的播放进度信息包括当前播放时间和总播放时间,二者都保留了两位小数,实现的方法是使用 toFixed()方法将数字四舍五入为指定小数位数的数字。

7.3　Canvas 绘图

HTML 5 的<canvas>元素有一个基于 JavaScript 的绘图 API,在页面上放置一个<canvas>元素就相当于在页面上放置了一块“画布”,可以在其中进行图形的描绘。<canvas>元素拥有多种绘制路径、矩形、圆形、字符以及添加图像的方法,设计者可以控制其每一像素。

7.3.1　创建<canvas>元素

<canvas>元素的主要属性是画布宽度属性 width 和高度属性 height,单位是像素。向页面中添加<canvas>元素的语法格式如下:

<canvas id="画布标识" width="画布宽度" height="画布高度">

**　…**

</canvas>

<canvas>看起来很像<img>,唯一不同就是它不包含 src 和 alt 属性。如果不指定 width 和 height 属性值,默认的画布大小是宽 300 像素,高 150 像素。

例如,创建一个标识为 myCanvas,宽度为 200 像素,高度为 100 像素的<canvas>元素,代码如下:

```
<canvas id="myCanvas" width="200" height="100"></canvas>
```

7.3.2　构建绘图环境

大多数<canvas>绘图 API 都没有定义在<canvas>元素本身上,而是定义在通过画布的 getContext()方法获得的一个“绘图环境”对象上。getContext()方法返回一个用于在画布上绘图的环境,其语法格式如下:

canvas.getContext(contextID)

参数 contextID 指定了用户想要在画布上绘制的类型。2D 即二维绘图,这个方法返回一个上下文对象 CanvasRenderingContext2D,该对象导出一个二维绘图 API。

185

7.3.3　通过 JavaScript 绘制图形

<canvas>元素只是图形容器,其本身是没有绘图能力的,所有的绘制工作必须在 JavaScript 内部完成。

在画布上绘图的核心是上下文对象 CanvasRenderingContext2D,用户可以在 JavaScript 代码中使用 getContext()方法渲染上下文进而在画布上显示形状和文本。

JavaScript 使用 getElementById 方法通过 canvas 的 id 定位 canvas 元素,代码如下:

```
var myCanvas=document.getElementById('myCanvas');
```

然后创建 context 对象,代码如下:

```
var myContext=myCanvas.getContext("2d");
```

getContext()方法使用一个上下文作为其参数,以便程序就可以调用各种绘图方法。表 7-10 列出了渲染上下文对象的常用方法。

表 7-10　渲染上下文对象的常用方法

方　　法	描　　述
fillRect()	绘制一个填充的矩形
strokeRect()	绘制一个矩形轮廓
clearRect()	清除画布的矩形区域
lineTo()	绘制一条直线
arc()	绘制圆弧或圆
moveTo()	当前绘图点移动到指定位置
beginPath()	开始绘制路径
closePath()	标记路径绘制操作结束
stroke()	绘制当前路径的边框
fill()	填充路径的内部区域
fillText()	在画布上绘制一个字符串
createLinearGradient()	创建一条线性颜色渐变
drawImage()	把一幅图像放置到画布上

需要说明的是,canvas 画布的左上角为坐标原点(0,0)。

1. 绘制矩形

1) 绘制填充的矩形

fillRect()方法用来绘制填充的矩形,语法格式如下:

```
fillRect(x, y, weight, height)
```

其中的参数含义如下。

x，y：矩形左上角的坐标。

weight，height：矩形的宽度和高度。

【说明】　fillRect()方法使用 fillStyle 属性所指定的颜色、渐变和模式来填充指定的矩形。

2）绘制矩形轮廓

strokeRect()方法用来绘制矩形的轮廓，语法格式如下：

```
strokeRect(x, y, weight, height)
```

其中的参数含义如下。

x，y：矩形左上角的坐标。

weight，height：矩形的宽度和高度。

【说明】　strokeRect()方法按照指定的位置和大小绘制一个矩形的边框（但并不填充矩形的内部），线条颜色和线条宽度由 strokeStyle 和 lineWidth 属性指定。

【例 7-6】　绘制填充的矩形和矩形轮廓，本例文件 7-6. html 在浏览器中的显示效果如图 7-6 所示。

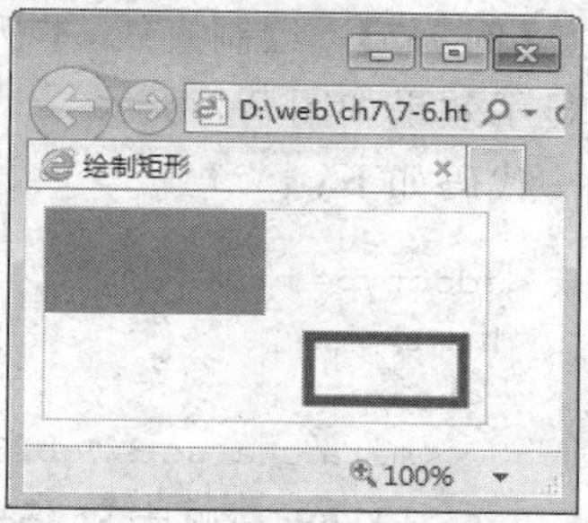

代码如下：

图 7-6　例 7-6 的页面显示效果

```
<!doctype html>
<html>
  <head>
    <meta charset="gb2312">
    <title>绘制矩形</title>
  </head>
<body>
  <canvas id="myCanvas" width="200" height="100" style="border: 1px solid
    #c3c3c3;">
    您的浏览器不支持 canvas 元素
  </canvas>
  <script type="text/javascript">
    var c=document.getElementById("myCanvas");      //获取画布对象
    var cxt=c.getContext("2d");                     //获取画布上绘图的环境
    cxt.fillStyle="#ff0000";                        //设置填充颜色
    cxt.fillRect(0,0,100,50);                       //绘制填充矩形
    cxt.strokeStyle="#0000ff";                      //设置轮廓颜色
    cxt.lineWidth="5";                              //设置轮廓线条宽度
    cxt.strokeRect(120,60,70,30);                   //绘制矩形轮廓
  </script>
  </body>
</html>
```

2. 绘制路径

(1) lineTo()方法。lineTo()方法用来绘制一条直线，语法格式如下：

```
lineTo(x, y)
```

187

其中的参数含义如下。

x, y：直线终点的坐标。

【说明】　lineTo()方法为当前子路径添加一条直线。这条直线从当前点开始，到(x,y)结束。当方法返回时，当前点是(x,y)。

（2）moveTo()方法。在绘制直线时，通常配合 moveTo()方法设置绘制直线的当前位置并开始一条新的子路径，其语法格式如下：

```
moveTo(x, y)
```

其中的参数含义如下。

x, y：新的当前点的坐标。

【说明】　moveTo()方法将当前位置设置为(x, y)并用它作为第一点创建一条新的子路径。如果之前有一条子路径并且它包含刚刚的那一点，那么从路径中删除该子路径。

【例 7-7】　绘制直线，本例文件 7-7. html 在浏览器中的显示效果如图 7-7 所示。

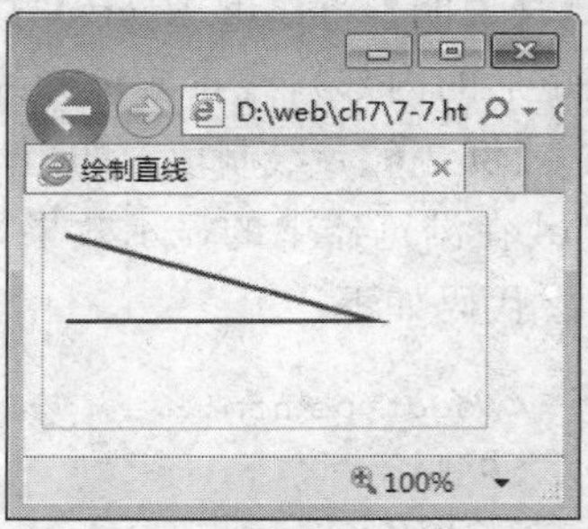

代码如下：

图 7-7　例 7-7 的页面显示效果

```html
<!doctype html>
<html>
  <head>
    <meta charset="gb2312">
    <title>绘制直线</title>
  </head>
  <body>
    <canvas id="myCanvas" width="200" height="100" style="border: 1px solid
    #c3c3c3;">
      您的浏览器不支持 canvas 元素
    </canvas>
    <script type="text/javascript">
    var c=document.getElementById("myCanvas");        //获取画布对象
    var cxt=c.getContext("2d");                       //获取画布上绘图的环境
    cxt.moveTo(10,10);                                //定位绘图起点
    cxt.strokeStyle="#0000ff";                        //设置线条颜色
    cxt.lineWidth="2";                               //设置线条宽度
    cxt.lineTo(150,50);                               //第一条直线的终点坐标
    cxt.lineTo(10,50);                                //第二条直线的终点坐标
    cxt.stroke();                                     //绘制当前路径的边框
    </script>
  </body>
</html>
```

【说明】　本例中使用了 moveTo()方法指定了绘制直线的起点位置，lineTo()方法接受直线的终点坐标，最后 stroke()方法完成绘图操作。

当用户要绘制一个路径封闭的图形时，需要使用 beginPath()方法初始化绘制路径和

closePath()方法标记路径绘制操作结束。

（3）beginPath()方法。其语法格式如下：

beginPath()

【说明】　beginPath()方法丢弃任何当前定义的路径并且开始一条新的路径,并把当前的点设置为(0,0)。当第一次创建画布的环境时,beginPath()方法会被显式地调用。

（4）closePath()方法。其语法格式如下：

closePath()

【说明】　closePath()方法用来关闭一条打开的子路径。如果画布的子路径是打开的,closePath()方法通过添加一条线条连接当前点和子路径起始点来关闭它;如果子路径已经闭合了,这个方法不做任何事情。一旦子路径闭合,就不能再为其添加更多的直线或曲线了;如果要继续向该路径添加直线或曲线,需要调用 moveTo()方法开始一条新的子路径。

【例 7-8】　绘制一个三角形,本例文件 7-8.html 在浏览器中的显示效果如图 7-8 所示。

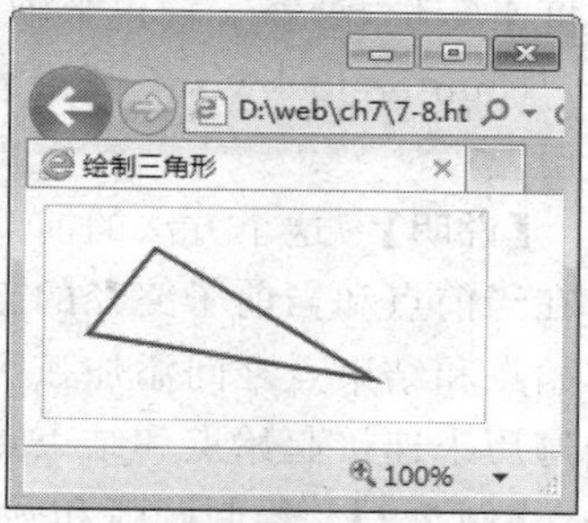

代码如下：

图 7-8　例 7-8 的页面显示效果

```html
<!doctype html>
<html>
  <head>
    <meta charset="gb2312">
    <title>绘制三角形</title>
  </head>
<body>
  <canvas id="myCanvas" width="200" height="100" style="border: 1px solid
    #c3c3c3;">
      您的浏览器不支持 canvas 元素
  </canvas>
  <script type="text/javascript">
    var c=document.getElementById("myCanvas");
    var cxt=c.getContext("2d");          //获取画布对象
    cxt.strokeStyle="#0000ff";           //获取画布上绘图的环境
    cxt.lineWidth="2";                   //设置线条颜色
    cxt.beginPath();                     //设置线条宽度
    cxt.moveTo(50,20);                   //定位绘图起点
    cxt.lineTo(150,80);                  //第一条直线的终点坐标
    cxt.lineTo(20,60);                   //第二条直线的终点坐标
    cxt.closePath();                     //封闭路径,使第一条直线的起点坐标与第二条直
                                         //线的终点坐标闭合
    cxt.stroke();                        //绘制当前路径的边框
  </script>
</body>
</html>
```

【说明】 本例中使用 beginPath()方法初始化路径,第一次使用 moveTo()方法改变当前绘画位置到(50,20),接着使用两次 lineTo()方法绘制三角形的两边,最后使用 closePath()关闭路径形成三角形的第三边。

3. 绘制圆弧或圆

arc()方法使用一个中心点和半径,为一个画布的当前子路径添加一条弧,语法格式如下:

arc(x, y, radius, startAngle, endAngle, counterclockwise)

其中的参数含义如下。

x,y:描述弧的圆形的圆心坐标。

radius:描述弧的圆形的半径。

startAngle,endAngle:沿着圆指定弧的开始点和结束点的一个角度。这个角度用弧度来衡量,沿着 x 轴正半轴的三点钟方向的角度为 0,角度沿着逆时针方向而增加。

counterclockwise:弧沿着圆周的逆时针方向(TRUE)还是顺时针方向(FALSE)遍历。

【说明】 这个方法的前 5 个参数指定了圆周的一个起始点和结束点。调用这个方法会在当前点和当前子路径的起始点之间添加一条直线。接下来,它沿着圆周在子路径的起始点和结束点之间添加弧。最后一个 counterclockwise 参数指定了圆应该沿着哪个方向遍历来连接起始点和结束点。

【例 7-9】 绘制圆弧和圆,本例文件 7-9. html 在浏览器中的显示效果如图 7-9 所示。

代码如下:

图 7-9　例 7-9 的页面显示效果

```
<!doctype html>
<html>
  <head>
    <meta charset="gb2312">
    <title>绘制圆弧和圆</title>
  </head>
<body>
  <canvas id="myCanvas" width="200" height="100" style="border: 1px solid
    #c3c3c3;">
    您的浏览器不支持 canvas 元素
  </canvas>
  <script type="text/javascript">
    var c=document.getElementById("myCanvas");        //获取画布对象
    var cxt=c.getContext("2d");                        //获取画布上绘图的环境
    cxt.fillStyle="#ff0000";                           //设置填充颜色
    cxt.beginPath();                                   //初始化路径
    cxt.arc(60,50,20,0,Math.PI * 2,true);              //逆时针方向绘制填充的圆
    cxt.closePath();                                   //封闭路径
    cxt.fill();                                        //填充路径的内部区域
```

190

```
        cxt.beginPath();                          //初始化路径
        cxt.arc(140,40,20,0,Math.PI,true);        //逆时针方向绘制填充的圆弧
        cxt.closePath();                          //封闭路径
        cxt.fill();                               //填充路径的内部区域
        cxt.beginPath();                          //初始化路径
        cxt.arc(140,60,20,0,Math.PI,false);       //顺时针绘制圆弧的轮廓
        cxt.closePath();                          //封闭路径
        cxt.stroke();                             //绘制当前路径的边框
    </script>
  </body>
</html>
```

【说明】　本例中使用 fill()方法绘制填充的圆弧和圆,如果只是绘制圆弧的轮廓而不填充,则使用 stroke()方法完成绘制。

4. 绘制文字

(1) 绘制填充文字。fillText()方法用于填充方式绘制字符串,语法格式如下:

fillText(text,x,y,[maxWidth])

其中的参数含义如下。

text:表示绘制文字的内容。

x, y:绘制文字的起点坐标。

maxWidth:可选参数,表示显示文字的最大宽度,可以防止溢出。

(2) 绘制轮廓文字。strokeText()方法用于轮廓方式绘制字符串,语法格式如下:

strokeText(text,x,y,[maxWidth])

该方法的参数部分的解释与 fillText()方法相同。

fillText()方法和 strokeText()方法的文字属性设置如下。

font:字体。

textAlign:水平对齐方式。

textBaseline:垂直对齐方式。

【例 7-10】　绘制填充文字和轮廓文字,本例文件 7-10.html在浏览器中的显示效果如图 7-10 所示。代码如下:

图 7-10　例 7-10 的页面显示效果

```
< !doctype html>
<html>
  <head>
    <meta charset="gb2312">
    <title>绘制文字</title>
  </head>
<body>
    < canvas id="myCanvas" width="200" height="100" style="border: 1px solid
      #c3c3c3;">
```

191

```
      您的浏览器不支持 canvas 元素
</canvas>
<script type="text/javascript">
  var c=document.getElementById("myCanvas");        //获取画布对象
  var cxt=c.getContext("2d");                        //获取画布上绘图的环境
  cxt.fillStyle="#ff0000";                           //设置填充颜色
  cxt.font='16pt 黑体';
  cxt.fillText('画布上绘制的文字', 10, 30);          //绘制填充文字
  cxt.strokeStyle="#0000ff";                         //设置线条颜色
  cxt.shadowOffsetX=5;                               //设置阴影向右偏移 5 像素
  cxt.shadowOffsetY=5;                               //设置阴影向下偏移 5 像素
  cxt.shadowBlur=10;                                 //设置阴影模糊范围
  cxt.shadowColor='black';                           //设置阴影的颜色
  cxt.lineWidth="1";                                 //设置线条宽度
  cxt.font='40pt 黑体';
  cxt.strokeText('宇宙', 40, 80);                    //绘制轮廓文字
</script>
</body>
</html>
```

【说明】 本例中的填充文字使用的是默认的渲染属性,轮廓文字使用了阴影渲染属性,这些属性同样适用于其他图形。

5. 绘制渐变

1) 绘制线性渐变

createLinearGradient()方法用于创建一条线性颜色渐变,语法格式如下：

createLinearGradient(xStart, yStart, xEnd, yEnd)

其中的参数含义如下。

xStart,yStart：渐变的起始点的坐标。

xEnd,yEnd：渐变的结束点的坐标。

【说明】 该方法创建并返回了一个新的 CanvasGradient 对象,它在指定的起始点和结束点之间线性地内插颜色值。这个方法并没有为渐变指定任何颜色,用户可以使用返回对象的 addColorStop()来实现这个功能。要使用一个渐变来勾勒线条或填充区域,只需要把 CanvasGradient 对象赋给 strokeStyle 属性或 fillStyle 属性即可。

2) 绘制径向渐变

（1）createRadialGradient()方法用于创建一条放射颜色渐变,语法格式如下：

createRadialGradient(xStart, yStart, radiusStart, xEnd, yEnd, radiusEnd)

其中的参数含义如下。

xStart,yStart：开始圆的圆心坐标。

radiusStart：开始圆的半径。

xEnd,yEnd：结束圆的圆心坐标。

radiusEnd：结束圆的半径。

【说明】　该方法创建并返回了一个新的 CanvasGradient 对象，该对象在两个指定圆的圆周之间放射性地插值颜色。这个方法并没有为渐变指定任何颜色，用户可以使用返回对象的 addColorStop() 方法来实现这个功能。要使用一个渐变来勾勒线条或填充区域，只需要把 CanvasGradient 对象赋给 strokeStyle 属性或 fillStyle 属性即可。

（2）addColorStop() 方法在渐变中的某一点添加一个颜色变化，语法格式如下：

addColorStop(offset, color)

其中的参数含义如下。

offset：这是一个范围在 0.0 到 1.0 的浮点值，表示渐变的开始点和结束点之间的偏移量。offset 为 0 对应开始点，offset 为 1 对应结束点。

color：指定 offset 显示的颜色，沿着渐变某一点的颜色是根据这个值以及任何其他的颜色色标来插值的。

【例 7-11】　绘制线性渐变和径向渐变，本例文件 7-11.html 在浏览器中的显示效果如图 7-11 所示。

代码如下：

图 7-11　例 7-11 的页面显示效果

```
<!doctype html>
<html>
  <head>
    <meta charset="gb2312">
    <title>绘制渐变</title>
  </head>
  <body>
    <canvas id="myCanvas" width="200" height="100" style="border: 1px solid
      #c3c3c3;">
      您的浏览器不支持 canvas 元素
    </canvas>
    <script type="text/javascript">
      var c=document.getElementById("myCanvas");
      var cxt=c.getContext("2d");
      var grd=cxt.createLinearGradient(10,0,180,30);              //绘制线性渐变
      grd.addColorStop(0,"#00ff00");                              //渐变起点
      grd.addColorStop(1,"#0000ff");                              //渐变结束点
      cxt.fillStyle=grd;
      cxt.fillRect(10,0,180,30);
      var radgrad=cxt.createRadialGradient(100,70,1,100,70,30);   //绘制径向渐变
      radgrad.addColorStop(0,"#00ff00");                         //渐变起点
      radgrad.addColorStop(0.9,"#0000ff");                       //渐变偏移量
      radgrad.addColorStop(1,"#ffffff");                         //渐变结束点
      cxt.fillStyle=radgrad;
      cxt.fillRect(70,40,60,60);
    </script>
  </body>
</html>
```

6. 绘制图像

canvas 相当有趣的一项功能就是可以引入图像,它可以用于图片合成或者制作背景等。只要是 Gecko 排版引擎支持的图像(如 PNG、GIF、JPEG 等)都可以引入 canvas 中,并且其他的 canvas 元素也可以作为图像的来源。

用户可以使用 drawImage()方法在一个画布上绘制图像,也可以将源图像的任意矩形区域缩放或绘制到画布上,语法格式如下。

格式 1:

```
drawImage(image, x, y)
```

格式 2:

```
drawImage(image, x, y, width, height)
```

格式 3:

```
drawImage(image,sourceX,sourceY,sourceWidth,sourceHeight,destX,destY,
    destWidth,destHeight)
```

drawImage()方法有 3 种格式。格式 1 把整个图像复制到画布,将其放置到指定点的左上角,并且将每个图像像素映射成画布坐标系统的一个单元;格式 2 把整个图像复制到画布,但是允许用户用画布单位来指定想要图像的宽度和高度;格式 3 则是完全通用的,它允许用户指定图像的任何矩形区域并复制它,对画布中的任何位置都可进行任何的缩放。

其中的参数含义如下。

image:所要绘制的图像。

x,y:要绘制图像左上角的坐标。

width,height:图像实际绘制的尺寸,指定这些参数使图像可以缩放。

sourceX,sourceY:图像所要绘制区域的左上角。

sourceWidth,sourceHeight:图像所要绘制区域的大小。

destX,destY:所要绘制的图像区域的左上角的画布坐标。

destWidth,destHeight:图像区域所要绘制的画布大小。

【例 7-12】 绘制图像。页面中依次绘制了 5 幅图像,分别实现了原图绘制、图像缩小、图像裁剪、裁剪区域的放大和裁剪区域的缩小效果,本例文件 7-12. html 在浏览器中的显示效果如图 7-12 所示。

代码如下:

```
<!doctype html>
<html>
  <head>
    <meta charset="gb2312">
    <title>绘制图像</title>
  </head>
```

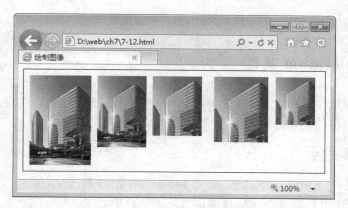

图 7-12　例 7-12 的页面显示效果

```
<body>
  <canvas id="myCanvas" width="490" height="170" style="border: 1px solid
  #000">
    您的浏览器不支持 canvas 元素
  </canvas>
  <script type="text/javascript">
    var width=80;
    var height=100;
    var c=document.getElementById("myCanvas");
    var cxt=c.getContext("2d");
    var img=new Image();
    img.src="images/build.jpg";
    cxt.drawImage(img,10,10);              //绘制一幅图像
    cxt.drawImage(img,120,10,80,120);      //绘制一幅图像,并可以调整其宽度与高度
    cxt.drawImage(img,10,10,width,height,210,10,width,height);
                                           //从原图中进行裁剪,并进行绘制
    cxt.drawImage(img,10,10,width,height,310,10,width * 1.1,height * 1.1);
                                           //将裁剪的区域进行放大
    cxt.drawImage(img,10,10,width,height,410,10,width * 0.8,height * 0.8);
                                           //将裁剪的区域进行缩小
  </script>
</body>
</html>
```

canvas 绘画功能非常强大,除了以上所讲的基本绘画方法之外,还包括设置 canvas 绘图样式、canvas 画布处理、canvas 中图形图像的组合和 canvas 动画等功能。由于篇幅所限,本书未能涵盖所有的知识点,读者可以自学其他相关的内容。

7.4　HTML 5 地理定位 API

地理定位(Geolocation)就是确定某个设备或用户在地球上所处位置的过程。地理定位是 HTML 5 中非常重要的新功能。使用地理定位 API 将会得到一对经纬度值,显

示用户所在的位置。

7.4.1　Geolocation 基础

在学习地理定位 API 之前,首先要测试用户的浏览器是否支持地理定位 API,其次还要了解地理定位的实现方法。

1. 浏览器支持

IE 9、Firefox、Chrome、Safari 以 及 Opera 浏览器都支持地理定位,可以使用 JavaScript 来验证浏览器是否支持地理定位 API。代码如下:

```
if(navigator.geolocation){
    //支持地理定位 API 时执行的代码
    //navigator.geolocation 调用浏览器的地理位置接口
}else{
    //不支持地理定位 API 时执行的代码
}
```

2. 地理定位的实现方法

目前,网站可以使用 3 种方法来确定浏览者的地理位置。

(1) 通过 IP 地址定位。所有面向公众网络的 IP 地址及其纬度/经度(latitude/longitude)位置都被存储在数据库中。一旦网站获得了浏览者的 IP 地址,通过一个简单的查询就可以粗略地确定浏览者所在的地理位置。根据所使用设备的质量,可以在几米的半径范围内识别浏览者所在的位置。

(2) 全球定位系统 GPS。全球定位系统 GPS 是一个由 24 颗地球轨道卫星组成的系统,GPS 向这些卫星发送一条消息,利用发送和接收该消息的时间,就可以以数米半径的精度,确定信息发送者的纬度和经度。对于需要精确定位的开发人员来说,GPS 是一个理想的解决方案。

(3) 蜂窝电话基站的位置定位。这种地理定位的方法是根据蜂窝电话基站的位置进行三角定位,尽管有时不完全精确,但该方法可以快速地定位用户的位置。

7.4.2　Geolocation API 实现地理定位

无论采用上述哪种定位技术,HTML 5 都可以采用它进行定位。

1. HTML 5 中地理位置定位的方法

Geolocation API 存在于 navigator 对象中,只包含 3 种方法。

- getCurrentPosition():获得当前位置。
- watchPosition():获得监视位置。
- clearWatch():进行清除监视。

具体介绍如下。

（1）getCurrentPosition（）方法。要获取地理位置，Geolocation API 提供了两种模式：单次获得和重复获得地理位置。单次获得地理位置使用 getCurrentPosition（）方法，语法格式如下：

getCurrentPosition(success,error,option)

该方法最多可以有 3 个参数。

① success：成功获取位置信息的回调函数，它是方法唯一必需的参数。

② error：用于捕获获取位置信息出错的情况。

③ option：第三个参数是配置项，该对象影响了获取位置时的一些细节。

如果获得地理位置成功，则 getCurrentPosition（）方法返回位置对象，包含以下属性，见表 7-11。

表 7-11 位置对象的属性

属　　性	描　　述
coords. latitude	十进制数的纬度
coords. longitude	十进制数的经度
coords. accuracy	位置精度
coords. altitude	海拔高度，海平面以上以米计
coords. altitudeAccuracy	位置的海拔精度
coords. heading	方向，从正北开始以度计
coords. speed	速度，以米/秒计
timestamp	响应的日期/时间

（2）watchPosition（）方法。watchPosition（）方法的参数与 getCurrentPosition（）方法的参数相同，用于返回用户的当前位置，并继续返回用户移动时的更新位置。

watchPosition（）方法和 getCurrentPosition（）方法的主要区别是它会持续告诉用户位置的改变，所以基本上它一直在更新用户的位置。当用户在移动时，这个功能会非常有利于追踪用户的位置。

（3）clearWatch（）方法。clearWatch（）方法用于停止 watchPosition（）方法。

2. 在地图上显示浏览者的位置

HTML 5 提供了地理位置信息的 API，通过浏览器来获取用户当前位置。基于此特性可以开发基于位置的定位服务。在获取地理位置信息时，首先浏览器都会向用户询问是否愿意共享其位置信息，待用户同意后才能使用。

【例 7-13】 测试浏览者的位置。单击页面中的"试一下"按钮，弹出对话框询问用户是否共享位置信息；用户同意后，页面中显示出用户所在的经度与纬度，本例文件 7-13. html 在浏览器中的显示效果如图 7-13 和图 7-14 所示。

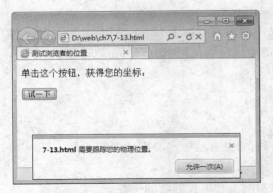
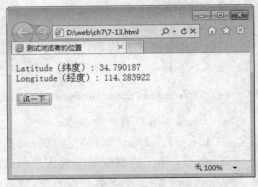

图 7-13　浏览器询问用户是否共享位置信息　　　图 7-14　获取用户的纬度与经度

代码如下：

```html
<html>
  <head>
    <title>测试浏览者的位置</title>
  </head>
  <body>
    <p id="demo">单击这个按钮,获得您的坐标: </p>
    <button onclick="getLocation()">试一下</button>
    <script>
      var x=document.getElementById("demo");
      function getLocation(){
        if (navigator.geolocation){
          navigator.geolocation.getCurrentPosition(showPosition);
        }
        else{
          x.innerHTML="Geolocation is not supported by this browser.";
        }
      }
      function showPosition(position){
        x.innerHTML="Latitude(纬度): "+position.coords.latitude+"<br />
          Longitude(经度): "+position.coords.longitude;
      }
    </script>
  </body>
</html>
```

【例 7-14】　HTML 5 获取地理位置及百度地图展示实例。页面打开后弹出对话框询问用户是否共享位置信息；用户同意后,页面中显示出用户在百度地图中的位置,并用红色标记标注出来。本例文件 7-14.html 在浏览器中的显示效果如图 7-15 所示。

代码如下：

```html
<html>
  <head>
```

图 7-15　HTML 5 获取地理位置及百度地图展示

```
<meta charset="gb2312">
<title>地理位置测试</title>
<script type="text/javascript" src="http: //api.map.baidu.com/api?v=
1.3"></script>
<script type="text/javascript" src="http: //developer.baidu.com/map/
jsdemo/demo/convertor.js">
</script>
<script type="text/javascript">
    var map;
    var gpsPoint;
    var baiduPoint;
    var gpsAddress;
    var baiduAddress;
    function getLocation() {
        //根据 IP 获取城市
        var myCity=new BMap.LocalCity();
        myCity.get(getCityByIP);
        //获取 GPS 坐标
        if (navigator.geolocation) {
            navigator.geolocation.getCurrentPosition(showMap, handleError,
            { enableHighAccuracy: true, maximumAge: 1000 });
        } else {
            alert("您的浏览器不支持使用 HTML 5 来获取地理位置服务");
        }
    }
    function showMap(value) {
        var longitude=value.coords.longitude;
```

199

```
        var latitude=value.coords.latitude;
        map=new BMap.Map("map");
        //alert("坐标经度为: "+latitude+", 纬度为: "+longitude);
        gpsPoint=new BMap.Point(longitude, latitude);      //创建点坐标
        map.centerAndZoom(gpsPoint, 15);
        //根据坐标逆解析地址
        var geoc=new BMap.Geocoder();
        geoc.getLocation(gpsPoint, getCityByCoordinate);
        BMap.Convertor.translate(gpsPoint, 0, translateCallback);
    }
    translateCallback=function (point) {
        baiduPoint=point;
        var geoc=new BMap.Geocoder();
        geoc.getLocation(baiduPoint, getCityByBaiduCoordinate);
    }
    function getCityByCoordinate(rs) {
        gpsAddress=rs.addressComponents;
        var address="GPS 标注: "+gpsAddress.province+","+gpsAddress.city+
          ","+gpsAddress.district+","+gpsAddress.street+","+gpsAddress.
          streetNumber;
        var marker=new BMap.Marker(gpsPoint);     //创建标注
        map.addOverlay(marker);                         //将标注添加到地图中
        var labelgps=new BMap.Label(address, {offset: new BMap.Size(20,
          -10)});
        marker.setLabel(labelgps);                   //添加 GPS 标注
    }
    function getCityByBaiduCoordinate(rs) {
        baiduAddress=rs.addressComponents;
        var address="百度标注: "+baiduAddress.province+","+baiduAddress.
          city+","+baiduAddress.district+","+baiduAddress.street+
          ","+baiduAddress.streetNumber;
        var marker=new BMap.Marker(baiduPoint);   //创建标注
        map.addOverlay(marker);                         //将标注添加到地图中
        var labelbaidu=new BMap.Label(address, {offset: new BMap.Size(20,
          -10)});
        marker.setLabel(labelbaidu);                 //添加百度标注
    }
    //根据 IP 获取城市
    function getCityByIP(rs) {
        var cityName=rs.name;
        alert("根据 IP 定位您所在的城市为: "+cityName);
    }
    function handleError(value) {
        switch (value.code) {
            case 1:
                alert("位置服务被拒绝");
                break;
```

```
        case 2:
            alert("暂时获取不到位置信息");
            break;
        case 3:
            alert("获取信息超时");
            break;
        case 4:
            alert("未知错误");
            break;
        }
    }
    function init() {
        getLocation();
    }
    window.onload=init;
</script>
</head>
<body>
    <h3>您在百度地图中的位置：</h3>
    <div id="map" style="width: 800px;height: 800px;"></div>
</body>
</html>
```

【说明】　测试实例包含以下功能。

(1) 通过 IP 地址获取城市地址(并不一定完全准确,存在代理 IP 或 IP 中转时定位与实际位置不一致的情况)。

(2) 通过浏览器及 GPS 定位位置坐标。

(3) 根据位置坐标转换百度地图坐标。

(4) 根据位置坐标逆推城市具体地址功能(有时存在一定误差)。

(5) 通过使用百度 API 展示地理位置及添加标注功能。

7.5　HTML 5 的发展前景

HTML 5 在快速地成长,值得所有人密切关注。随着 Flash 的落幕,HTML 5 技术已经取代了 Flash 在移动设备的地位,已经成为移动平台唯一的标准。其实,HTML 5 的时代才刚刚开始,HTML 5 的标准在不断完善中,对 HTML 5 的支持和应用也刚开始受到关注。

HTML 5 是革命性的,它强化了 Web 网页的表现性能。其次,HTML 5 追加了本地数据库等 Web 应用的功能。在 HTML 5 平台上,视频、音频、图像、动画以及网页的交互都被标准化,HTML 5 将成为一种最基本的"互联网语言"。

HTML 5 最强大的生命力体现在其破除了应用在不同操作系统和机型之间的障碍,具有巨大的跨平台优势。这就意味着,基于 HTML 5 的开发应用,可以在搭载不同操作系统的终端上运行，这对广大开发者来说绝对是一个福音。再加上其应用的广泛性，可以便捷地完成目前所需的各种应用，包括支持文字、图片、视频、游戏，且不需要任何插件的帮助。

随着 Google、Apple 等创新公司的发展，HTML 5 技术将同 Google Chrome、Google Android 移动操作系统、Apple iOS 等日渐成为发展的趋势。互联网巨头脸谱网倾向于 HTML 5＋CSS 3＋jQuery，苹果掌握 Apple iOS，Google 强推 Android，而这些都与 HTML 5 密切相关。可以预见，HTML 5 的出现，将迎来互联网"大一统"的时代。

习　　题

1. 使用 HTML 5 拖放 API 实现购物车拖放效果，如图 7-16 所示。

图 7-16　题 1 图

2. 使用＜video＞标签播放视频，如图 7-17 所示。
3. 使用 Canvas 元素绘制圆饼图，如图 7-18 所示。

图 7-17　题 2 图

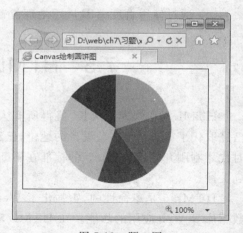

图 7-18　题 3 图

4. 使用 Geolocation API 实现地理定位,首先测试浏览器是否支持地理定位,如果支持则弹出消息框显示支持的信息;单击“确定”按钮后,再次弹出消息框显示当前位置的经度与纬度,如图 7-19 所示。

 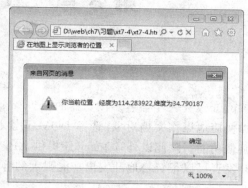

图 7-19　题 4 图

第 8 章　jQuery 基础

jQuery 是一个兼容多浏览器的 JavaScript 库,利用 jQuery 的语法设计可以使开发者更加便捷地操作文档对象、选择 DOM 元素、制作动画效果、进行事件处理、使用 Ajax 以及其他功能。除此以外,jQuery 还提供 API 允许开发者编写插件。其模块化的使用方式使开发者可以很轻松地开发出功能强大的静态或动态网页。

8.1　jQuery 概述

8.1.1　什么是 jQuery

JavaScript 语言是 Web 前端语言发展过程中的一个重要里程碑,其实时性、跨平台、简单易用的特点决定了其在 Web 前端设计中的重要地位。随着浏览器种类的推陈出新,JavaScript 对浏览器的兼容性受到了极大挑战,2006 年 1 月,美国 John Resing 创建了一个基于 JavaScript 的开源框架——jQuery。与 JavaScript 相比,jQuery 具有代码高效、浏览器兼容性更好等特征,极大地简化了对 DOM 对象、事件处理、动画效果以及 Ajax 等操作。

jQuery 是继 Prototype 之后又一个优秀的 JavaScript 库。它是轻量级的 JS 库,兼容 CSS 3,还兼容各种浏览器(IE 6.0+、FF 1.5+、Safari 2.0+、Opera 9.0+)。jQuery 使用户能够更加方便地处理 HTML、事件,实现动画效果,并且方便地为网站提供 Ajax 交互。

8.1.2　jQuery 的特点

jQuery 的设计理念是"写更少,做更多"(Write Less,Do More),是一种将 JavaScript、CSS、DOM、Ajax 等特征集于一体的强大框架,通过简单的代码来实现各种页面特效。

jQuery 的特点如下。

(1) 访问和操作 DOM 元素。jQuery 中封装了大量的 DOM 操作,可以非常方便地获取或修改页面中的某个元素,包含元素的移动、复制、删除等操作。

(2) 强大的选择器。jQuery 允许开发人员使用 CSS 1~CSS 3 所有的选择器,方便快捷地控制元素的 CSS 样式,并很好地兼容各种浏览器。

（3）可靠的事件处理机制。使用 jQuery 将表现层与功能相分离，可靠的事件处理机制让开发者更多专注于程序的逻辑设计；在预留退路、循序渐进以及非入侵式方面，jQuery 表现得非常优秀。

（4）完善的 Ajax 操作。Ajax 异步交互技术极大方便了程序的开发，提高了浏览者的体验度；在 jQuery 库中将 Ajax 操作封装到一个函数 $.ajax() 中，开发者只需专心实现业务逻辑处理，而无须关注浏览器的兼容性问题。

（5）链式操作方式。在某一个对象上产生一系列动作时，jQuery 允许在现有对象上连续多次操作，链式操作是 jQuery 的特色之一。

（6）完善的文档：jQuery 是一个开源产品，提供了丰富的文档。

8.2　编写 jQuery 程序

在编写 jQuery 程序之前，需要掌握如何搭建 jQuery 的开发环境。

8.2.1　下载与配置 jQuery

1. 下载 jQuery

用户可以在 jQuery 的官方网站 http://jquery.com/下载最新的 jQuery 库。在下载界面可以直接下载 jQuery 1.x、jQuery 2.x 和 jQuery 3.x 3 种版本。其中，jQuery 1.x 版本在原来的基础上继续对 IE 6～IE 8 版本的浏览器进行支持；而 jQuery 2.x 以上不再支持 IE 8 及更早版本，但因其具有更小、更快等特点，得到用户的一致好评。

每个版本又分为以下两种：开发版（Development Version）和生产版（Production Version），区别见表 8-1。

表 8-1　开发版和生产版的区别

版　　本	大小/KB	描　　述
jquery-1.x.js	约 288	开发版，完整无压缩，多用于学习、开发和测试
jquery-3.x.js	约 262	
jquery-1.x.min.js	约 94	生产版，经过压缩工具压缩，体积相对比较小，主要用于产品和项目中
jquery-3.x.min.js	约 85	

2. 配置 jQuery

本书下载使用的 jQuery 是 jquery-3.2.1.min.js 生产版，jQuery 不需要安装，将下载的 jquery-3.2.1.min.js 文件放到网站中的公共位置即可。通常将该文件保存在一个独立的文件夹 js 中，只需在使用的 HTML 页面中引入该库文件的位置即可。

在编写页面的＜head＞标签中，引入 jQuery 库的示例代码如下：

```
<head>
  <script src="js/jquery-3.2.1.min.js" type="text/javascript"></script>
</head>
```

需要注意的是,引用 jQuery 的<script>标签必须放在所有的自定义脚本文件的<script>之前,否则在自定义的脚本代码中应用不到 jQuery 脚本库。

8.2.2 编写一个简单的 jQuery 程序

在页面中引入 jQuery 库后,通过 $()函数来获取页面中的元素,并对元素进行定位或效果处理。在没有特别说明下,$ 符号即为 jQuery 对象的缩写形式,例如,$("myDiv")与 jQuery("myDiv")完全等价。

【例 8-1】 编写一个简单的 jQuery 程序,本例文件 8-1. html 在浏览器中的显示效果如图 8-1 所示。

图 8-1 例 8-1 的页面显示效果

代码如下:

```
<!doctype html>
<html>
  <head>
    <title>第一个 jQuery 程序</title>
    <script src="js/jquery-3.2.1.min.js" type="text/javascript">
    </script>
    <script>
      $(document).ready(function(){
        alert("第一个 jQuery 程序!");
      });
    </script>
  </head>
  <body>
  </body>
</html>
```

【说明】 $(document)是 jQuery 的常用对象,表示 HTML 文档对象。$(document).ready()方法指定 $(document)的 ready 事件处理函数,其作用类似于 JavaScript 中的 window.onload 事件,也是当页面被载入时自动执行。但二者也有一定的区别,具体见表 8-2。

表 8-2 window.onload 与 $(document).ready()的区别

区别项	window.onload	$(document).ready()
执行时间	必须在页面全部加载完毕(包含图片)后才能执行	在页面中所有 DOM 结构下载完毕后执行,可能 DOM 元素关联的内容并没有加载完毕
执行次数	一个页面只能有一个;当页面中存在多个 window.onload 时,仅输出最后一个的结果,无法完成多个结果同时输出	一个页面可以有多个,结果可以相继输出
简化写法	无	可以简写成 $()

8.3 jQuery 对象和 DOM 对象

刚开始学习 jQuery,经常分不清楚哪些是 jQuery 对象,哪些是 DOM 对象。因此,了解 jQuery 对象和 DOM 对象,以及它们之间的关系是非常必要的。

8.3.1 jQuery 对象和 DOM 对象简介

1. DOM 对象

DOM 是 Document Object Model,即文档对象模型的缩写。DOM 是以层次结构组织的节点或信息片段的集合,每一份 DOM 都可以表示成一棵树。DOM 对象在第 5 章中已经有过详细介绍,这里不再赘述。下面构建一个基本的网页,网页代码如下:

```html
<html>
  <head>
    <title>DOM 对象</title>
  </head>
<body>
    <h2>宇宙电子经营宗旨</h2>
    <p>没有最好,只有更好</p>
</body>
</html>
```

图 8-2 DOM 对象构建网页的页面显示效果

网页在浏览器中的显示效果如图 8-2 所示。

可以把上面的 HTML 结构描述为一棵 DOM 树,在这棵 DOM 树中,<h2>、<p>节点都是 DOM 元素的

207

节点,可以使用 JavaScript 中的 getElementById 或 getElementByTagName 来获取,得到的元素就是 DOM 对象。

DOM 对象可以使用 JavaScript 中的方法。例如:

```
var domObject=document.getElementById("id");
var html=domObject.innerHTML;
```

2. jQuery 对象

jQuery 对象就是通过 jQuery 包装 DOM 对象后产生的对象。jQuery 对象是独有的,可以使用 jQuery 里的方法。例如:

```
$("#sample").html();     //获取 id 为 sample 的元素内的 html 代码
```

这段代码等同于:

```
document.getElementById("sample").innerHTML;
```

虽然 jQuery 对象是包装 DOM 对象后产生的,但是 jQuery 无法使用 DOM 对象的任何方法,同理 DOM 对象也不能使用 jQuery 的方法。

诸如 $("♯sample").innerHTML、document.getElementById("sample").html() 之类的写法都是错误的。

3. jQuery 对象和 DOM 对象的对比

jQuery 对象不同于 DOM 对象,但在实际使用时经常被混淆。DOM 对象是通用的,既可以在 jQuery 程序中使用,也可以在标准 JavaScript 程序中使用。例如,在 JavaScript 程序中根据 HTML 元素 id 获取对应的 DOM 对象的方法如下:

var domObj=document.getElementById("id");

而 jQuery 对象来自 jQuery 类库,只能在 jQuery 程序中使用,只有 jQuery 对象才能引用 jQuery 类库中定义的方法。因此,应该尽可能在 jQuery 程序中使用 jQuery 对象,这样才能充分发挥 jQuery 类库的优势。通过 jQuery 的选择器 $() 可以获得 HTML 元素获取对应的 jQuery 对象。例如,根据 HTML 元素 id 获取对应的 jQuery 对象的方法如下:

var jqObj=$("#id");

需要注意的是,使用 document.getElementById("id")得到的是 DOM 对象,而用 ♯id 作为选择符取得的是 jQuery 对象,这两者并不是等价的。

8.3.2 jQuery 对象和 DOM 对象的相互转换

既然 jQuery 对象和 DOM 对象有区别也有联系,那么 jQuery 对象与 DOM 对象也可以相互转换。在两者转换之前首先约定好定义变量的风格。如果获取的是 jQuery 对象,

则在变量前面加上 $,例如:

```
var $obj=jQuery 对象;
```

如果获取的是 DOM 对象,则与用户平时习惯的表示方法一样。

```
var obj=DOM 对象;
```

1. jQuery 对象转换成 DOM 对象

jQuery 提供了两种转换方式将一个 jQuery 对象转换成 DOM 对象:[index]和 get (index)。

(1) jQuery 对象是一个类似数组的对象,可以通过[index]的方法得到相应的 DOM 对象。例如:

```
var $mr=$("#mr");          //jQuery 对象
var mr=$mr[0] ;            //DOM 对象
alert(mr.value);          //获取 DOM 元素的 value 的值并弹出
```

(2) jQuery 本身也提供 get(index)方法,可以得到相应的 DOM 对象。例如:

```
var $mr=$("#mr");          //jQuery 对象
var mr=$mr.get(0);         //DOM 对象
alert(mr.value);          //获取 DOM 元素的 value 的值并弹出
```

2. DOM 对象转换成 jQuery 对象

对于一个 DOM 对象,只需要用 $ ()把它包装起来,就可以得到一个 jQuery 对象了。即 $ (DOM 对象)。例如:

```
var mr=document.getElementById("mr");        //DOM 对象
var $mr=$(mr);                              //jQuery 对象
alert($(mr).val());                        //获取文本框的值并弹出
```

转换后,DOM 对象就可以任意使用 jQuery 中的方法。

通过以上方法,可以任意实现 DOM 对象和 jQuery 对象之间的转换。需要特别声明的是,DOM 对象才能使用 DOM 中的方法,jQuery 对象是不可以使用 DOM 中的方法的。

【例 8-2】 DOM 对象转换成 jQuery 对象。本例页面加载后,首先使用 DOM 对象的方法弹出 p 节点的内容,之后将 DOM 对象转换为 jQuery 对象,同样再弹出 p 节点的内容。本例文件 8-2.html 在浏览器中的显示效果如图 8-3 所示。

代码如下:

```
<!doctype html>
<html>
  <head>
    <title>DOM 对象转换成 jQuery 对象</title>
    <script src="js/jquery-3.2.1.min.js" type="text/javascript">
    </script>
```

209

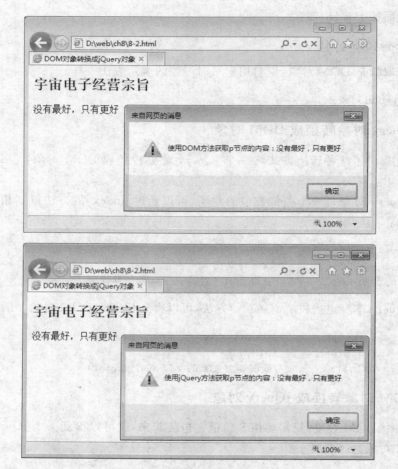

图 8-3　例 8-2 的页面显示效果

```
<script>
  $(document).ready(function(){
      var domObj=document.getElementById("nodep");
      alert("使用 DOM 方法获取 p 节点的内容: "+domObj.innerHTML);
      var $jqueryObj=$(domObj);
      alert("使用 jQuery 方法获取 p 节点的内容: "+$jqueryObj.html());
  })
</script>
</head>
<body>
<h2>宇宙电子经营宗旨</h2>
<p id="nodep">没有最好,只有更好</p>
</body>
</html>
```

【例 8-3】　jQuery 对象转换成 DOM 对象。本例页面加载后,首先获取 2 个 jQuery 对象,使用 jQuery 对象的方法分别弹出 2 个 p 节点的内容,之后将 jQuery 对象转换为

DOM 对象,同样再弹出 2 次 p 节点的内容。本例文件 8-3. html 在浏览器中的显示效果如图 8-4 所示。

图 8-4 例 8-3 的页面显示效果

代码如下:

```
<!doctype html>
<html>
  <head>
    <title>jQuery 对象转换成 DOM 对象</title>
    <script src="js/jquery-3.2.1.min.js" type="text/javascript">
    </script>
    <script>
      $(document).ready(function(){
          var $jQueryObj=$("#nodep");
          alert("使用 jQuery 方法获取第一个 p 节点的内容: "+$jQueryObj.html());
          var $jQueryObj1=$("#nodep1");
          alert("使用 jQuery 方法获取第二个 p 节点的内容: "+$jQueryObj1.html());
          var domObj=$jQueryObj[0];
          alert("使用 DOM 方法获取第一个 p 节点的内容: "+domObj.innerHTML);
          var domObj1=$jQueryObj1.get(0);
          alert("使用 DOM 方法获取第二个 p 节点的内容: "+domObj1.innerHTML);
      })
    </script>
  </head>
<body>
```

```
    <h2>宇宙电子经营宗旨</h2>
    <p id="nodep">没有最好,只有更好</p>
    <p id="nodep1">一握宇宙手,永远是朋友</p>
  </body>
</html>
```

8.4 jQuery 的插件

jQuery 是一个轻量级 JavaScript 库,虽然它非常便捷且功能强大,但是还是不可能满足所有用户的所有需求。而作为一个开源项目,所有用户都可以看到 jQuery 的源代码,很多人都希望共享自己日常工作积累的功能。jQuery 的插件机制使这种想法成为现实。可以把自己的代码制作成 jQuery 插件,供其他人引用。插件机制大大增强了 jQuery 的可扩展性,扩充了 jQuery 的功能。

本节介绍引用 jQuery 插件的方法,然后介绍一些很实用的 jQuery 插件。

8.4.1 引用 jQuery 插件的方法

引用 jQuery 插件的方法比较简单,首先将要使用的插件下载到本地计算机中,然后按照下面的步骤操作,就可以使用插件实现想要的效果。

(1) 把下载的插件包含到<head>标签内,并确保它位于主 jQuery 源文件(jquery-3.2.1.min.js)之后。

(2) 包含一个自定义的 JavaScript 文件,并在其中使用插件创建或扩展的方法。代码如下:

```
<head>
  <script src="js/jquery-3.2.1.min.js" type="text/javascript">
  <script src="js/jquery.effect.js" type="text/javascript"></script>
  <script src="js/jquery.overlay.min.js" type="text/javascript"></script>
</head>
```

需要说明的是,建议将下载的 jQuery 插件的文件名命名为 jquery.[插件名].js,以免和其他 js 库插件混淆。

8.4.2 常用的插件简介

在 jQuery 官方网站中,有一个插件超链接,单击该超链接,将进入 jQuery 的插件分类列表页面(http://plugins.jquery.com/),如图 8-5 所示。在该页面中,单击分类名称,可以查看每个分类下的插件概要信息及下载超链接。用户也可以在上面的搜索(Search)文本框中输入指定的插件名称,搜索所需插件。

从图 8-5 可以看出,常用的 jQuery 的插件类别包括 UI 插件、表单插件、幻灯片插件、

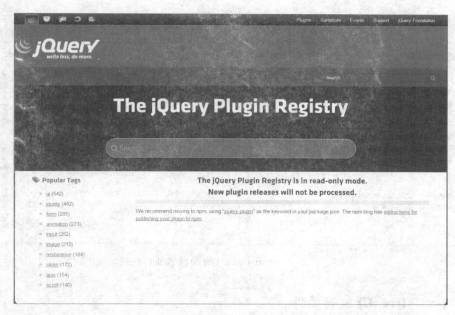

图 8-5　jQuery 的插件分类列表页面

滚动插件、图像插件、图表插件、布局插件和文字处理插件等。下面简要介绍几个流行的插件。

1. flexslider 幻灯片轮显插件

使用 jQuery 的 flexslider 幻灯片轮显插件可以实现如图 8-6 所示的图片轮显效果。当页面加载时,轮流显示多张图片,用户也可以单击下方的链接手动切换需要显示的图片。

图 8-6　flexslider 幻灯片轮显插件

2. mousewheel 滚动显示插件

使用 jQuery 的 mousewheel 滚动显示插件可以实现如图 8-7 所示的新闻内容滚动显

213

示效果。当新闻列表项较多时，可以使用该插件实现滚动显示新闻列表项。

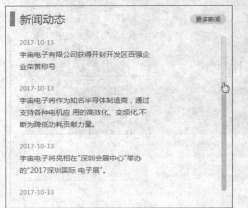
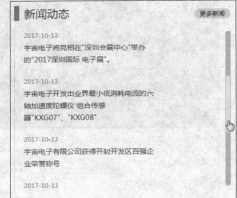

图 8-7　mousewheel 滚动显示插件

3. prefixfree 3D 旋转插件

使用 jQuery 的 prefixfree 3D 旋转插件可以实现如图 8-8 所示的 3D 旋转图片相册的显示效果。

图 8-8　prefixfree 3D 旋转插件

4. blueimp 视频播放插件

使用 jQuery 的 blueimp 视频播放插件可以实现如图 8-9 所示的视频选择与播放的效果。用户可以单击左右箭头选择要播放的视频，选择视频后单击中间的播放按钮开始播放。

图 8-9　blueimp 视频播放插件

jQuery 插件种类繁多,由于篇幅所限,不再一一列举,读者可以下载相关的插件,练习如何使用 jQuery 插件。

习　　题

1. jQuery 3.x 版本相对于 jQuery 1.x 的最大区别是什么?
2. 简述 HTML 页面中引入 jQuery 库文件的方法。
3. 简述 DOM 对象和 jQuery 对象的区别。
4. 如何将 jQuery 对象转换成 DOM 对象?
5. 在网页中使用 p 元素定义了一个字符串"单击我,我就会消失。",然后通过 jQuery 编程实现单击 p 元素时隐藏 p 元素,如图 8-10 所示。

图 8-10　题 5 图

6. 下载 jQuery 插件,实现如图 8-11 所示的 5 种幻灯片切换效果。

图 8-11　题 6 图

第 9 章　jQuery 选择器

选择器是 jQuery 强大功能的基础,在 jQuery 中,对事件处理、遍历 DOM 和 Ajax 操作都依赖于选择器。它完全继承了 CSS 的风格,编写和使用异常简单。如果能熟练掌握 jQuery 选择器,不仅能简化程序代码,而且可以达到事半功倍的效果。

9.1　jQuery 选择器简介

在介绍 jQuery 选择器之前,先来介绍 jQuery 的工厂函数" $ "。

9.1.1　jQuery 的工厂函数

在 jQuery 中,无论使用哪种类型的选择符都需要从一个" $ "符号和一对"()"开始。在"()"中通常使用字符串参数,参数中可以包含任何 CSS 选择符表达式。

下面介绍几种比较常见的用法。

(1) 在参数中使用标记名。例如, $ ("div")用于获取文档中全部的<div>。

(2) 在参数中使用 ID。例如, $ (" # username")用于获取文档中 ID 属性值为 username 的一个元素。

(3) 在参数中使用 CSS 类名。例如, $ (". btn_grey")用于获取文档中使用 CSS 类名为 btn_grey 的所有元素。

9.1.2　什么是 jQuery 选择器

在页面中要为某个元素添加属性或事件时,第一步必须先准确找到这个元素,在 jQuery 中可以通过选择器来实现这一重要功能。jQuery 选择器是 jQuery 库中非常重要的部分之一,它支持网页开发者所熟知的 CSS 语法,能够轻松快速地对页面进行设置。一个典型的 jQuery 选择器的语法格式如下:

```
$(selector).methodName();
```

其中,selector 是一个字符串表达式,用于识别 DOM 中的元素,然后使用 jQuery 提供的方法集合加以设置。

多个 jQuery 操作可以以链的形式串起来,语法格式如下:

```
$(selector).method1().method2().method3();
```

例如,要隐藏 id 为 test 的 DOM 元素,并为它添加名为 content 的样式,实现如下:

```
$('#test').hide().addClass('content');
```

9.1.3　jQuery 选择器的优势

与传统的 JavaScript 获取页面元素和编写事件处理程序相比,jQuery 选择器有明显的优势,具体表现在以下 3 个方面。

1. 代码更简单

在 jQuery 库中封装了大量可以直接通过选择器调用的方法或函数,使我们仅使用简单的几行代码就可以实现比较复杂的功能。

例如,可以使用 $('♯id') 代替 JavaScript 代码中的 document.getElementById() 函数,即通过 id 来获取元素;使用 $('tagName') 代替 JavaScript 代码中的 document.getElementsByTagName() 函数,即通过标签名称获取 HTML 元素等。

2. 支持 CSS 1 到 CSS 3 选择器

jQuery 选择器支持 CSS 1、CSS 2 的全部和 CSS 3 几乎所有的选择器,以及 jQuery 独创的高级且复杂的选择器,有一定 CSS 经验的开发人员可以很容易地切入 jQuery 的学习中。

一般来说,使用 CSS 选择器时,开发人员需要考虑主流的浏览器是否支持某些选择器。但在 jQuery 中,开发人员则可以放心地使用 jQuery 选择器,无须考虑浏览器是否支持这些选择器,这极大地方便了开发者。

3. 完善的检测机制

在传统的 JavaScript 代码中,给页面中的元素设定某个事务时必须先找到该元素,然后赋予相应的事件或属性;如果该元素在页面中不存在或已被删除,那么浏览器会提示运行出错之后的信息,这会影响以后代码的执行。因此,为避免显示这样的出错信息,通常要先检测该元素是否存在,如果存在,再执行它的属性或事件代码。例如:

```
<p>测试页面</p>
<script type="text/javascript">
  alert(document.getElementById("test").value);
</script>
```

运行以上代码,浏览器就会报错,原因是网页中没有 id 为"test"的元素。

将以上代码改进为如下形式。

```
<p>测试页面</p>
<script type="text/javascript">
```

```
    if(document.getElementById("test")){
      alert(document.getElementById("test").value);
    }
  </script>
```

这样就可以避免浏览器报错。如果要操作的元素很多,用户需要做大量重复的工作对每个元素进行判断,这无疑会使开发人员感到烦琐。而 jQuery 在这方面的处理是非常好的,即使用 jQuery 获取网页中不存在的元素也不会报错,看下面的例子,代码如下:

```
  <p>测试页面</p>
  <script type="text/javascript">
    alert($("#test").val());            //无须判断$("#test")是否存在
  </script>
```

有了 jQuery 的这个防护措施,即使以后用户因为某种原因删除了网页上曾经使用过的元素,也不用担心网页的 JavaScript 代码会报错。

jQuery 选择器完全继承了 CSS 选择器的风格,将 jQuery 选择器分为四类:基础选择器、层次选择器、过滤选择器和表单选择器。

9.2　基础选择器

基础选择器是 jQuery 中最常用的选择器,通过元素的 id、className 或 tagName 来查找页面中的元素,见表 9-1。

表 9-1　基础选择器

选 择 器	描 述	返 回
＃ID	根据元素的 ID 属性进行匹配	单个 jQuery 对象
element	根据元素的标签名进行匹配	jQuery 对象数组
.class	根据元素的 class 属性进行匹配	jQuery 对象数组
selector1,selector2,…,selectorN	将每个选择器匹配的结果合并后一起返回	jQuery 对象数组
*	匹配页面的所有元素,包括 html、head、body 等	jQuery 对象数组

9.2.1　ID 选择器

每个 HTML 元素都有一个 id,可以根据 id 选取对应的 HTML 元素。ID 选择器＃id 就是利用 HTML 元素的 id 属性值来筛选匹配的元素,并以 jQuery 包装集的形式返回给对象。这就好像在单位中每个职工都有自己的工号一样,职工的姓名是可以重复的,但是工号却是不能重复的,因此根据工号就可以获取指定职工的信息。

ID 选择器的使用方法如下:

```
$("#id");
```

其中，id 为要查询元素的 ID 属性值。例如，要查询 ID 属性值为 test 的元素，可以使用下面的 jQuery 代码。

```
$("#test");
```

需要注意的是，如果页面中出现了两个相同的 id 属性值，程序运行时页面会报出 JS 运行错误的对话框，所以在页面中设置 id 属性值时要确保该属性值在页面中是唯一的。

【例 9-1】　在页面中添加一个 ID 属性值为 test 的文本框和一个按钮，通过单击按钮来获取在文本框中输入的值，本例文件 9-1.html 在浏览器中的显示效果如图 9-1 所示。

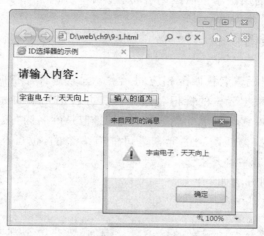

图 9-1　例 9-1 的页面显示效果

代码如下：

```
<html>
  <head>
    <title>ID 选择器的示例</title>
    <script src="js/jquery-3.2.1.min.js" type="text/javascript">
    </script>
    <script type="text/javascript">
      $(document).ready(function(){
        //为按钮绑定单击事件
        $("input[type='button']").click(function(){
          var inputValue=$("#test").val();      //获取文本框的值
          alert(inputValue);
        });
      });
    </script>
  </head>
<body>
  <h3>请输入内容：</h3>
  <input type="text" id="test" name="test" value=""/>
  <input type="button" value="输入的值为"/>
```

```
    </body>
</html>
```

【说明】

（1）ID 选择器是以"♯ id"的形式获取对象的，在这段代码中用 $("♯testInput")$ 获取了一个 id 属性值为 testInput 的 jQuery 包装集，然后调用包装集的 val() 方法取得文本输入框的值。

（2）代码 $("input[type='button']")$ 使用了 jQuery 中的属性选择器匹配文档中的按钮，关于属性选择器的用法本章后续内容将会讲解。

9.2.2 元素选择器

元素选择器是根据元素名称匹配相应的元素。元素选择器指向的是 DOM 元素的标记名，即元素选择器是根据元素的标记名选择的。可以把元素的标记名理解成职工的姓名，在一个单位中可能有多个姓名为"张三"的职工，但是姓名为"王小虎"的职工也许只有一个，因此通过元素选择器匹配到的元素是可能有多个的，也可能只有一个。多数情况下，元素选择器匹配的是一组元素。

元素选择器的使用方法如下：

$("element");

其中，element 是要获取的元素的标记名。例如，要获取全部 p 元素，可以使用下面的 jQuery 代码。

```
$("p");
```

【例 9-2】 在页面中添加两个 <div> 标记和一个按钮，通过单击按钮来获取这两个 <div>，并交换它们的内容，本例文件 9-2. html 在浏览器中的显示效果如图 9-2 所示。

图 9-2 单击按钮交换 <div> 的内容

代码如下：

```html
<html>
  <head>
    <title>元素选择器示例</title>
    <style type="text/css">
    img{
        border: 1px solid #00f;
    }
    div{
        padding: 5px;
    }
    </style>
    <script src="js/jquery-3.2.1.min.js" type="text/javascript">
    </script>
    <script type="text/javascript">
      $(document).ready(function(){
        $("#button").click(function(){                 //为按钮绑定单击事件
          //获取第一个 div 元素
          $("div").eq(0).html("<img src='images/02.jpg'/>机器人变成了导航仪");
          //获取第二个 div 元素
          $("div").get(1).innerHTML="<img src='images/01.jpg'/>导航仪变成了机器人";
        });
      });
    </script>
  </head>
  <body>
    <h3>乾坤大挪移</h3>
    <div><img src="images/01.jpg"/>这是一个机器人</div>
    <div><img src="images/02.jpg"/>这是一个导航仪</div>
    <input type="button" id="button" value="变脸" />
  </body>
</html>
```

【说明】

（1）在上面的代码中，使用元素选择器获取了一组 div 元素的 jQuery 包装集，它是一组 Object 对象，存储方式为［Object Object］，但是这种方式并不能显示出单独元素的文本信息，需要通过索引器来确定要选取哪个 div 元素，在这里分别使用了两个不同的索引器 eq()和 get()。这里的索引器类似于房间的门牌号，所不同的是，门牌号是从 1 开始计数的，而索引器是从 0 开始计数的。

（2）本实例中使用了两种方法设置元素的文本内容，html()方法是 jQuery 的方法，innerHTML 方法是 DOM 对象的方法。这里使用了 $(document).ready()方法，当页面元素载入就绪时就会自动执行程序，自动为按钮绑定单击事件。

（3）eq()方法返回的是一个 jQuery 包装集，所以它只能调用 jQuery 的方法，而 get()方法返回的是一个 DOM 对象，所以它只能用 DOM 对象的方法。eq()方法与 get()方法默认都是从 0 开始计数，$("#test").get(0)等效于 $("#test")[0]。

221

9.2.3 类名选择器

类名选择器是通过元素拥有的 CSS 类的名称查找匹配的 DOM 元素。在一个页面中，一个元素可以有多个 CSS 类，一个 CSS 类又可以匹配多个元素，如果元素中有一个匹配的类的名称就可以被类名选择器选取到。简单地说类名选择器就是以元素具有的 CSS 类名称查找匹配的元素。

类名选择器的使用方法如下：

$(".class");

其中，class 为要查询元素所用的 CSS 类名。例如，要查询使用 CSS 类名为 digital 的元素，可以使用下面的 jQuery 代码。

```
$(".digital");
```

【例 9-3】 在页面中添加两个＜div＞标记，并为其中的一个设置 CSS 类，然后通过 jQuery 的类名选择器选取设置了 CSS 类的＜div＞标记，并设置其 CSS 样式，本例文件 9-3.html 在浏览器中的显示效果如图 9-3 所示。

代码如下：

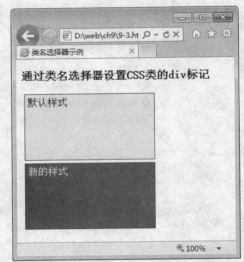

图 9-3 例 9-3 的页面显示效果

```html
<html>
  <head>
    <title>类名选择器示例</title>
    <style type="text/css">
      div{
          border: 1px solid #003a75;
          background-color: #cef;
          margin: 5px;
          height: 100px;
          width: 200px;
          padding: 5px;
      }
    </style>
    <script src="js/jquery-3.2.1.min.js" type="text/javascript">
    </script>
    <script type="text/javascript">
      $(document).ready(function() {
        var myClass=$(".myClass");                           //选取元素
        myClass.css("background-color","#c50210");  //为选取的元素设置背景颜色
        myClass.css("color","#fff");                      //为选取的元素设置文字颜色
      });
    </script>
```

```
    </head>
    <body>
      <h3>通过类名选择器设置 CSS 类的 div 标记</h3>
      <div>默认样式</div>
      <div class="myClass">新的样式</div>
    </body>
</html>
```

【说明】　在上面的代码中,只为其中的一个<div>标记设置了 CSS 类名称,但是由于程序中并没有名称为 myClass 的 CSS 类,所以这个类是没有任何属性的。类名选择器将返回一个名为 myClass 的 jQuery 包装集,利用 css()方法可以为对应的 div 元素设定 CSS 属性值,这里将元素的背景颜色设置为深红色,文字颜色设置为白色。

9.2.4　复合选择器

复合选择器将多个选择器(可以是 ID 选择器、元素选择或是类名选择器)组合在一起,两个选择器之间以逗号“,”分隔,只要符合其中的任何一个筛选条件就会被匹配,返回的是一个集合形式的 jQuery 包装集,利用 jQuery 索引器可以取得集合中的 jQuery 对象。

需要注意的是,多种匹配条件的选择器并不是匹配同时满足这几个选择器的匹配条件的元素,而是将每个选择器匹配的元素合并后一起返回。

复合选择器的使用方法如下:

```
$(" selector1,selector2,selectorN");
```

参数说明如下。
- selector1:一个有效的选择器,可以是 ID 选择器、元素选择器或是类名选择器等。
- selector2:另一个有效的选择器,可以是 ID 选择器、元素选择器或是类名选择器等。
- selectorN:任意多个选择器,可以是 ID 选择器、元素选择器或是类名选择器等。

例如,要查询页面中的全部<p>标记和使用 CSS 类 test 的<div>标记,可以使用下面的 jQuery 代码。

```
$("p,div.test");
```

【例 9-4】　在页面中添加 3 种不同元素并统一设置样式。使用复合选择器筛选 id 属性值为 span 的元素和<div>元素,并为它们添加新的样式,本例文件 9-4.html 在浏览器中的显示效果如图 9-4 所示。

代码如下:

```
<html>
  <head>
    <title>复合选择器示例</title>
    <style type="text/css">
```

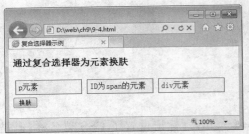 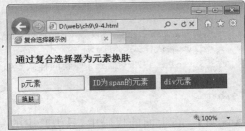

图 9-4　单击按钮为元素换外观

```
.default{
    border: 1px solid #003a75;
    background-color: yellow;
    margin: 5px;
    width: 120px;
    float: left;
    padding: 5px;
}
.change{
    background-color: #c50210;
    color: #fff;
}
</style>
<script src="js/jquery-3.2.1.min.js" type="text/javascript">
</script>
<script type="text/javascript">
$(document).ready(function() {
    $("input[type=button]").click(function(){        //绑定按钮的单击事件
        $("#span,div").addClass("change");           //添加所使用的 CSS 类
    });
});
</script>
</head>
<body>
    <h3>通过复合选择器为元素换肤</h3>
    <p class="default">p元素</p>
    <span class="default" id="span">ID 为 span 的元素</span>
    <div class="default">div 元素</div>
    <input type="button" value="换肤" />
</body>
</html>
```

9.2.5　通配符选择器

通配符就是指符号"＊"，它代表着页面上的每一个元素，也是说如果使用 $(＊)将取得页面上所有的 DOM 元素集合的 jQuery 包装集。

224

9.3　层次选择器

jQuery 层次选择器是通过 DOM 对象的层次关系来获取特定的元素,如同辈元素、后代元素、子元素和相邻元素等。层次选择器的用法与基础选择器相似,也是使用 $( )函数来实现,返回结果均为 jQuery 对象数组,见表 9-2。

表 9-2　层次选择器

选　择　器	描　　述	返　　回
$("ancestor descendant")	选取 ancestor 元素中的所有的子元素	jQuery 对象数组
$("parent＞child")	选取 parent 元素中的直接子元素	jQuery 对象数组
$("prev＋next")	选取紧邻 prev 元素之后的 next 元素	jQuery 对象数组
$("prev～siblings")	选取 prev 元素之后的 siblings 兄弟元素	jQuery 对象数组

9.3.1　ancestor descendant(祖先后代)选择器

ancestor descendant 选择器中的 ancestor 代表祖先,descendant 代表子孙,用于在给定的祖先元素下匹配所有的后代元素。ancestor descendant 选择器的使用方法如下:

```
$("ancestor descendant");
```

参数说明如下。

• ancestor:指任何有效的选择器。

• descendant:用于匹配元素的选择器,并且它是 ancestor 所指定元素的后代元素。例如,要匹配 div 元素下的全部 img 元素,可以使用下面的 jQuery 代码。

```
$("div img");
```

9.3.2　parent＞child(父＞子)选择器

parent＞child 选择器中的 parent 代表父元素,child 代表子元素,用于在给定的父元素下匹配所有的子元素。使用该选择器只能选择父元素的直接子元素。parent ＞ child 选择器的使用方法如下:

```
$("parent>child");
```

参数说明如下。

• parent:指任何有效的选择器。

• child:用于匹配元素的选择器,并且它是 parent 元素的子元素。

例如,要匹配表单中所有的子元素 input,可以使用下面的 jQuery 代码。

225

```
$("form>input");
```

9.3.3 prev＋next（前＋后）选择器

prev＋next 选择器用于匹配所有紧接在 prev 元素后的 next 元素。其中，prev 和 next 是两个相同级别的元素。prev＋next 选择器的使用方法如下：

$("prev+next");

参数说明如下。
- prev：指任何有效的选择器。
- next：一个有效选择器并紧接着 prev 选择器。

例如，要匹配＜div＞标记后的＜img＞标记，可以使用下面的 jQuery 代码。

```
$("div+img");
```

9.3.4 prev～siblings（前～兄弟）选择器

prev～siblings 选择器用于匹配 prev 元素之后的所有 siblings 元素。其中，prev 和 siblings 是两个相同辈元素。prev～siblings 选择器的使用方法如下：

$("prev~siblings");

参数说明如下。
- prev：指任何有效的选择器。
- siblings：一个有效选择器并紧接着 prev 选择器。

例如，要匹配 div 元素的同辈元素 ul，可以使用下面的 jQuery 代码。

```
$("div~ul");
```

需要注意的是，$("prev＋next")用于选取紧随 prev 元素之后的 next 元素，且 prev 元素和 next 元素有共同的父元素，功能与 $("prev").next("next")相同；而 $("prev～siblings")用于选取 prev 元素之后的 siblings 元素，两者有共同的父元素而不必紧邻，功能与 $("prev").nextAll("siblings")相同。

【例 9-5】 层次选择器示例。通过层次选择器分别对子元素、直接子元素、相邻兄弟元素和普通兄弟元素进行选取并对其设置样式，本例文件 9-5.html 在浏览器中的显示效果如图 9-5 所示。

代码如下：

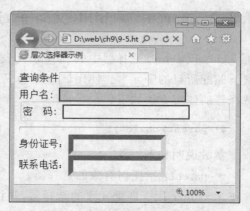

图 9-5 例 9-5 的页面显示效果

```
<html>
  <head>
    <title>层次选择器示例</title>
    <script src="js/jquery-3.2.1.min.js" type="text/javascript"></script>
  </head>
  <body>
    <div>
        查询条件<input name="search" />
        <form>
          <label>用户名: </label>
          <input name="useName" />
          <fieldset>
              <label>密　码: </label>
              <input name="password" />
          </fieldset>
        </form>
        <hr/>
        身份证号: <input name="none" /><br/>
        联系电话: <input name="none" />
    </div>
    <script type="text/javascript">
        $(function(e){
            $("form input").css("width","200px"); //第一个文本框采用默认样式
            $("form>input").css("background","pink");
                                              //第二个文本框采用粉色背景
            $("label+input").css("border-color","blue");
                                              //第二、第三个文本框边框为蓝色
            $("form ~input").css("border-width","8px");
                                              //最后两个文本框边框宽度为 8px
            $(" * ").css("padding-top","3px");      //所有元素的上外边距为 3px
        });
    </script>
  </body>
</html>
```

【说明】

(1) 本例中,首先使用"$("form input").css("width","200px");"定义表单中所有文本框的默认样式都是宽度为 200px,第一个文本框采用默认样式。

(2) 由于第二个文本框是表单 form 的直接子元素,因此,语句"$("form>input").css("background","pink");"将第二个文本框的背景色设置为粉色。

(3) 由于第二、第三个文本框都是 label 元素的相邻兄弟元素(文本框紧邻 label),因此,语句"$("label + input").css("border-color","blue");"将第二、第三个文本框的边框颜色设置为蓝色。

(4) 由于最后两个文本框位于表单定义的结束之后,是表单 form 的普通兄弟元素(文本框不需要紧邻表单 form,本例中二者之间还存在一个水平线元素<hr/>),因此,语句"$("form ~ input").css("border-width","8px");"将最后两个文本框的边框宽度

227

设置为 8px。

9.4 过滤选择器

基础选择器和层次选择器可以满足大部分 DOM 元素的选取需求,在 jQuery 中还提供了功能更加强大的过滤选择器,可以根据特定的过滤规则来筛选出所需要的页面元素。

过滤选择器又分为简单过滤器、内容过滤器、可见性过滤器、子元素过滤器和表单对象的属性过滤器。

9.4.1 简单过滤器

简单过滤器是指以冒号开头,通常用于实现简单过滤效果的过滤器。例如,匹配找到的第一个元素等。jQuery 提供的简单过滤器见表 9-3。

表 9-3 简单过滤器

选 择 器	描 述	返 回
:first	选取第一个元素	单个 jQuery 对象
:last	选取最后一个元素	单个 jQuery 对象
:even	选取所有索引值为偶数的元素,索引从 0 开始	jQuery 对象数组
:odd	选取所有索引值为奇数的元素,索引从 0 开始	jQuery 对象数组
:header	选取所有标题元素,如 h1、h2、h3 等	jQuery 对象数组
:foucs	选取当前获取焦点的元素(1.6＋版本)	jQuery 对象数组
:root	获取文档的根元素(1.9＋版本)	单个 jQuery 对象
:animated	选取所有正在执行动画效果的元素	jQuery 对象数组
:eq(index)	选取索引等于 index 的元素,索引从 0 开始	单个 jQuery 对象
:gt(index)	选取索引大于 index 的元素,索引从 0 开始	jQuery 对象数组
:lt(index)	选取索引小于 index 的元素,索引从 0 开始	jQuery 对象数组
:not(selector)	选取 selector 以外的元素	jQuery 对象数组

【例 9-6】 使用简单过滤器设置表格样式,本例文件 9-6. html 在浏览器中的显示效果如图 9-6 所示。

代码如下:

```html
<html>
  <head>
    <title>简单过滤器设置表格样式</title>
    <script src="js/jquery-3.2.1.min.js" type="text/javascript"></script>
  </head>
  <body>
    <div>
      <table>
```

图 9-6　例 9-6 的页面显示效果

```
        <tr><td>商品名</td><td>商品价格</td><td>商品数量</td></tr>
        <tr><td>机器人</td><td>9999</td><td>10</td></tr>
        <tr><td>智能家居</td><td>22800</td><td>6</td></tr>
        <tr><td>工业控制板</td><td>49800</td><td>4</td></tr>
        <tr><td>电子摄像机</td><td>4580</td><td>20</td></tr>
        <tr><td>导航仪 GPS</td><td>1080</td><td>30</td></tr>
        <tr><td>监控系统</td><td>8000</td><td>10</td></tr>
        <tr><td colspan="3">共计 6 种商品</td></tr>
    </table>
 </div>
 <script type="text/javascript">
    $(function(e){
        $("table tr: first").css("background-color","yellow");
                                        //表格首行黄色背景
        $("table tr: last").css("text-align","right");
                                        //表格尾行文本右对齐
        $("table tr: eq(4)").css("color","red");
                                        //索引值为 4 的行的文字颜色为红色
        $("table tr: lt(1)").css("font-weight","bold");
                                        //表格首行文字加粗
        $("table tr: odd").css("background-color","#ddd");
                                        //行的索引值为奇数时背景色为浅灰色
        $(": root").css("background-color","ivry");
                                        //网页乳白色背景
        $("table tr: not(: first)").css("font-size","13pt");
                                        //表格除首行外的字体大小 13pt
    });
 </script>
 </body>
</html>
```

【说明】　"table tr:eq(4)"表示索引值为 4 的行的文字颜色为红色,对应的是实际表格的第 5 行;"table tr:odd"表示行的索引值为奇数时背景色为浅灰色,对应的是实际表格的偶数行。

9.4.2 内容过滤器

内容过滤选择器是指根据元素的文字内容或所包含的子元素的特征进行过滤的选择器,见表 9-4。

表 9-4 内容过滤器

选 择 器	描 述	返 回
:contains(text)	选取包含 text 内容的元素	jQuery 对象数组
:has(selector)	选取含有 selector 所匹配元素的元素	jQuery 对象数组
:empty	选取所有不包含文本或者子元素的空元素	jQuery 对象数组
:parent	选取含有子元素或文本的元素	jQuery 对象数组

【例 9-7】 使用内容过滤器设置表格样式,本例文件 9-7. html 在浏览器中的显示效果如图 9-7 所示。

代码如下:

图 9-7 例 9-7 的页面显示效果

```
<html>
  <head>
    <title>内容过滤器设置表格样式</title>
    <script src="js/jquery-3.2.1.min.js"
      type="text/javascript"></script>
  </head>
  <body>
    <div>
      <table>
        <tr><td>商品名</td><td>商品价格
          </td><td>商品数量</td></tr>
        <tr><td>机器人</td><td>9999</td><td>10</td></tr>
        <tr><td>智能家居</td><td>22800</td><td>6</td></tr>
        <tr><td>工业控制板</td><td><span>49800</span></td><td>4</td>
          </tr>
        <tr><td>电子摄像机</td><td>4580</td><td></td></tr>
        <tr><td>导航仪 GPS</td><td><span>1080</span></td><td>30</td>
          </tr>
        <tr><td>监控系统</td><td>8000</td><td></td></tr>
        <tr><td colspan="3">共计 6 种商品</td></tr>
      </table>
    </div>
  </body>
<script type="text/javascript">
    $(function(e){
      $("td: contains('机')").css("font-weight","bold");
                            //包含"机"字的单元格文字加粗
```

```
            $("td: parent").css("background-color","#ddd");
                                        //包含内容的单元格浅灰色背景
            $("td: empty").css("background-color","white");
                                        //内容为空的单元格白色背景
            $("td").has('span').css("background-color","yellow");
                                        //有 span 标签的单元格黄色背景
        });
    </script>
    </body>
</html>
```

9.4.3　可见性过滤器

元素的可见状态有两种,分别是隐藏状态和显示状态。可见性过滤器就是利用元素的可见状态匹配元素的。因此,可见性过滤器有两种,一种是匹配所有可见元素的":visible"过滤器;另一种是匹配所有不可见元素的":hidden"过滤器,见表 9-5。

表 9-5　可见性过滤器

选择器	描　述	返　回
:hidden	选取所有不可见元素,或者 type 为 hidden 的元素	jQuery 对象数组
:visible	选取所有的可见元素	jQuery 对象数组

在应用":hidden"过滤器时,display 属性是 none 以及 type 属性为 hidden 的 input 元素都会被匹配到。

【例 9-8】　使用可见性过滤器获取页面上隐藏和显示的 input 元素的值,本例文件 9-8.html 在浏览器中的显示效果如图 9-8 所示。

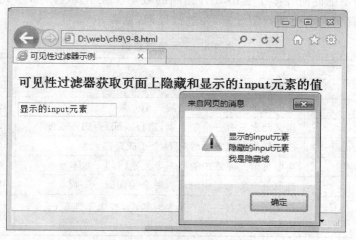

图 9-8　例 9-8 的页面显示效果

代码如下：

```html
<html>
  <head>
    <title>可见性过滤器示例</title>
    <script src="js/jquery-3.2.1.min.js" type="text/javascript">
    </script>
    <script type="text/javascript">
      $(document).ready(function() {
        var visibleVal=$("input: visible").val();
        //取得显示的 input 的值
        var hiddenVal1=$("input: hidden: eq(0)").val();    //取得隐藏的文本框的值
        var hiddenVal2=$("input: hidden: eq(1)").val();    //取得隐藏域的值
        alert(visibleVal+"\n\r"+hiddenVal1+"\n\r"+hiddenVal2);
                                                       //alert 取得的信息
      });
    </script>
  </head>
  <body>
    <h3>可见性过滤器获取页面上隐藏和显示的 input 元素的值</h3>
    <input type="text" value="显示的 input 元素">
    <input type="text" value="隐藏的 input 元素" style="display: none">
    <input type="hidden" value="我是隐藏域">
  </body>
</html>
```

9.4.4　子元素过滤器

在页面设计过程中需要突出某些行时，可以通过简单过滤器中的":eq()"来实现表格中行的凸显，但不能同时让多个表格具有相同的效果。在 jQuery 中，子元素过滤器可以轻松地选取所有父元素中的指定元素，并进行处理，见表 9-6。

表 9-6　子元素过滤器

选　择　器	描　　述	返　　回
:first-child	选取每个父元素中的第一个元素	jQuery 对象数组
:last-child	选取每个父元素中的最后一个元素	jQuery 对象数组
:only-child	当父元素只有一个子元素，进行匹配；否则不匹配	jQuery 对象数组
:nth-child(N|odd|even)	选取每个父元素中的第 N 个子或奇偶元素	jQuery 对象数组
:first-of-type	选取每个父元素中的第一个元素(1.9＋版本)	jQuery 对象数组
:last-of-type	选取每个父元素中的最后一个元素(1.9＋版本)	jQuery 对象数组
:only-of-type	当父元素只有一个子元素时匹配，否则不匹配(1.9＋版本)	jQuery 对象数组

【例 9-9】　子元素过滤器示例，本例文件 9-9. html 在浏览器中的显示效果如图 9-9所示。

代码如下：

```
<html>
  <head>
    <title>子元素过滤器示例</title>
    <script src="js/jquery-3.2.1.min.js"
      type="text/javascript"></script>
  </head>
  <body>
    <ul>
      <li>机器人</li>
      <li>智能家居</li>
      <li>电子摄像机</li>
      <li>导航仪 GPS</li>
    </ul>
    <script>
    $(document).ready(function(){
      $("ul li:nth-child(even)").css("border", "2px solid red");
                            //选取索引为偶数的 li 子元素添加边框
    });
    </script>
  </body>
</html>
```

图 9-9　例 9-9 的页面显示效果

【说明】　网页中定义了 1 个 ul 列表，其中包含 4 个 li 子元素。在 jQuery 程序中使用 $("ul li:nth-child(even)")过滤器选取所有索引为偶数的 li 子元素，然后调用 css()方法为选取的 li 子元素添加红色实线边框。

9.4.5　表单对象的属性过滤器

表单对象的属性过滤器是指通过表单对象的属性特征进行筛选的选择器，包括":enabled"过滤器、":disabled"过滤器、":checked"过滤器和":selected"过滤器 4 种，见表 9-7。

表 9-7　表单对象的属性过滤器

选择器	描　述	返　回
:enabled	选取表单中属性为可用的元素	jQuery 对象数组
:disabled	选取表单中属性为不可用的元素	jQuery 对象数组
:checked	选取表单中被选中的元素（单选按钮、复选框）	jQuery 对象数组
:selected	选取表单中被选中的选项元素（下拉列表框）	jQuery 对象数组

【例 9-10】　利用表单过滤器匹配表单中相应的元素，本例文件 9-10.html 在浏览器中的显示效果如图 9-10 所示。

233

图 9-10　例 9-10 的页面显示效果

代码如下:

```html
<html>
  <head>
    <title>表单对象的属性过滤器</title>
    <script src="js/jquery-3.2.1.min.js" type="text/javascript"></script>
    <script type="text/javascript">
        $(document).ready(function() {
           //设置选中的复选框的背景颜色为红色
           $("input: checked").css("background-color","red");
           $("input: disabled").val("系统升级暂不能提交");
        });
        function selectVal(){                          //下拉列表框变化时执行的方法
           alert($("select option: selected").val());       //显示选中的值
        }
    </script>
  </head>
<body>
  <form>
    <h3>利用表单过滤器匹配表单中相应的元素</h3>
    爱好：音乐<input type="checkbox" checked="checked" value="音乐"/>
    舞蹈<input type="checkbox" checked="checked" value="舞蹈"/>
    足球<input type="checkbox" value="足球"/><br />
    学历：研究生<input type="radio" checked="checked" value="研究生"/>
    大学<input type="radio" value="大学"/>
    大专<input type="radio" checked="checked" value="大专"/><br />
    职业：
    <select onchange="selectVal()">
      <option value="工程师">工程师</option>
      <option value="教师">教师</option>
      <option value="会计师">会计师</option>
```

```
    </select><br /><br />
    <input type="button" value="提交" disabled>
  </form>
</body>
</html>
```

【说明】 网页中定义了 3 个复选框、3 个单选按钮、1 个下拉列表框和 1 个按钮。其中,选中的 2 个复选框、2 个单选按钮的背景色为红色;选择下拉列表框中的"教师"选项,则弹出消息框显示选择的列表项的值;不可用按钮的 value 值被修改为"系统升级暂不能提交"。

9.5　属性选择器

属性选择器是指根据元素的属性来筛选元素的选择器,见表 9-8。

表 9-8　属性选择器

选 择 器	描 述	返 回
[attribute]	选取包含给定属性的元素	jQuery 对象数组
[attribute=value]	选取属性等于某个特定值的元素	jQuery 对象数组
[attribute!=value]	选取属性不等于或不包含某个特定值的元素	jQuery 对象数组
[attribute^=value]	选取属性以某个值开始的元素	jQuery 对象数组
[attribute$=value]	选取属性以某个值结尾的元素	jQuery 对象数组
[attribute*=value]	选取属性中包含某个值的元素	jQuery 对象数组
[attribute1][attribute2][attribute3]	复合属性选择器,需要同时满足多个条件时使用	jQuery 对象数组

【例 9-11】 属性选择器示例,本例文件 9-11. html 在浏览器中的显示效果如图 9-11 所示。

代码如下:

图 9-11　例 9-11 的页面显示效果

```
<html>
  <head>
    <title>属性选择器示例</title>
    <script src="js/jquery-3.2.1.min.js"
      type="text/javascript"></script>
  </head>
  <body>
    <div>no id</div>
    <div id="id1">id1</div>
    <div>no id</div>
    <div id="id2">id2</div>
    <script>
      $(document).ready(function(){
        $('div[id]').css("border", "2px dashed blue");
                              //所有包含 id 属性的 div 元素添加蓝色虚线边框
```

```
        $('div[id=id1]').css("border", "6px double red");
                        //id 属性等于 id1 的 div 元素添加红色双线边框
        });
    </script>
  </body>
</html>
```

【说明】　网页中定义了 4 个 div 元素,其中 2 个定义了 id 属性。在 jQuery 程序中使用 $ ('div[id]')属性选择器选取所有包含 id 属性的 div 元素,然后调用 css()方法为选取的 div 元素添加蓝色虚线边框;使用 $ ('div[id=id1]')属性选择器选取 id 属性等于 id1 的 div 元素,然后调用 css()方法为选取的 div 元素添加红色双线边框。

9.6　表单选择器

表单在 Web 前端开发中占据重要的地位,在 jQuery 中引入表单选择器能够让用户更加方便地处理表单数据。通过表单选择器可以快速定位到某类表单元素,见表 9-9。

表 9-9　表单选择器

选择器	描　　述	返　　回
:input	选取所有的<input>、<textarea>、<select>和<button>元素	jQuery 对象数组
:text	选取所有的单行文本框	jQuery 对象数组
:password	选取所有的密码框	jQuery 对象数组
:radio	选取所有的单选框	jQuery 对象数组
:checkbox	选取所有的多选框	jQuery 对象数组
:submit	选取所有的提交按钮	jQuery 对象数组
:image	选取所有的图片按钮	jQuery 对象数组
:button	选取所有的按钮	jQuery 对象数组
:file	选取所有的文件域	jQuery 对象数组
:hidden	选取所有的不可见元素	jQuery 对象数组

【例 9-12】　使用表单选择器统计各个表单元素的数量,本例文件 9-12. html 在浏览器中的显示效果如图 9-12 所示。

代码如下:

```
<html>
  <head>
  <title>表单选择器</title>
  <script src="js/jquery-3.2.1.min.js" type="text/javascript"></script>
  <style type="text/css">
    * {margin-top: 5px;}
    div{height: 210px; }
```

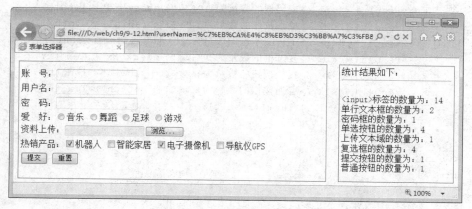

图 9-12　例 9-12 的页面显示效果

```
    #formDiv{float: left;padding: 4px; width: 550px;border: 1px solid #666;}
    #showResult{float: right;padding: 4px; width: 200px; border: 1px solid #666;}
</style>
</head>
<body>
<div id="formDiv">
  <form id="myform" action="#">
      账　号：<input type="text" /><br />
      用户名：<input type="text" name="userName" /><br />
      密　码：<input type="password" name="userPwd"/><br />
      爱　好：<input type="radio" name="hobby" value="音乐"/>音乐
      <input type="radio" name="hobby" value="舞蹈"/>舞蹈
      <input type="radio" name="hobby" value="足球"/>足球
      <input type="radio" name="hobby" value="游戏"/>游戏<br />
      资料上传：<input type="file" /><br />
      热销产品：<input type="checkbox" name="goodsType" value="机器人"
        checked />机器人
      <input type="checkbox" name="goodsType" value="智能家居" />智能家居
      <input type="checkbox" name="goodsType" value="电子摄像机" checked/>
        电子摄像机
      <input type="checkbox" name="goodsType" value="导航仪 GPS" />导航仪
        GPS<br/>
      <input type="submit" value="提交" />
      <input type="button" value="重置" /><br />
  </form>
</div>
<div id="showResult"></div>
<script type="text/javascript">
    $(function(e){
        var result="统计结果如下：<hr/>";
        result+="<br />&lt;input&gt;标签的数量为："+$(": input").length;
        result+="<br />单行文本框的数量为："+$(": text").length;
```

237

```
                result+="<br />密码框的数量为: "+$(": password").length;
                result+="<br />单选按钮的数量为: "+$(": radio").length;
                result+="<br />上传文本域的数量为: "+$(": file").length;
                result+="<br />复选框的数量为: "+$(": checkbox").length;
                result+="<br />提交按钮的数量为: "+$(": submit").length;
                result+="<br />普通按钮的数量为: "+$(": button").length;
                $("#showResult").html(result);
            });
        </script>
    </body>
</html>
```

习　　题

1. 使用基础选择器为页面元素添加样式,如图 9-13 所示。

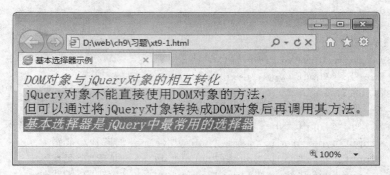

图 9-13　题 1 图

2. 使用内容过滤器设置表格样式,如图 9-14 所示。

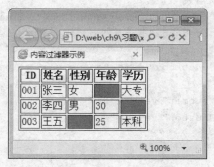

图 9-14　题 2 图

　　3. 使用层次选择器为表单的直接子元素文本框换肤,单击"换肤"按钮,改变文本框的样式,如图 9-15 所示。

238

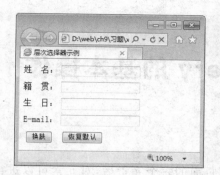

图 9-15　题 3 图

4. 使用可见性过滤器显示与隐藏页面元素，单击"显示隐藏元素"按钮，在"页面顶部"和"用户 ID"之间显示出隐藏的菜单栏，如图 9-16 所示。

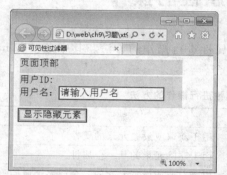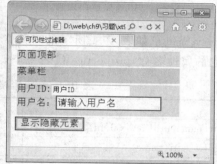

图 9-16　题 4 图

5. 综合使用 jQuery 选择器制作隔行换色鼠标指向表格行变色的页面，如图 9-17 所示。

产品名称	产地	厂商
机器人	深圳	宇宙电子
智能家居	北京	太空电子
电子摄像机	苏州	梦想电子
导航仪GPS	上海	未来电子

产品名称	产地	厂商
机器人	深圳	宇宙电子
智能家居	北京	太空电子
电子摄像机	苏州	梦想电子
导航仪GPS	上海	未来电子

图 9-17　题 5 图

第 10 章   jQuery 的基本操作

通过 jQuery 提供的选择器快速定位到页面的每个元素后,对元素可以进行各种操作,例如属性操作、样式操作、内容和值操作、DOM 节点操作等。

10.1   元素属性的操作

jQuery 提供了如表 10-1 所示的对元素属性进行操作的方法。其中 key 和 name 都代表元素的属性名称,properties 代表一个集合。

表 10-1   对元素属性进行操作的方法

方　　法	描　　述
attr(name|pro|key,val|fn)	用于获取或设置元素的属性
removeAttr(name)	用于删除元素的某一个属性
prop(name|pro|key,val|fn)	用于获取或设置元素的一个或多个属性
removeProp(name)	用于删除由 prop()方法设置的属性集

当元素属性(如 checked、selected 和 disabled 等)取值为 true 或 false 时,通过 prop()方法对属性进行操作,而其他普通属性通过 attr()方法进行操作。

10.1.1   获取或设置元素属性

1. attr()方法

attr()方法用于获取所匹配元素的集合中第一个元素的属性,或设置所匹配元素的一个或多个属性。语法格式如下:

```
attr(name)
attr(properties)
attr(key,value)
attr(key,function(index, oldAttr))
```

参数说明如下。

• name:表示元素的属性名。

• properties:这是一个由 key/value 键值对构成的集合,用于设置元素中的 1~n 个属性。

- key：表示需要设置的属性名。
- value：表示需要设置的属性值。
- function(index,oldAttr)：表示使用函数的返回值作为属性的值，第一个参数为当前元素的索引值，第二个参数为原先的属性值。

例如，返回<img>集合中第一个图像的 src 属性值的代码如下：

```
$("img").attr("src");
```

2. prop（）方法

prop()方法用于获取所匹配元素的集合中第一个元素的属性，或设置所匹配元素的一个或多个属性。prop()方法多用于 boolean 类型属性操作，例如 checked、selected 和 disabled 等。语法格式如下：

```
prop(name)
prop(properties)
prop(key,value)
prop(key,function(index, oldAttr))
```

prop()方法的参数说明与 attr()方法的参数说明相同，这里不再赘述。

例如，返回第一个复选框状态的代码如下：

```
$("input[type='checkbox']").prop("checked");
```

10.1.2　删除元素属性

1. removeAttr（）方法

removeAttr()方法用于删除匹配元素的指定属性，语法格式如下：

```
removeAttr(name)
```

例如，删除所有 img 的 title 属性的代码如下：

```
$("img").removeAttr("title");
```

2. removeProp（）方法

removeProp()方法用于删除由 prop()方法设置的属性集，语法格式如下：

```
removeProp(name)
```

例如，将所有复选框设置为可用状态的代码如下：

```
$("input[type='checkbox']").removeProp("disabled");
```

【例 10-1】　修改页面元素的属性，本例文件 10-1. html 在浏览器中的显示效果如

图 10-1 所示。

图 10-1   例 10-1 的页面显示效果

代码如下：

```html
<html>
  <head>
    <title>修改页面元素的属性</title>
    <script src="js/jquery-3.2.1.min.js" type="text/javascript">
    </script>
  </head>
<body>
  <img id="prod1" src="images/01.jpg"/>
  <img id="prod2" src="images/02.jpg"/><hr/>
  <input type="button" value="交换产品" onClick="swap()"/><hr/>
  <input type="checkbox" name="goodsType" value="机器人" checked />机器人
  <input type="checkbox" name="goodsType" value="导航仪 GPS" />导航仪 GPS
  <input type="checkbox" name="goodsType" value="智能家居"/>智能家居
  <input type="checkbox" name="goodsType" value="电子摄像机" checked/>电子
  摄像机
```

```
<br/><hr/>
<input type="button" value="全选" onClick="changeSelect()"/>
<input type="button" value="反选" onClick="reverseSelect()"/>
<input type="button" value="全部禁用" onClick="disabledSelect()"/>
<input type="button" value="取消禁用" onClick="enabledSelect()"/>
<script type="text/javascript">
    function swap(){                    //单击"交换产品"按钮,交换两幅图像
        var prodSrc=$("#prod1").attr("src");
        $("#prod1").attr("src",function(){ return $("#prod2").attr
            ("src")});
        $("#prod2").attr("src",prodSrc);
    }
    function changeSelect(){     //单击"全选"按钮,选中所有复选框
        $("input[type='checkbox']").prop("checked",true);
    }
    function reverseSelect(){   //单击"反选"按钮,将复选框进行反选
        $("input[type='checkbox']").prop("checked",function(index,
            oldValue){
            return !oldValue;
        });
    }
    function disabledSelect(){
                        //单击"全部禁用"按钮,将复选框全部选中后再设置禁用
        $("input[type='checkbox']").prop({disabled: true,checked: true});
    }
    function enabledSelect(){
                        //单击"取消禁用"按钮,所有复选框恢复到正常状态
        $("input[type='checkbox']").removeProp("disabled");
    }
</script>
</body>
</html>
```

【说明】　在上面的代码中,使用 attr() 和 prop() 方法设置元素的属性,使用 removeAttr() 和 removeProp() 方法删除元素指定的属性。

10.2　元素样式的操作

在 jQuery 中,对元素的 CSS 样式操作可以通过修改 CSS 类或者设置 CSS 属性来实现。

10.2.1　修改 CSS 类

在网页设计中,设计者如果想改变一个元素的整体外观,例如给网站换肤,就可以通过修改该元素所使用的 CSS 类来实现。在 jQuery 中,提供了如表 10-2 所示的几种用于

修改 CSS 类的方法。

表 10-2　修改 CSS 类的方法

方　　法	描　　述
addClass(class)	为所有匹配的元素添加指定的 CSS 类名
removeClass(class)	从所有匹配的元素中删除全部或者指定的 CSS 类
toggleClass(class)	如果存在(不存在)就删除(添加)一个 CSS 类
toggleClass(class,switch)	如果 switch 参数为 true 则加上对应的 CSS 类,否则就删除,通常 switch 参数为一个布尔型的变量

需要注意的是,使用 addClass()方法添加 CSS 类时,并不会删除现有的 CSS 类。同时,在使用表 10-2 所列的方法时,其 class 参数都可以设置多个类名,类名与类名之间用空格分开。

【例 10-2】 修改 CSS 类示例,本例文件 10-2. html 在浏览器中的显示效果如图 10-2 所示。

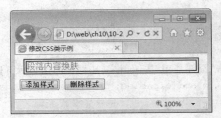 

图 10-2　例 10-2 的页面显示效果

代码如下:

```
<html>
  <head>
    <title>修改 CSS 类示例</title>
    <style>
      p{
        margin: 8px;
        font-size: 16px;
      }
      .selected{
        color: red;                    //设置文字颜色为红色
      }
      .addborder{
        border: 6px double blue;       //设置 6px 双线蓝色边框
      }
    </style>
    <script src="js/jquery-3.2.1.min.js" type="text/javascript"></script>
  </head>
<body>
  <p>段落内容换肤</p>
  <button id="addClass">添加样式</button>
```

```
<button id="removeClass">删除样式</button>
<script>
  $("#addClass").click(function(){
    $("p").addClass("selected addborder");
                          //为 p 元素添加 selected 和 addborder 两个类
  });
  $("#removeClass").click(function(){
    $("p").removeClass("selected addborder");
                          //为 p 元素删除 selected 和 addborder 两个类
  });
</script>
</body>
</html>
```

【说明】 网页中定义了 2 个按钮和 1 个 p 元素,单击"添加样式"按钮,会调用 addClass()方法为 p 元素添加 selected 和 addborder 两个类;单击"删除样式"按钮,会调用 removeClass()方法为 p 元素删除 selected 和 addborder 两个类。

10.2.2 设置 CSS 属性

如果需要获取或设置某个元素的具体样式(设置元素的 style 属性),jQuery 也提供了相应的方法,见表 10-3。

表 10-3 设置 CSS 属性的方法

方　　法	描　　述
css(name)	返回第一个匹配元素的样式属性
css(name,value)	为所有匹配元素的指定样式设置值
css(properties)	以{属性:值;属性:值;…}的形式为所有匹配的元素设置样式属性

需要注意的是,使用 css()方法设置属性时,既可以使用连字符形式的 CSS 表示法(如 background-color),也可以使用大小写形式的 DOM 表示法(如 backgroundColor)。

【例 10-3】 设置 CSS 属性示例,本例文件 10-3.html 在浏览器中的显示效果如图 10-3 所示。

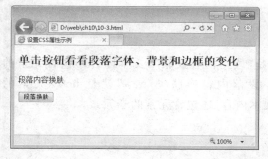
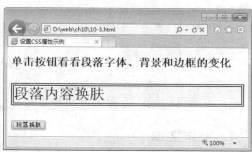

图 10-3 例 10-3 的页面显示效果

代码如下：

```html
<html>
  <head>
    <title>设置 CSS 属性示例</title>
    <script src="js/jquery-3.2.1.min.js" type="text/javascript"></script>
    <script type="text/javascript">
    $(document).ready(function(){
      $("button").click(function(){
                          //单击按钮给段落设置字体大小加倍、黄色背景、双线边框效果
        $("p").css({"font-size": "200%","background-color": "yellow","border":
          "6px double blue"});
      });
    });
    </script>
  </head>
  <body>
    <h2>单击按钮看看段落字体、背景和边框的变化</h2>
    <p>段落内容换肤</p>
    <button type="button">段落换肤</button>
  </body>
</html>
```

10.3　元素内容和值的操作

html()和 text()方法用于操作页面元素的内容，val()方法用于操作元素的值。上述方法的使用方式基本相同，当方法没有提供参数时表示获取匹配元素的内容或值；当方法携带参数时表示对匹配元素的内容或值进行修改。

10.3.1　操作元素内容

元素的内容是指定义元素的起始标记和结束标记之间的内容，又可以分为文本内容和 HTML 内容。通过下面的代码来说明如何区分元素中的文本内容和 HTML 内容。

```html
<body>
  <p>段落内容换肤</p>
</body>
```

在上述代码中，body 元素的文本内容就是"段落内容换肤"，文本内容不包含元素的子元素，只包含元素的文本内容；而"＜p＞段落内容换肤＜/p＞"就是 body 元素的 HTML 内容，HTML 内容不仅包含元素的文本内容，还包含元素的子元素。

1. 操作文本

jQuery 提供了 text()和 text(val)两个方法用于对文本内容操作，其中 text()用于获取全部匹配元素的文本内容，text(val)用于设置全部匹配元素的文本内容。例如，在一个

HTML 页面中,包括下面 3 行代码。

```
<div>
  <p id="intro">宇宙电子,天天向上</p>
</div>
```

要获取 div 元素的文本内容,可以使用下面的代码。

```
$("div").text();
```

得到的结果如下:

宇宙电子,天天向上

需要注意的是,text()方法取得的结果是所有匹配元素包含的文本组合起来的纯文本内容,这个方法对 XML 文档有效,可以用 text()方法解析 XML 文档元素的文本内容。

【例 10-4】　操作文本内容,本例文件 10-4.html 在浏览器中的显示效果如图 10-4 所示。

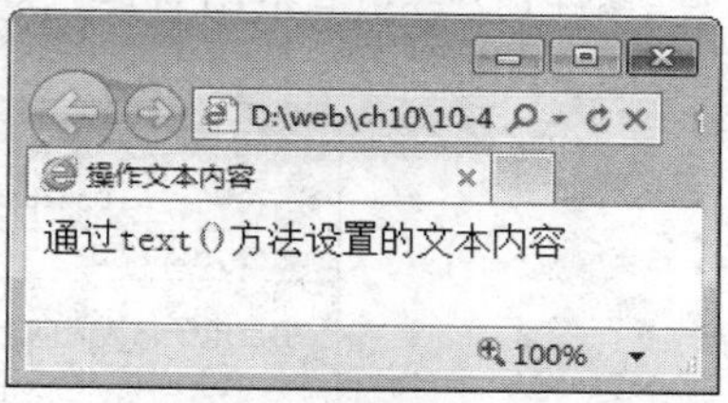

代码如下:

图 10-4　例 10-4 的页面显示效果

```
<html>
  <head>
    <title>操作文本内容</title>
    <script src="js/jquery-3.2.1.min.js" type="text/javascript"></script>
    <script type="text/javascript">
      $(document).ready(function(){
          $("div").text("通过 text()方法设置的文本内容");
      });
    </script>
  </head>
  <body>
    <div>
      <p id="intro">宇宙电子,天天向上</p>
    </div>
  </body>
</html>
```

【说明】　使用 text()方法重新设置 div 元素的内容后,div 元素原来的内容将被新设置的内容替换,包括原来内容中的 HTML 内容。因此,页面加载后,页面中原来设置的段落内容"宇宙电子,天天向上"将被替换,取而代之的内容是"通过 text()方法设置的文本内容"。

2. 操作 HTML 内容

jQuery 提供了 html()和 html(val)两个方法用于对 HTML 内容进行操作。其中 html()用于获取第一个匹配元素的 HTML 内容,html(val)用于设置全部匹配元素的 HTML 内容。例如,在一个 HTML 页面中,包括下面 3 行代码。

```
<div>
  <p id="intro">宇宙电子,天天向上</p>
</div>
```

要获取 div 元素的 HTML 内容,可以使用下面的代码。

```
alert($("div").html());
```

得到的结果如图 10-5 所示,可以看出消息框中显示的是 div 元素的 HTML 内容 "<p id="intro">宇宙电子,天天向上</p>"。

用户可以重新设置 div 元素的 HTML 内容,结果如图 10-6 所示。代码如下:

```
$("div").html("<p style='border: 1px solid blue'>通过 html()方法设置的 HTML 内容</p>");
alert($("div").html());
```

图 10-5　获取 div 元素的 HTML 内容

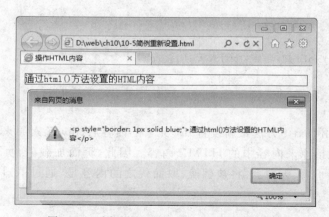

图 10-6　重新设置 HTML 内容后获取的结果

从图 10-6 中可以看出,消息框中显示的是重新设置的 HTML 内容"<p style='border:1px solid blue'>通过 html()方法设置的 HTML 内容</p>",并且浏览器解析 HTML 内容中所包含的 HTML 代码,浏览器中显示出蓝色边框的段落内容"通过 html()方法设置的 HTML 内容"。

【例 10-5】　操作文本内容和 HTML 内容，本例文件 10-5.html 在浏览器中的显示效果如图 10-7 所示。

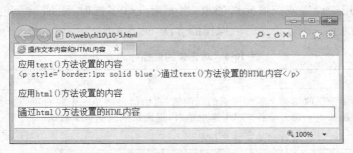

图 10-7　获取和设置元素的文本内容与 HTML 内容

代码如下：

```html
<html>
  <head>
    <title>操作文本内容和 HTML 内容</title>
    <script src="js/jquery-3.2.1.min.js" type="text/javascript">
    </script>
    <script type="text/javascript">
      $(document).ready(function(){
        $("#div1").text("<p style='border: 1px solid blue'>通过 text()方法设置
          的 HTML 内容</p>");
        $("#div2").html("<p style='border: 1px solid blue'>通过 html()方法设置
          的 HTML 内容</p>");
      });
    </script>
  </head>
  <body>
    应用 text()方法设置的内容
    <div id="div1">
      <p id="intro">宇宙电子,天天向上</p>
    </div>
    <br/>应用 html()方法设置的内容
    <div id="div2">
      <p id="intro">宇宙电子,天天向上</p>
    </div>
  </body>
</html>
```

【说明】　从运行结果可以看出，应用 text() 设置文本内容时，即使内容中包含 HTML 代码，也将被认为是普通文本，并不能作为 HTML 代码被浏览器解析，仍然按照原样显示；而应用 html()设置的 HTML 内容中所包含的 HTML 代码就可以被浏览器解析，因此，文本"通过 html()方法设置的 HTML 内容"带有蓝色边框的。

249

10.3.2　操作元素的值

val()方法用于设置或获取元素的值,当元素允许多选时,返回一个包含被选项的数组。jQuery 提供了 3 种对元素的值操作的方法,见表 10-4。

表 10-4　对元素的值操作的方法

方　法	描　　述
val()	用于获取第一个匹配元素的当前值,返回值可能是一个字符串,也可能是一个数组。例如当 select 元素有两个选中值时,返回结果就是一个数组
val(val)	用于设置所有匹配元素的值
val(arrVal)	用于为 check、select 和 radio 等元素设置值,参数为字符串数组

【例 10-6】　操作元素的值。页面加载后,在文本框中输入祝福语,单击"提交"按钮,获取文本框元素的值并显示在页面中,本例文件 10-6.html 在浏览器中的显示效果如图 10-8 所示。

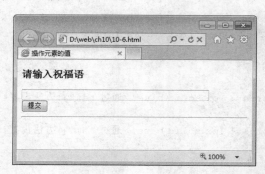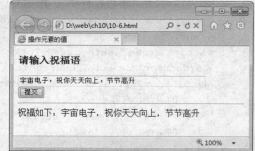

图 10-8　操作元素的值

代码如下:

```html
<html>
  <head>
    <title>操作元素的值</title>
    <script src="js/jquery-3.2.1.min.js" type="text/javascript"></script>
  </head>
<body>
  <h3>请输入祝福语</h3>
  <input type="text" value="" id="inputDiscuss" size="50" /><br/>
  <input type="button" value="提交" onClick="submitNewsDiscuss()"/>
  <hr/>
  <div id="newsDiscuss">
  </div>
  <script type="text/javascript">
      function submitNewsDiscuss(){
          var inputDiscuss=$("#inputDiscuss").val();
```

```
        $("#newsDiscuss").html("祝福如下: "+inputDiscuss);
        }
    </script>
  </body>
</html>
```

【说明】　上述代码中,使用 val()方法可以获取文本框元素的值。单击"提交"按钮,将获取的值显示在页面中。

10.4　操作 DOM 节点

根据 W3C 中的 HTML DOM 标准,HTML 文档的所有内容都是节点,包括文档节点、元素节点、文本节点、属性节点和注释节点;各种节点相互关联,共同形成了 DOM 树。

了解 JavaScript 的用户应该知道,通过 JavaScript 可以实现对 DOM 节点的操作,但操作起来比较复杂。jQuery 为了简化开发人员的工作,提供了一系列方法对 DOM 节点进行各种操作,本节将进行详细讲解。

10.4.1　创建节点

在实际应用中,常常需要动态创建 HTML 页面内容,使 HTML 页面根据用户的操作在浏览器中呈现不同的显示效果,从而达到人机交互的目的。当需要在页面中添加新内容时,就需要在 DOM 操作中进行创建节点的操作。

创建节点分为 3 种:创建元素节点、创建文本节点和创建属性节点。

1. 创建元素节点

例如要创建两个<p>元素节点,并且要把它们作为<div>元素节点的子节点添加到 DOM 节点树上,完成这个任务需要两个步骤。

(1) 创建两个新的<p>元素。

(2) 将这两个新元素插入文档中。

第(1)步可以使用 jQuery 的工厂函数 $()来完成,格式如下:

$(html)

$(html)方法可以根据传入的 HTML 标记字符串,创建一个 DOM 对象,并且将这个 DOM 对象包装成一个 jQuery 对象后返回。

首先,创建两个<p>元素,jQuery 代码如下:

```
var $p_1=$("<p></p>");    //创建第 1 个 p 元素
var $p_2=$("<p></p>");    //创建第 2 个 p 元素,文本为空
```

然后,将这两个新的元素插入文档中,可以使用 jQuery 中的 append()等方法(将在

251

本节后面讲解）。具体的 jQuery 代码如下：

```
$("div").append($p_1);              //将第 1 个 p 元素添加到 div 中,使它能在页面中显示
$("div").append($p_2);  //也可以采用链式写法: $("div").append($p_1).append($p_2);
```

运行代码后,新创建的＜p＞元素将被添加到页面中。

2. 创建文本节点

两个＜p＞元素节点已经创建完毕并插入了文档中,此时需要为它们添加文本内容。具体的 jQuery 代码如下：

```
var $p_1=$("<p>宇宙电子</p>");    //创建第 1 个 p 元素,包含元素节点和文本节点
var $p_2=$("<p>新闻中心</p>");    //创建第 2 个 p 元素,包含元素节点和文本节点
$("div").append($p_1);            //将第 1 个 p 元素添加到 div 中,使它能在页面中显示
$("div").append($p_2);            //将第 2 个 p 元素添加到 div 中,使它能在页面中显示
```

创建文本节点就是在创建元素节点时直接把文本内容写出来,然后使用 append() 等方法将它们添加到文档中。运行代码后,新创建的＜p＞元素将被添加到页面中,如图 10-9 所示。

3. 创建属性节点

创建属性节点与创建文本节点类似,也是直接在创建元素节点时一起创建。具体jQuery 代码如下：

```
//创建第 1 个 p 元素,包含元素节点、文本节点和属性节点,"title='宇宙电子'"就是属性节点
var $p_1=$("<p title='宇宙电子'>宇宙电子</p>");
//创建第 2 个 p 元素,包含元素节点、文本节点和属性节点,"title='新闻中心'"就是属性节点
var $p_2=$("<p title='新闻中心'>新闻中心</p>");
$("div").append($p_1);          //将第 1 个 p 元素添加到 div 中,使它能在页面中显示
$("div").append($p_2);          //将第 2 个 p 元素添加到 div 中,使它能在页面中显示
```

运行代码后,将鼠标光标移至文字"宇宙电子"上,即可看到 title 信息,如图 10-10所示。

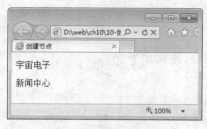

图 10-9　创建文本节点

图 10-10　创建属性节点

10.4.2　插入节点

动态创建 HTML 元素后,还需要将新创建的元素插入 HTML 文档中才会在页面中

看出效果。将新创建的节点插入 HTML 文档最简单的办法是，让该节点作为文档中已有的某个节点的子节点。

jQuery 中提供了 append() 方法用来在元素结尾插入新创建的节点，在前面讲解创建节点时已经使用了这个方法。除了 append() 方法，jQuery 还提供了其他几种插入节点的方法。插入节点可分为在元素内部插入和在元素外部插入两种。

1. 在元素内部插入

在元素内部插入就是向一个元素中添加子元素和内容，jQuery 提供了如表 10-5 所示的在元素内部插入的方法。

表 10-5 在元素内部插入的方法

方　　法	描　　　　述
append(content)	为所有匹配的元素的内部追加内容
appendTo(content)	将所有匹配元素添加到另一个元素的元素集合中
prepend(content)	为所有匹配的元素的内部前置内容
prependTo(content)	将所有匹配元素前置到另一个元素的元素集合中

append() 方法与 prepend() 方法类似，所不同的是 prepend() 方法将添加的内容插入原有内容的前面。

appendTo() 实际上是颠倒了 append() 方法，例如下面这句代码。

```
$("<p>A</p>").appendTo("#B");          //将指定内容添加到 id 为 B 的元素中
```

等同于：

```
$("#B").append("<p>A</p>");          //将指定内容添加到 id 为 B 的元素中
```

append() 方法并不能移动页面上的元素，而 appendTo() 方法是可以的，例如下面的代码。

```
$("#B").appendTo("#A");               //移动 B 元素到 A 元素的后面
```

append() 方法是无法实现该功能的，注意两者的区别。

需要注意的是，prepend() 方法是向所有匹配元素内部的开始处插入内容的最佳方法。prepend() 方法和 prependTo() 方法的区别与 append() 方法和 appendTo() 方法的区别相同。

【例 10-7】 在元素内部插入子元素的方法，本例文件 10-7. html 在浏览器中的显示效果如图 10-11 所示。

代码如下：

```
<html>
  <head>
    <title>在元素内部插入子元素的方法</title>
    <script src="js/jquery-3.2.1.min.js" type="text/javascript"></script>
    <script>
```

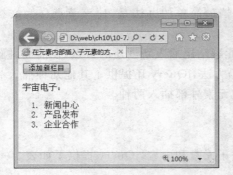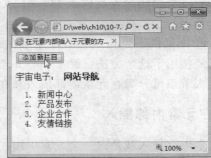

图 10-11　例 10-7 的页面显示效果

```
$(document).ready(function(){
    $("button").click(function () {
        $("p").append("<b>网站导航</b>");
        $("ol").append("<li>友情链接</li>");
    });
});
</script>
</head>
<body>
    <button>添加新栏目</button>
    <p>宇宙电子: </p>
    <ol>
    <li>新闻中心</li>
    <li>产品发布</li>
    <li>企业合作</li>
    </ol>
</body>
</html>
```

【说明】　上述代码中,单击"添加新栏目"按钮向段落元素中添加了文字"网站导航",向列表元素中添加了列表项"友情链接"。

2. 在元素外部插入

在元素外部插入就是将要添加的内容添加到元素之前或元素之后,jQuery 提供了如表 10-6 所示的在元素外部插入的方法。

表 10-6　在元素外部插入的方法

方　　法	描　　述
after(content)	在每个匹配的元素之后插入内容
insertAfter(content)	将所有匹配的元素插入另一个指定元素的元素集合的后面
before(content)	在每个匹配的元素之前插入内容
insertBefore(content)	把所有匹配的元素插入另一个指定元素的元素集合的前面

【例 10-8】　在元素外部插入元素的方法。单击"在前面插入内容"按钮向图片前面

添加文字"智能"；单击"在后面插入内容"按钮向图片后面添加文字"机器人"。本例文件 10-8.html在浏览器中的显示效果如图 10-12 所示。

图 10-12　例 10-8 的页面显示效果

代码如下：

```html
<html>
  <head>
    <title>在元素外部插入元素的方法</title>
    <script src="js/jquery-3.2.1.min.js" type="text/javascript"></script>
    <script>
      $(document).ready(function(){
        $("#btnbefore").click(function () {
          $("img").before("<b>智能</b>");
        });
        $("#btnafter").click(function() {
          $("img").after ("<b>机器人</b>");
        });
      });
    </script>
  </head>
<body>
  <img src="images/01.jpg"><br><br>
  <button id="btnbefore">在前面插入内容</button>
  <button id="btnafter">在后面插入内容</button>
</body>
</html>
```

10.4.3　复制节点

在 jQuery 中提供了 clone()方法，用于复制 DOM 节点（包含节点中的子节点、文本节点和属性节点）。语法格式如下：

```
$(selector).clone(includeEvents [,deepEvents])
```

255

参数说明如下。

- includeEvents（可选、布尔类型）：表示是否同时复制元素的附加数据和绑定事件，默认为 false。
- deepEvents（可选、布尔类型）：表示是否同时复制元素中的所有子元素的附加数据和绑定事件，参数 deepEvents 默认与 includeEvents 一致。

【例 10-9】 复制节点。页面中第一幅图像不可复制，单击第二幅图像及其复制的图像都可以复制，本例文件 10-9.html 在浏览器中的显示效果如图 10-13 所示。

图 10-13　例 10-9 的页面显示效果

代码如下：

```html
<html>
  <head>
    <title>复制节点</title>
    <script src="js/jquery-3.2.1.min.js" type="text/javascript"></script>
    <script type="text/javascript">
      $(function() {
        $("div img: eq(1)").bind("click",function() {          //为按钮绑定单击事件
```

```
                $(this).clone(true).insertAfter(this);  //复制自己也复制事件处理
            });
        });
    </script>
</head>
<body>
    <div>
        <h3>第一幅图像不可复制</h3>
        <img src="images/01.jpg"><br>
        <h3>第二幅图像及其复制的图像都可以复制</h3>
        <img src="images/02.jpg">
    </div>
</body>
</html>
```

【说明】　上述代码中,第二幅图像使用了 clone(true)的方法传递 true 参数,允许同时复制元素及其事件处理。如果只允许复制图像本身,则需要使用 clone()不加参数的方法。

10.4.4　删除节点

jQuery 提供了三种删除节点的方法,分别是 remove()、detach()和 empty()方法。

1. remove()方法

remove()方法用于从 DOM 中删除所有匹配的元素,传入的参数用于根据 jQuery 表达式来筛选元素。

当使用 remove()方法删除某个节点之后,该节点所包含的所有后代节点将同时被删除。remove()方法的返回值是一个指向已被删除的节点的引用,以后也可以继续使用这些元素。代码如下:

```
var $p_2=$("div p: eq(1)").remove();    //获取第 2 个<p>节点后,将它从页面中删除
$("div").append($p_2);                   //把删除的节点重新添加到 div 中
```

【例 10-10】　使用 remove()方法删除节点。页面中有 3 行文字,单击"删除第 3 行文字"按钮删除该行文字,本例文件 10-10.html 在浏览器中的显示效果如图 10-14 所示。

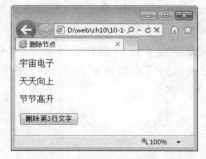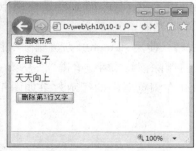

图 10-14　例 10-10 的页面显示效果

257

代码如下:

```html
<html>
  <head>
    <title>删除节点</title>
    <script src="js/jquery-3.2.1.min.js" type="text/javascript"></script>
    <script type="text/javascript">
      $(document).ready(function(){
        $("#btnDelete").click(function () {
          $("div p: eq(2)").remove();            //删除第 3 行文字,索引号为 2
        });
      });
    </script>
  </head>
  <body>
    <div>
      <p>宇宙电子</p>
      <p>天天向上</p>
      <p>节节高升</p>
    </div>
      <input type="button" id="btnDelete" value="删除第 3 行文字" />
  </body>
</html>
```

2. detach()方法

detach()方法和 remove()方法一样,也是删除 DOM 中匹配的元素。需要注意的是,这个方法不会把匹配的元素从 jQuery 对象中删除,因此,在将来仍然可以使用这些匹配元素。与 remove()不同的是,所有绑定的事件或附加的数据都会保留下来。

代码如下:

```javascript
$("div p").click(function(){
    alert($(this).text());
});
var $p_2=$("div p: eq(1)").detach();            //删除元素
$p_2.appendTo("div");
```

使用 detach()方法删除元素之后,再执行"$ p_2. appendTo("div");"重新追加此元素,之前绑定的事件还存在,而如果是使用 remove()方法删除元素,再重新追加元素,之前绑定的事件将失效。

【例 10-11】 使用 detach()方法删除与恢复节点。页面中有 3 行文字,单击"删除第 3 行文字"按钮删除该行文字;单击"恢复第 3 行文字"按钮恢复显示该行文字。本例文件 10-11. html 在浏览器中的显示效果如图 10-15 所示。

代码如下:

```html
<html>
  <head>
    <title>删除与恢复节点</title>
```

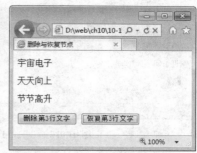

图 10-15　例 10-11 的页面显示效果

```
<script src="js/jquery-3.2.1.min.js" type="text/javascript"></script>
<script type="text/javascript">
  $(document).ready(function(){
    var $p_3;
    $("#btnDelete").click(function () {
      $p_3=$("div p: eq(2)").detach();
                        //删除第 3 行文字,绑定的事件或附加的数据都会保留下来
    });
    $("#btnRestore").click(function () {
      $p_3.appendTo("div");    //重新追加元素$p_3,恢复被删除的第 3 行文字
    });
  });
</script>
</head>
<body>
  <div>
    <p>宇宙电子</p>
    <p>天天向上</p>
    <p>节节高升</p>
  </div>
  <input type="button" id="btnDelete" value="删除第 3 行文字" />
  <input type="button" id="btnRestore" value="恢复第 3 行文字" />
</body>
</html>
```

3. empty()方法

empty()方法用于清空元素的内容(包括所有文本和子节点),但不删除该元素。
代码如下:

```
$("div p: eq(1) ").empty();      //获取第 2 个 p 元素后,清空该元素中的内容
```

运行此段代码后,第 2 个<p>元素的内容被清空,但第 2 个<p>元素还存在。

【例 10-12】　使用 empty()方法清空元素的内容。页面中定义一个包含链接的 p 元素和一个按钮,单击"删除"按钮清空 p 元素的内容及其链接子元素,好像 p 元素被删除了一样。本例文件 10-12. html 在浏览器中的显示效果如图 10-16 所示。

259

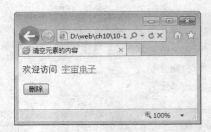

图 10-16　例 10-12 的页面显示效果

代码如下：

```html
<html>
  <head>
    <title>清空元素的内容</title>
    <script src="js/jquery-3.2.1.min.js" type="text/javascript"></script>
    <script>
      $(document).ready(function(){
        $("button").click(function () {
          $("p").empty();          //p元素的内容被清空了,但p元素还在
        });
      });
    </script>
  </head>
  <body>
    <p>
    欢迎访问<a href="http://www.unidigital.com/">宇宙电子</a>
    </p>
    <button>删除</button>
  </body>
</html>
```

10.4.5　替换节点

如果要替换页面中的某个节点元素，可以使用 jQuery 中的 replaceWith()方法和 replaceAll()方法。replaceWith()方法和 replaceAll()方法都是用指定的 HTML 内容或元素替换被选元素。其差异在于内容和选择器的位置。

1. replaceWith()方法

replaceWith()方法的语法格式如下：

$(selector).replaceWith(content)

其中，参数 selector 为必选项，表示要替换的元素；参数 content 也是必选项，表示替换被选元素的内容，其可能的值包括 HTML 代码、新元素、已存在的元素，已存在的元素不会被移动，只会被复制。

2. replaceAll()方法

replaceAll()方法也可用指定的 HTML 内容或元素替换被选元素,其基本语法格式如下:

```
$(content).replaceAll(selector)
```

replaceAll()方法用于使用匹配的元素替换所有 selector 匹配到的元素;replaceWith()方法用于将所有匹配的元素替换成指定的 HTML 或 DOM 元素。这两种方法的功能相同,只是两者的表现形式不同。

【例 10-13】 使用 replaceWith()和 replaceAll()替换方法替换页面元素。页面中定义了 3 个 p 元素、2 个 img 元素和 2 个按钮,单击"replaceWith 替换"按钮将所有 p 元素替换成蓝色边框的 div 元素;单击"replaceAll 替换"按钮将所有 img 元素替换成加粗的文字。本例文件 10-13. html 在浏览器中的显示效果如图 10-17 所示。

图 10-17 例 10-13 的页面显示效果

代码如下:

```
<html>
  <head>
    <title>replaceWith()和 replaceAll()替换方法</title>
```

```
        <script src="js/jquery-3.2.1.min.js" type="text/javascript"></script>
        <script type="text/javascript">
          $(document).ready(function(){
            $("#btnRplWith").click(function () {
              $("p").replaceWith("<div>"+"欢迎您!"+"</div>"  );
                                        //将所有 p 元素替换成 div 元素
            });
            $("#btnRplAll").click(function () {
              $("<b>我是图像</b>").replaceAll("img");
                                        //将所有 img 元素替换成加粗的文字
            });
          });
        </script>
      <style>
        div{height: 20px;border: 1px solid blue;}
      </style>
    </head>
    <body>
      <p>宇宙电子</p>
      <p>天天向上</p>
      <p>节节高升</p>
      <img src="images/01.jpg"><img src="images/02.jpg">
      <hr/>
      <input type="button" id="btnRplWith" value="replaceWith 替换" />
      <input type="button" id="btnRplAll" value="replaceAll 替换" />
    </body>
</html>
```

10.4.6　查找节点

使用 jQuery 选择器可以很方便地匹配满足一定条件的 HTML 元素,并对其进行操作。但有时候需要根据 HTML 元素的具体情况对其进行个性化处理,此时可以使用 find() 方法遍历元素,查找到满足条件的节点。语法格式如下:

结果集=find(selector);

然后,就可以使用 for 语句遍历结果集中的对象。

【例 10-14】　使用 find()方法遍历 HTML 元素,本例文件 10-14.html 在浏览器中的显示效果如图 10-18 所示。

代码如下:

```
<html>
  <head>
```

图 10-18　例 10-14 的页面显示效果

```
<title>使用 find()方法遍历 HTML 元素</title>
<script src="js/jquery-3.2.1.min.js" type="text/javascript"></script>
<script>
   $(document).ready(function(){
        var trs=$('#employees').find('tr');
       for(var i=0;i<trs.length;i++){
            var td=$(trs[i]).find('td: nth-child(3)');
            if(td.html()=='男') {
               td.html('<img src="images/male.png" width="30" height="30"/>');
            }
            else if($(td).html()=='女')  {
               $(td).html('<img src="images/female.png" width="30"
                  height="30"/>');
            }
        }
   });
</script>
</head>
<body>
    <table id="employees" width="300" border="1">
    <tr><th>工号</th><th>姓名</th><th>性别</th><th>年龄</th><th>学历</th>
    </tr>
        <tr>
                <td>001</td>
                <td>张三</td>
                <td>女</td>
                <td>26</td>
                <td>本科</td>
        </tr>
        <tr>
                <td>002</td>
                <td>李四</td>
                <td>男</td>
                <td>32</td>
                <td>中专</td>
        </tr>
        <tr>
                <td>003</td>
                <td>王五</td>
                <td>女</td>
                <td>35</td>
                <td>本科</td>
        </tr>
    </table>
</body>
</html>
```

【说明】 页面中定义了一个显示员工信息的 HTML 表格 employees,然后使用 find()
方法遍历表格的每一行,并将每个员工的性别(第 3 列)替换成相应的图片。

263

10.5　操作表单元素

前面的章节已经详细讲解了表单的工作原理及表单元素的使用方法,本节重点讲解使用 jQuery 操作表单元素的方法。

10.5.1　操作文本框

文本框是表单中最基本也是最常见的元素,jQuery 操作文本框的主要方法如下。

1. 获取文本框的值

获取文本框的值的方法如下:

```
var textCon=$("#id").val();
```

或者

```
var textCon=$("#id").attr("value");
```

2. 设置文本框的值

设置文本框的值可以使用 attr()方法,方法如下:

```
$("#id").attr("value", "要设定的值");
```

3. 设置文本框不可编辑

设置文本框不可编辑的方法如下:

```
$("#id").attr("disabled", "disabled");
```

4. 设置文本框可编辑

设置文本框可编辑的方法如下:

```
$("#id").removeAttr("disabled");
```

【例 10-15】　jQuery 操作文本框示例。页面加载后,在文本框中输入用户名,单击"提交"按钮,消息框中显示用户名的信息;单击消息框中的"确定"按钮,文本框变为不可编辑状态;单击"修改"按钮,文本框又变为可编辑状态。本例文件 10-15.html 在浏览器中的显示效果如图 10-19 所示。

代码如下:

```html
<html>
  <head>
    <title>jQuery 操作文本框</title>
```

图 10-19　例 10-15 的页面显示效果

```
<script src="js/jquery-3.2.1.min.js" type="text/javascript"></script>
<script type="text/javascript">
    $(document).ready(function(){
        $("#vbtn").click(function(){
            if($("#testInput").val()!=""){
                alert($("#testInput").val());  //弹出文本框的值
                $("#testInput").attr("disabled","disabled");
                                        //将文本框变为不可编辑状态
            }else{
                alert("请输入文本内容!");
                $("#testInput").focus();        //将焦点设置到文本框处
                return false;
            }
        });
        $("#dbtn").click(function(){
            if($("#testInput").attr("disabled")=="disabled"){
                $("#testInput").removeAttr("disabled");
                                    //移除文本框的 disabled 属性
            }
        });
    })
</script>
</head>
<body>
    <h3>请输入用户名</h3>
    用户名:<input type="text" name="testInput" id="testInput" /><br/><br/>
    <input type="submit" name="vbtn" id="vbtn" value="提交" /> 
    <input type="button" name="dbtn" id="dbtn" value="修改" />
</body>
</html>
```

10.5.2　操作文本域

文本域的属性设置、值的获取以及编辑状态的修改与文本框都相同。本小节主要讲

265

解一个文本域的实际应用例子。

【例 10-16】 制作一个高度可变的留言区。页面加载后,在留言区文本域中输入留言内容。单击"放大"按钮,可以使文本域的高度增加;单击"缩小"按钮,可以使文本域的高度减小。本例文件 10-16. html 在浏览器中的显示效果如图 10-20 所示。

图 10-20 例 10-16 的页面显示效果

代码如下:

```html
<html>
  <head>
    <title>高度可变的留言区</title>
    <script src="js/jquery-3.2.1.min.js" type="text/javascript"></script>
    <style>
      .message{width: 320px;     font-size: 12px;border: 1px solid #000000;}
      .tt{padding: 5px;}
      .msg_top{margin-top: 5px;}
      #bigBtn{margin-left: 180px;font-size: 12px;}
      #smallBtn{margin-left: 5px;font-size: 12px;}
      #content{overflow: hidden;}
    </style>
    <script type="text/javascript">
    $(document).ready(function(){
        var $content=$("#content");              //获取文本域对象
        $("#bigBtn").click(function(){           //放大按钮单击事件
            if(!$content.is(": animated")){      //是否处于动画中
                if($content.height()<210){
                                            //如果内容区的高度小于 210 可以继续放大
                    //将文本域高度在原来的基础上增加 70
                    $content.animate({height: "+=70"},500);
                }
            }
        })
        $("#smallBtn").click(function(){         //缩小按钮单击事件
        if(!$content.is(": animated")){          //是否处于动画中
            if($content.height()>70){            //如果内容区的高度大于 70 可以继续缩小
                //将文本域高度在原来的基础上减少 70
```

```
            $content.animate({height: "-=70"},500);
        }
    }
    })
})
</script>
</head>
<body>
    <h3>高度可变的留言区</h3>
    <div class="message">
        <div class="msg_top">
            <input type="button" value="放大" id="bigBtn"/>
                  <input type="button" value="缩小" id="smallBtn"/>
        </div>
        <div class="tt">
            <textarea id="content" rows="4" cols="45">宇宙电子采用标准化…… (此
            处省略内容)
            </textarea>
        </div>
    </div>
</body>
</html>
```

【说明】　单击"放大"按钮时,判断文本域是否处于动画中,如果没有处于动画中,则判断文本域的高度是否小于 210px,小于 210px 则在原来基础上增加 70px;单击"缩小"按钮时,仍然先判断文本域是否处于动画中,如果没有处于动画中,则判断文本域的高度是否大于 70px,大于 70px 则将文本域高度在原来基础上减少 70px。

10.5.3　操作单选按钮和复选框

通常对单选按钮和复选框的常用操作都类似,都是选中、取消选中、判断选择状态等。

1. 选中单选按钮和复选框

使用 attr()方法可以设置选中的单选按钮和复选框,方法如下:

```
$("#id").attr("checked",true);
```

2. 取消选中单选按钮和复选框

使用 attr()方法取消选中的单选按钮和复选框的选中,方法如下:

```
$("#id").removeAttr("checked");
```

3. 判断选择状态

判断单选按钮和复选框的选择状态,方法如下:

```
if($("#id")..attr("checked")=='checked'){
```

267

```
        //省略部分代码
    }
```

【例 10-17】 jQuery 操作单选按钮和复选框,使用按钮控制单选框和复选框的选中状态。本例文件 10-17.html 在浏览器中的显示效果如图 10-21 所示。

图 10-21   例 10-17 的页面显示效果

代码如下:

```
<html>
  <head>
    <title>jQuery 操作单选按钮和复选框</title>
    <script src="js/jquery-3.2.1.min.js" type="text/javascript"></script>
    <script>
      $(document).ready(function(){
          $("#bbtn").click(function(){
              $("input[type=radio]").eq(0).attr("checked",true);
          });
          $("#gbtn").click(function(){
              $("input[type=radio]").eq(1).attr("checked",true);
          });
          $("#checkAll").click(function(){
              $("input[type=checkbox]").attr("checked",true);
          });
          $("#unCheckAll").click(function(){
              $("input[type=checkbox]").removeAttr("checked");
          });
          $("#revBtn").click(function(){
              $("input[type=checkbox]").each(function(){
                  this.checked=!this.checked;
              });
          });
          $("#subBtn").click(function(){
              var msg="你喜欢的产品是: \r\n";
              $("input[type=checkbox]: checked").each(function(){
                  msg+=$(this).val()+"\r\n";
              });
              alert(msg);
          });
      })
```

268

```
      </script>
    </head>
    <body>
      <form>
        <h3>选择你的性别</h3>
        <input type="radio" name="fruit" value="男" />男
        <input type="radio" name="fruit" value="女" />女<br/>
        <input type="button" id="bbtn" value="男" /> <input type="button"
          id="gbtn" value="女" />
        <hr>
        <h3 align="center">选择你喜欢的产品</h3>
        <input type="checkbox" name="hobby" value="机器人">机器人
        <input type="checkbox" name="hobby" value="智能家居">智能家居
        <input type="checkbox" name="hobby" value="导航仪">导航仪
        <input type="checkbox" name="hobby" value="电子摄像机">电子摄像机<br/><br/>
        <input type="button" id="checkAll" value="全选"> 
        <input type="button" id="unCheckAll" value="全不选"> 
        <input type="button" id="revBtn" value="反选"> 
        <input type="button" id="subBtn" value="提交">
      </form>
    </body>
</html>
```

【说明】

（1）从运行结果可以看到，全选操作就是将复选框全部选中，因此，为“全选”按钮绑定单击事件，将全部 type 属性为 checkbox 的＜input＞元素的 checked 属性设置为 true。同理全不选操作是将全部 type 属性为 checkbox 的＜input＞元素的 checked 属性移除。

（2）反选操作相对复杂一些，需要遍历每个复选框，将元素的 checked 属性设置为与当前值的相反的值。代码“this. checked＝! this. checked;”使用的是原生 JavaScript 的 DOM 方法，this 为 JavaScript 对象，而非 jQuery 对象，这样书写更加地简洁易懂。

10.5.4　操作下拉框

下拉框的常用操作包括读取和设置控件的值、添加菜单项和清空下拉菜单等。

1. 读取下拉框的值

读取下拉框的值可以使用 val()方法，用法如下：

var selVal=$("#id").val();

2. 设置下拉框的选中项

使用 attr()方法设置下拉框的选中项，用法如下：

$("#id").attr("value",选中项的值);

3. 清空下拉菜单

可以使用 empty()方法清空下拉菜单，用法如下：

```
if($("#id").empty();
```

4. 向下拉菜单中添加菜单项

可以使用 append()方法向下拉菜单中添加菜单项,用法如下:

```
if($("#id").append("<option value='值'>文本</option>");
```

【例 10-18】 jQuery 操作下拉框,使用按钮控制下拉框的常用操作。本例文件 10-18
.html在浏览器中的显示效果如图 10-22 所示。

图 10-22　例 10-18 的页面显示效果

代码如下:

```html
<html>
  <head>
    <title>jQuery 操作下拉框</title>
    <style>
      .first{float: left;font-size: 12px;}
      .second{padding-left: 110px;font-size: 12px;}
      .sel{width: 80px;height: 150px;}
      .sd{padding-top: 10px;}
    </style>
    <script src="js/jquery-3.2.1.min.js" type="text/javascript"></script>
    <script type="text/javascript">
      $(function(){
          $("#add").click(function(){
              var $options=$("#hobby option: selected");    //获取左边选中项
              $options.appendTo("#other");                   //追加到右边
          })
          $("#add_all").click(function(){
              var $options=$("#hobby option");               //获取全部选项
              $options.appendTo("#other");                   //追加到右边
          })
          $("#hobby").dblclick(function(){                   //鼠标双击事件
              var $options=$("option: selected",this);       //获取选中项
              $options.appendTo("#other");                   //追加到右边
```

```
            })
        $("#to_left").click(function(){
            var $options=$("#other option: selected");      //获取右边选中项
            $options.appendTo("#hobby");                     //追加到左边
        })
        $("#all_to_left").click(function(){
            var $options=$("#other option");                //获取全部选项
            $options.appendTo("#hobby");                     //追加到左边
        })
        $("#other").dblclick(function(){                     //鼠标双击事件
            var $options=$("option: selected",this);        //获取选中项
            $options.appendTo("#hobby");                     //追加到左边
        })
        })
    </script>
</head>
<body>
    <div class="first">
        <select multiple name="hobby" id="hobby" class="sel">
            <option value="机器人">机器人</option>
            <option value="智能家居">智能家居</option>
            <option value="导航仪 GPS">导航仪 GPS</option>
            <option value="电子摄像机">电子摄像机</option>
        </select>
        <div class="sd">
            <button id="add">添加>></button><br/><br/>
            <button id="add_all">全部添加>></button>
        </div>
    </div>
    <div class="second">
        <select multiple name="other" id="other" class="sel"></select>
        <div class="sd">
            <button id="to_left"><<删除</button><br/><br/>
            <button id="all_to_left"><<全部删除</button>
        </div>
    </div>
</body>
</html>
```

10.5.5　表单验证

　　表单是 HTML 中非常重要的部分,当用户通过表单注册账户、登录系统时,只有所有的表单数据验证通过才能向服务器提交数据,这就需要 jQuery 来实现表单验证。

　　【例 10-19】　jQuery 表单验证。在用户注册表单中,凡是右侧添加红色“＊”号的选项都是必须填写的,密码框除了要求必填之外,还限制密码的长度不能小于 8 位。本例文

271

件 10-19.html 在浏览器中的显示效果如图 10-23 所示。

图 10-23　例 10-19 的页面显示效果

代码如下:

```html
<html>
  <head>
    <title>jQuery表单验证</title>
    <style>
      .star{color: red;}
      .dt{padding-top: 10px;}
    <script src="js/jquery-3.2.1.min.js" type="text/javascript"></script>
    <script type="text/javascript">
      $(function(){
        $("form : input.required").each(function(){
          var $required=$("<strong class='star'> * </strong>");  //创建元素
          $(this).parent().append($required);  //将其追加到文档中
        })
        $("form : input").blur(function(){
          if($(this).is("#username")){        //判断元素 id 是否为用户名的文本框
            if($(this).val()==""){            //判断用户名是否为空
              alert("用户名不能为空!");
            }
          }
          if($(this).is("#pwd")){             //判断是否为密码框
            if($(this).val()==""){            //判断密码是否为空
              alert("密码不能为空!");
            }
            if(this.value.length<8){          //判断密码的长度是否小于 8
              alert("密码不能小于 8 位,请重新输入!");
            }
          }
        })
      })
    </script>
```

```
   </head>
   <body>
     <form>
         <h3 align="center">用户注册</h3>
           <div class="dt">
             用户名: <input type="text" id="username" name="username" size=20
               class="required" />
           </div>
           <div class="dt">
             密   码: <input type="password" id="pwd" name="pwd" size=
               20 class="required" />
           </div>
           <div class="dt">
             电   话: <input  type="text" id="phone" name="phone"
               size=11 maxlength=11 />
           </div>
           <div class="dt">
             地   址: <input type="text" id="address" name="address"
               size=20 maxlength=20 />
           </div>
           <div class="dt">
             <input type="submit" name="sub" value="注册" />
           </div>
     </form>
   </body>
</html>
```

【说明】　当鼠标光标的焦点从"用户名"移出时,需要判断用户名是否符合验证规则,因此要给元素添加失去焦点事件,即 blur 事件。用 blur 事件判断用户名和密码不能为空,并且密码不能小于 8 位。

习　　题

1. 说明对 HTML 内容进行操作的主要步骤。
2. 简述对元素 CSS 样式进行操作的方法。
3. append()方法和 appendTo()方法的区别有哪些?
4. 简述创建 DOM 节点的过程。
5. 描述删除 DOM 节点的几种方法以及具体如何实现。
6. 简述 replaceWith()方法和 replaceAll()方法在进行节点替换时的区别。
7. 简述如何控制复选框的全选、全不选和反选。
8. 使用删除元素属性的 removeAttr()方法实现按钮控制文本框的可编辑性,单击"启用"按钮,文本框恢复可编辑性,如图 10-24 所示。

图 10-24　题 8 图

9. 使用复制节点的方法实现单击页面中的"新闻中心"文字,可以复制节点的内容及事件处理,如图 10-25 所示。

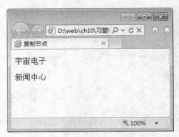

图 10-25　题 9 图

10. 使用操作 CSS 样式的方法实现按钮控制图像的缩放,如图 10-26 所示。

图 10-26　题 10 图

11. 使用操作表单元素的方法制作如图 10-27 所示的表单。

图 10-27　题 11 图

第 11 章 jQuery 的事件处理

JavaScript 和 HTML 页面之间的交互是通过用户和浏览器操作页面时引发的事件来实现的,当页面中的元素状态由于用户的操作或其他原因发生变化时,浏览器会自动生成一个事件。虽然利用传统的 JavaScript 事件处理方式可以完成这些交互,但 jQuery 中增加并扩展了事件处理机制,极大地增强了事件处理能力。

11.1 jQuery 中的事件处理机制

事件处理程序是当 HTML 页面中发生某些事件时所调用的方法,jQuery 事件处理方法是 jQuery 中的核心函数,jQuery 通过 DOM 为元素添加事件。

以浏览器加载 HTML 页面事件为例,在传统的 JavaScript 代码中,将触发 window.onload()事件,而在 jQuery 中使用的是 $(document).ready()方法。通过使用该方法,可以在 DOM 载入就绪时对其进行操作,并调用执行其所绑定的函数,这样可以极大地提高 Web 页面的响应速度。

传统的 JavaScript 事件处理程序代码如下:

```
<input type="button" id="btn" value="单击" onClick()="showMsg();"/>
<script type="text/javascript">
  function showMsg(){
    alert("这是显示的信息");
  }
</script>
```

在上述代码中,是通过为 input 元素添加 onClick 属性的方式来添加事件的,这种通过添加元素属性来设置事件处理程序的方式是传统 JavaScript 中常用的事件处理方式。

在 jQuery 中,最基本的事件处理机制是通过修改 DOM 属性的方式添加事件,代码如下:

```
<input type="button" id="btn1" value="单击" />
<script type="text/javascript">
  function showMsg(){
    alert("这是显示的信息");
  }
  $(function(){
    document.getElementById("btn1").onclick=showMsg;
```

```
    });
</script>
```

在上述代码中,是通过修改 id 为 btn1 的 DOM 元素的 onclick 属性进行事件添加的。

jQuery 中的事件方法会触发匹配元素或将函数绑定到所有匹配元素的某个事件。事件触发的示例代码如下:

```
$("button#test").click()
```

上述代码将触发 id="test"的 button 元素的 click 事件。设置完事件的触发方法后,可以定义绑定函数,示例代码如下:

```
$("button#test").click(function(){$("img").hide()})
```

上述代码表示会在单击 id="test"的按钮时隐藏所有图像。

在 jQuery 中,对于各种不同的事件定义了不同的事件处理方法,见表 11-1。

表 11-1 jQuery 中的常用事件处理方法

方　　法	描　　述
bind()	向匹配元素附加一个或更多事件处理器
blur()	触发或将函数绑定到指定元素的 blur 事件,在元素失去焦点时触发
change()	触发或将函数绑定到指定元素的 change 事件,在元素的值改变并失去焦点时触发
click()	触发或将函数绑定到指定元素的 click 事件,在元素上单击时触发
dblclick()	触发或将函数绑定到指定元素的 double click 事件,在元素上双击触发
delegate()	向匹配元素的当前或未来的子元素附加一个或多个事件处理器
event. isDefaultPrevented()	返回 event 对象上是否调用了 event. preventDefault()
event. preventDefault()	阻止事件的默认动作
event. result	包含由被指定事件触发的事件处理器返回的最后一个值
event. target	触发该事件的 DOM 元素
event. timeStamp	该属性返回从 1970 年 1 月 1 日到事件发生时的毫秒数
event. type	描述事件的类型
event. which	指示按了哪个键或按钮
focus()	触发或将函数绑定到指定元素的 focus 事件,在元素获得焦点时触发
keydown()	触发或将函数绑定到指定元素的 key down 事件,当键盘按下时触发
keypress()	触发或将函数绑定到指定元素的 key press 事件
keyup()	触发或将函数绑定到指定元素的 key up 事件,会在按键释放时触发
live()	为当前或未来的匹配元素添加一个或多个事件处理器
load()	触发或将函数绑定到指定元素的 load 事件,元素内容完全加载完毕后触发
mousedown()	触发或将函数绑定到指定元素的 mouse down 事件,鼠标光标在元素上单击后触发

续表

方　　法	描　　述
mousemove()	触发或将函数绑定到指定元素的 mouse move 事件,鼠标光标在元素上移动时触发
mouseout()	触发或将函数绑定到指定元素的 mouse out 事件,鼠标光标从元素上离开时触发
mouseover()	触发或将函数绑定到指定元素的 mouse over 事件,鼠标光标移入对象时触发
mouseup()	触发或将函数绑定到指定元素的 mouse up 事件,鼠标光标单击对象释放时
one()	向匹配元素添加事件处理器,每个元素只能触发一次该处理器
ready()	文档就绪事件(当 HTML 文档就绪可用时)
resize()	触发或将函数绑定到指定元素的 resize 事件,当文档窗口改变大小时触发
scroll()	触发或将函数绑定到指定元素的 scroll 事件,当滚动条发生变化时触发
select()	触发或将函数绑定到指定元素的 select 事件,当用户在文本框选中某段文本时触发
submit()	触发或将函数绑定到指定元素的 submit 事件
unbind()	从匹配元素移除一个被添加的事件处理器
unload()	触发或将函数绑定到指定元素的 unload 事件,在元素卸载时触发该事件

需要说明的是,jQuery 中的事件处理程序方法比传统的 JavaScript 事件句柄属性少了 on。例如,单击事件在 jQuery 中对应的是 click()方法,而在 JavaScript 中对应的是 onclick()方法。

11.2　页面加载响应事件

在 jQuery 中,$(document).ready()方法用于处理页面加载完毕时的事件,该方法是事件模块中最重要的一个函数,它极大地提高了 Web 响应的速度。

$(document)获取的是整个文档对象。方法的书写格式如下:

```
$(document).ready(function() {
  //程序代码
});
```

可以简写为:

```
$().ready(function() {
```

277

```
   //程序代码
});
```

当 $()不带参数时,默认的参数就是 document,所以 $()是 $(document)的简写形式。

还可以进一步简写为:

```
$(function() {
   //程序代码
});
```

在 jQuery 中,可以使用 $(document).ready()方法代替传统的 window.onload()方法,该方法与 window.onload()方法功能相似,但是在执行时机方面是有区别的。

window.onload()方法是页面中所有元素(包括与元素关联的外部资源文件)完全加载到浏览器后执行的,此时 JavaScript 可以访问页面中的所有元素。而利用 $(document).ready()方法注册的事件处理程序,在页面对应的 DOM 结构就绪时就可以被调用。此时,页面中的元素对于 jQuery 而言是可以访问的,但是,这并不意味着与元素相关联的外部资源文件全部下载完毕。例如,一个包含很多图片的页面,如果利用 window.onload()方法,则必须等到所有图片都加载完毕后才可以进行操作。如果利用 jQuery 中的 $(document).ready()方法,只需要 DOM 就绪就可以操作了,不需要等待所有图片下载完毕。

window.onload()与 $(document).ready()另一个主要不同体现在,使用 window. onload()方法多次绑定事件处理函数时,只保留最后一个,执行结果也只有一个;而 $(document).ready()允许多次设置处理事件,事件执行结果会相继输出。代码如下:

```
//第一次设置页面加载事件处理
$(document).ready(function(){
   alert("第一次执行");
});
//第二次设置页面加载事件处理
$(document).ready(function(){
   alert("第二次执行");
});
```

上述代码运行时,会连续弹出"第一次执行"和"第二次执行"的提示信息。

11.3 jQuery 中的事件绑定

所谓事件绑定,是指将页面元素的事件类型与事件处理函数关联到一起,当事件触发时调用事先绑定的事件处理函数。在 jQuery 中,提供了强大的 API 来执行事件的绑定操作,例如 bind()、one()、delegate()、on()等。

11.3.1　bind()方法绑定事件

bind()方法用于对匹配元素的特定事件绑定的事件处理函数。语法格式如下：

```
bind(types,[data],fn)
```

参数说明如下。

- types：表示事件类型，是一个或多个事件类型构成的字符串。
- data(可选)：表示传递给函数的额外数据，在事件处理函数中通过 event.data 来获得所传入的额外数据。
- fn：这是指所绑定的事件处理函数。

例如，为普通按钮绑定一个单击事件，用于在单击该按钮时弹出提示对话框，可以使用下面的代码。

```
$("input:button").bind("click",function(){alert('按钮单击事件');});
```

【例 11-1】　使用 bind()方法为页面中的标题元素绑定 click 事件，触发 click 事件时显示隐藏的 div 内容。本例文件 11-1.html 在浏览器中的显示效果如图 11-1 所示。

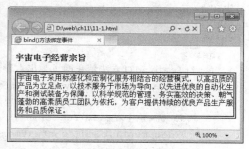

图 11-1　例 11-1 的页面显示效果

代码如下：

```
<html>
  <head>
    <title>bind()方法绑定事件</title>
    <style>
    #content{
        border: 6px double blue;         //双线蓝色边框
        display: none;                   //默认隐藏
    }
    </style>
    <script src="js/jquery-3.2.1.min.js" type="text/javascript"></script>
    <script type="text/javascript">
      $(document).ready(function(){
          $("#wrap h3.title").bind("click",function(){
                                        //使用 bind()方法为 h3 元素绑定 click 事件
```

279

```
            $(this).next().show();
        })
    });
  </script>
</head>
<body>
  <div id="wrap">
    <h3 class="title">宇宙电子经营宗旨</h3>
    <div id="content">宇宙电子采用标准化和定制化服务相结合……(此处省略文字)
    </div>
  </div>
</body>
</html>
```

【**说明**】 在上面的代码中,使用 bind()方法实现为 id 为 wrap 的<div>标记下的 h3
元素绑定 click 事件,使其被单击时显示下方隐藏
的<div>元素的内容。

【**例 11-2**】 使用 bind()方法禁止网页弹出右
键菜单,本例文件 11-2. html 在浏览器中的显示效
果如图 11-2 所示。

代码如下:

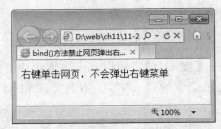

图 11-2 例 11-2 的页面显示效果

```
<html>
  <head>
    <title>bind()方法禁止网页弹出右键菜单</title>
    <script src="js/jquery-3.2.1.min.js" type="text/javascript"></script>
    <script type="text/javascript">
      $(document).ready(function(){
        $(document).bind("contextmenu",function(e){
          return false;
        });
      });
    </script>
  </head>
  <body>
    <p>右键单击网页,不会弹出右键菜单</p>
  </body>
</html>
```

【**说明**】 在 bind()方法中指定 contextmenu(右击)事件的处理函数返回 false,从而
取消了事件的默认行为。

11.3.2 one()方法绑定事件

one()方法为每一个匹配元素的特定事件绑定一个一次性的事件处理函数,事件处理
函数只会被执行一次。语法格式如下:

```
one(types,[data],fn)
```

参数说明等同于 bind()方法的参数说明，这里不再赘述。

例如，要实现只有当用户第一次单击匹配的 div 元素时，弹出提示对话框显示 div 元素的内容，可以使用下面的代码。

```
$("div").one("click", function(){
  alert($(this).text());        //在弹出的消息框中显示 div 元素的内容
});
```

【例 11-3】　使用 one()方法为页面中两个段落元素绑定一次性 click 事件，单击段落时放大段落的字体，每个段落只能放大一次字体。本例文件 11-3.html 在浏览器中的显示效果如图 11-3 所示。

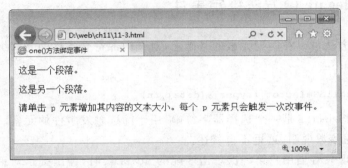

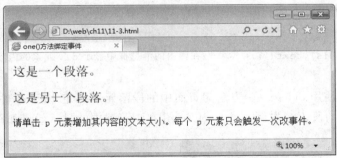

图 11-3　例 11-3 的页面显示效果

代码如下：

```
<html>
  <head>
    <title>one()方法绑定事件</title>
    <script src="js/jquery-3.2.1.min.js" type="text/javascript"></script>
    <script type="text/javascript">
      $(document).ready(function(){
        $("p").one("click",function(){
                        //one()方法为页面中的段落元素绑定一次性 click 事件
          $(this).animate({fontSize: "+=6px"});  //放大字体
        });
```

281

```
    });
  </script>
</head>
<body>
  <p>这是一个段落。</p>
  <p>这是另一个段落。</p>
  <p>请单击 p 元素增加其内容的文本大小。每个 p 元素只会触发一次改事件。</p>
</body>
</html>
```

【说明】 在上面的代码中,使用 one()方法为页面中的 p 元素绑定一次性 click 事件,每个 p 元素只会触发一次 click 事件。

11.3.3 delegate()方法绑定事件

delegate()方法可以在匹配元素的基础上,对其内部符合条件的元素绑定事件处理函数。语法格式如下:

delegate(childSelector,[types],[data],fn)

其中,参数 childSelector 是一个选择器字符串,用于筛选触发事件的元素。其余参数等同于 bind()方法的参数说明,这里不再赘述。

例如,要实现只有当用户第一次单击匹配的 div 元素时,弹出提示对话框显示 div 元素的内容,可以使用下面的代码。

```
$("div").one("click", function(){
  alert($(this).text());          //在弹出的消息框中显示 div 元素的内容
});
```

【例 11-4】 使用 delegate()方法为页面中的段落元素绑定 click 事件,单击段落时在其后插入一个新的段落。本例文件 11-4.html 在浏览器中的显示效果如图 11-4 所示。

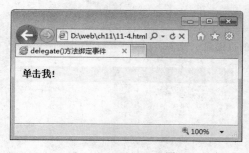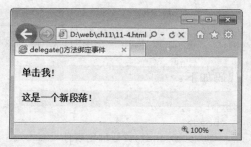

图 11-4 例 11-4 的页面显示效果

代码如下:

```
<html>
  <head>
    <title>delegate()方法绑定事件</title>
    <style>
```

```
    p{background: yellow; font-weight: bold; cursor: pointer;padding: 5px;}
    </style>
<script src="js/jquery-3.2.1.min.js" type="text/javascript"></script>
    <script type="text/javascript">
    $(document).ready(function(){
        $("body").delegate("p", "click", function(){
                                //delegate()方法为 p 元素的绑定 click 事件
            $(this).after("<p>这是一个新段落!</p>");
                                //单击 p 元素时在其后插入一个 p 元素字符串
        });
    });
    </script>
  </head>
  <body>
    <p>单击我!</p>
  </body>
</html>
```

【说明】　在上面的代码中,使用 delegate()方法将 body 元素的 p 子元素的 click 事件绑定到指定的事件处理函数,单击 p 元素时在其后插入一个 p 元素字符串"这是一个新段落!"。

11.3.4　on()方法绑定事件

使用 bind()方式绑定事件时,只能针对页面中存在的元素进行绑定,而 bind()绑定后新增的元素上没有事件响应。使用 on()方法能够为页面所有匹配元素绑定事件,包含存在的元素和将来新增的元素。语法格式如下:

on(childSelector,[types],[data],fn)

其中,参数 childSelector 是一个选择器字符串,用于筛选触发事件的元素。其余参数等同于 bind()方法的参数说明,这里不再赘述。

【例 11-5】　使用 on()方法实现页面中的事件绑定。页面中包含 2 个段落和 1 个按钮,使用 on()方法为段落绑定 click 事件实现滑动隐藏。单击按钮,在按钮后面添加新段落,新增的段落同样可以使用老段落绑定的事件;单击新段落,新段落同样隐藏了。本例文件 11-5.html 在浏览器中的显示效果如图 11-5 所示。

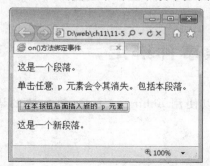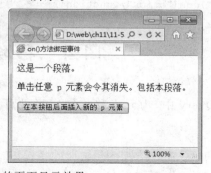

图 11-5　例 11-5 的页面显示效果

283

代码如下：

```html
<html>
  <head>
    <title>on()方法绑定事件</title>
    <script src="js/jquery-3.2.1.min.js" type="text/javascript"></script>
    <script type="text/javascript">
      $(document).ready(function(){
        $("body").on("click","p",function(){        //单击段落
          $(this).slideToggle();                    //该段落滑动隐藏
        });
        $("button").click(function(){               //单击按钮
          $("<p>这是一个新段落。</p>").insertAfter("button");
                                                    //在按钮后面创建新的 p 元素
        });
      });
    </script>
  </head>
  <body>
    <p>这是一个段落。</p>
    <p>单击任意 p 元素会令其消失。包括本段落。</p>
    <button>在本按钮后面插入新的 p 元素</button>
  </body>
</html>
```

【说明】

（1）在上面的代码中，单击按钮创建了新的 p 元素。对于这些新创建的 p 元素，同样可以具有 on()方法对 p 元素绑定的事件处理功能。如果将 on()方法换成 bind()方法，则新创建的 p 元素在单击段落时不会具有滑动隐藏的功能。

（2）使用 on()方法时要注意，on()方法前面的元素必须在页面加载时就存在于 DOM 中，动态添加的元素可以放在 on 的第 2 个参数中。正确的书写代码如下：

```javascript
$("body").on("click","p",function(){
```

而不能写为以下代码。

```javascript
$("p").on("click",function(){
```

11.4　移除事件绑定

在 jQuery 中，为元素移除绑定事件可以使用 unbind()方法，该方法的语法结构如下：

```javascript
unbind([type],[data])
```

参数说明如下。

- type(可选)：表示事件类型，是一个或多个事件类型构成的字符串。
- data(可选)：用于指定要从每个匹配元素的事件中反绑定的事件处理函数。

例如，要移除为普通按钮绑定的单击事件，可以使用下面的代码。

```
$("input:button").unbind("click");
```

需要注意的是，在 unbind()方法中，两个参数都是可选的，如果不填参数，将会删除匹配元素上所有绑定的事件。

【例 11-6】　使用 unbind()方法移除页面中的事件绑定。页面中包含 3 个段落和 1 个按钮，页面加载后，单击任何一个段落，都将使该段落隐藏，但是当单击按钮后，再单击任何一个段落将不会有任何变化。本例文件 11-6.html 在浏览器中的显示效果如图 11-6 所示。

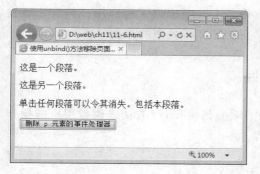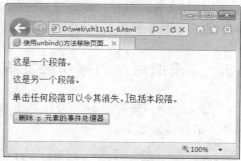

图 11-6　例 11-6 的页面显示效果

代码如下：

```html
<html>
  <head>
    <title>使用 unbind()方法移除页面中的事件绑定</title>
    <script src="js/jquery-3.2.1.min.js" type="text/javascript"></script>
    <script type="text/javascript">
      $(document).ready(function(){
        $("p").click(function(){          //单击段落
          $(this).slideToggle();          //该段落滑动隐藏
        });
        $("button").click(function(){     //单击按钮
          $("p").unbind();                //移除所有段落的事件绑定
        });
      });
    </script>
  </head>
<body>
  <p>这是一个段落。</p>
  <p>这是另一个段落。</p>
  <p>单击任何段落可以令其消失。包括本段落。</p>
```

```
    <button>删除 p 元素的事件处理器</button>
    </body>
</html>
```

【**说明**】 页面加载后,首先为段落绑定了 click 事件实现滑动隐藏,然后又为 button 元素绑定了 click 事件,并在其事件处理中使用 unbind()方法为页面中全部 p 元素移除事件绑定。因此,当单击按钮后,再单击任何一个段落将不会有任何变化。

11.5　模拟用户操作

通过之前的介绍可以看到,jQuery 中的事件往往是通过用户对页面中的元素进行操作而产生的。例如,通过单击按钮,才能触发按钮元素的 click 事件。但有时候需要通过模拟用户的操作来达到相同的触发事件的效果。jQuery 提供了模拟用户的操作触发事件、模拟悬停事件和模拟鼠标连续单击事件 3 种模拟用户操作的方法。

11.5.1　模拟用户的操作触发事件

在 jQuery 中一般常用 trigger()方法和 triggerHandler()方法来模拟用户的操作触发事件。语法格式如下:

```
trigger(event,[param1,param2,...])
triggerHandler()(event,[param1,param2,...])
```

其中,参数 event 是必选的,用来指定元素要触发的事件类型。该事件既可以是自定义事件(使用 bind()函数来绑定),也可以是任何标准事件。参数[param1,param2,...]是可选的,表示传递到事件处理程序的额外参数。

例如,可以使用下面的代码来触发 id 为 button 的按钮的 click 事件。

```
$("# button").trigger("click");
```

trigger()方法除了可以触发标准事件外,还可以触发自定义事件。例如,以下代码为元素绑定一个 myClick 事件,代码如下:

```
$("#button").bind("myClick",function(){
  $("#myview").append("<p>自定义事件内容</p>");
});
```

如果需要模拟触发该事件,可以使用以下代码。

```
$("#button").trigger("myClick");
```

triggerHandle()方法的语法格式与 trigger()方法完全相同。所不同的是:triggerHandler()方法不会导致与浏览器同名的默认行为被执行,并且只影响第一个匹配元素;而 trigger()方法会导致与浏览器同名的默认行为的执行。

　　例如,使用 trigger()触发一个名称为 submit 的事件,同样会导致浏览器执行提交表单的操作。要阻止浏览器的默认行为,只需返回 false。另外,使用 trigger()方法和 triggerHandler()方法还可以触发 bind()绑定的自定义事件,并且还可以为事件传递参数。

　　【例 11-7】　模拟用户的操作触发事件示例。本例文件 11-7.html 在浏览器中的显示效果如图 11-7 所示。

图 11-7　例 11-7 的页面显示效果

代码如下:

```html
<html>
  <head>
    <title>模拟用户的操作触发事件示例</title>
    <script src="js/jquery-3.2.1.min.js" type="text/javascript"></script>
    <script type="text/javascript">
      $(document).ready(function(){
        $("input").select(function(){   //input 元素的 select 事件
          $("input").after("文本被选中!");//在 input 元素后面显示"文本被选中!"提示
        });
        $("button").click(function(){    //单击按钮事件
          $("input").trigger("select"); //模拟 input 元素的 select 事件
        });
      });
    </script>
  </head>
<body>
  <input type="text" name="comName" value="宇宙电子" />
  <br />
  <button>激活 input 元素的 select 事件</button>
</body>
</html>
```

　　【说明】　页面加载后,选中文本框中的内容时会触发 input 元素的 select 事件,在文本框的后面显示"文本被选中!"的提示;单击按钮会触发按钮的 click 事件,通过使用 trigger()方法为 input 元素模拟 select 事件,同样能够在文本框的后面显示"文本被选中!"的提示。

　　trigger()方法触发事件后,会执行事件在浏览器中的默认操作。代码如下:

```
$("input").trigger("focus");                          //模拟 input 元素的 focus 事件
```

上述代码不仅会触发 input 元素的 focus 事件，也会使 input 元素本身得到焦点（浏览器默认操作）。如果只是想触发绑定的事件，而不想执行浏览器的默认操作，可以使用 triggerHandle()方法来实现。代码如下：

```
$("input").triggerHandle("focus");                    //模拟 input 元素的 focus 事件
```

【例 11-8】 模拟触发事件而不执行默认操作示例。本例文件 11-8.html 在浏览器中的显示效果如图 11-8 所示。

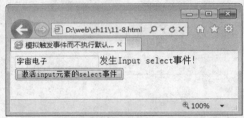

图 11-8　例 11-8 的页面显示效果

代码如下：

```html
<html>
  <head>
    <title>模拟触发事件而不执行默认操作示例</title>
    <script src="js/jquery-3.2.1.min.js" type="text/javascript"></script>
    <script type="text/javascript">
      $(document).ready(function(){
        $("input").select(function(){              //input 元素的 select 事件
          $("input").after("发生 Input select 事件!");   //在 input 元素后面显示提示
        });
        $("button").click(function(){              //单击按钮事件
          $("input").triggerHandler("select");     //模拟 input 元素的 select 事件
        });
      });
    </script>
  </head>
  <body>
    <input type="text" name="comName" value="宇宙电子" />
    <br />
    <button>激活 input 元素的 select 事件</button>
  </body>
</html>
```

【说明】 使用 triggerHandler()方法模拟了 input 元素的 select 事件，但是不会引起所发生事件的默认行为（默认的是文本被选中）。单击按钮后，只能看到文本框后面的"发生 Input select 事件!"的提示，而文本框本身的内容没有被选中。

11.5.2　模拟悬停事件

模拟悬停事件是指模拟鼠标移动到一个对象上又从该对象上移出的事件，可以通过 jQuery 提供的 hover(over,out)方法实现。hover()方法的语法结构如下：

hover(over,out)

参数说明如下。

- over：用于指定当鼠标光标在移动到匹配元素上时触发的函数。
- out：用于指定当鼠标光标在移出匹配元素上时触发的函数。

当鼠标光标移动到一个匹配的元素上时，会触发指定的第一个函数。当鼠标光标移出这个元素时，会触发指定的第二个函数。伴随着对鼠标光标是否仍然处在特定元素中的检测（例如，处在 div 中的图像），如果是，则会继续保持"悬停"状态，而不触发移出事件。

【例 11-9】　模拟鼠标光标悬停事件示例。本例文件 11-9.html 在浏览器中的显示效果如图 11-9 所示。

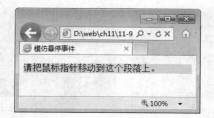

图 11-9　例 11-9 的页面显示效果

代码如下：

```html
<html>
  <head>
    <title>模拟悬停事件</title>
    <script src="js/jquery-3.2.1.min.js" type="text/javascript"></script>
    <script type="text/javascript">
      $(document).ready(function(){
        $("p").hover(function(){                      //鼠标光标悬停
          $("p").css("background-color","yellow");    //段落背景色变为黄色
        },function(){                                 //鼠标光标移开
          $("p").css("background-color","#ddd");      //段落背景色恢复为浅灰色
        });
      });
    </script>
  </head>
<body>
    <p style="background-color: #ddd">请把鼠标指针移动到这个段落上。</p>
</body>
```

289

```
    </html>
```

11.5.3　模拟鼠标连续单击事件

模拟鼠标连续单击事件实际上是为每次单击鼠标时设置一个不同的函数,可以通过 jQuery 提供的 toggle()方法实现。toggle()方法用于绑定两个或多个事件处理器函数,以响应被选元素的轮流的单击事件,当指定元素被单击时,在两个或多个函数之间轮流切换。语法格式如下:

```
toggle(function1(),function2(),[functionN()],...)
```

其中,参数 function1()和 function2()都是必选项。分别表示当元素在每偶数次或奇数次被单击时要运行的函数。参数 functionN()为可选项,表示需要切换的其他函数。

toggle()方法还可以用于切换元素的可见状态。如果被选元素可见,则隐藏这些元素;如果被选元素隐藏,则显示这些元素。

【例 11-10】　模拟鼠标连续单击事件示例。本例文件 11-10.html 在浏览器中的显示效果如图 11-10 所示。

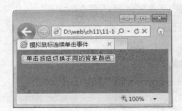 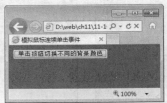 

图 11-10　例 11-10 的页面显示效果

代码如下:

```
<html>
  <head>
    <title>模拟鼠标连续单击事件</title>
    <script src="js/jquery-3.2.1.min.js" type="text/javascript">
      </script>
    <script type="text/javascript" src="js/jquery-migrate-1.2.1.js">
      </script>
    <script type="text/javascript">
      $(document).ready(function(){
        $("button").toggle(function(){            //鼠标第 1 次单击
          $("body").css("background-color","red");    //红色背景
        },function(){                             //鼠标第 2 次单击
          $("body").css("background-color","green");  //绿色背景
        },function(){                             //鼠标第 3 次单击
          $("body").css("background-color","blue");   //黄色背景
        });
      });
```

```
    </script>
  </head>
  <body>
    <button>单击按钮切换不同的背景颜色</button>
  </body>
</html>
```

【说明】

（1）由于 toggle()方法在 jQuery 1.9＋版本中被移除，需要使用 jQuery Migrate(迁移)插件恢复该功能，此处使用了 Migrate 1.2.1 版本。代码如下：

```
<script type="text/javascript" src="js/jquery-migrate-1.2.1.js"></script>
```

（2）在按钮的鼠标连续单击事件中，使用 toggle()方法定义了 3 个函数，分别设置了页面不同的背景色，每次单击按钮，页面的背景色都会发生改变。

11.6　事　件　对　象

由于标准 DOM 和 IE-DOM 所提供的事件对象的方法有所不同，导致使用 JavaScript 在不同的浏览器中获取事件对象比较烦琐。jQuery 针对该问题进行了必要的封装与扩展，以便解决浏览器兼容性问题，从而在任意浏览器中都可以轻松获取事件处理对象。

11.6.1　事件对象的属性

在 jQuery 中对事件属性进行了封装，使事件处理在各个浏览器下都可以正常运行而不需要对浏览器类型进行判断。事件对象的常用属性见表 11-2。

表 11-2　事件对象的常用属性

属性	描　　述	属性	描　　述
pageX	鼠标指针相对于文档的左边缘的位置	which	返回在鼠标或键盘事件中被按下的键
pageY	鼠标指针相对于文档的上边缘的位置	target	返回触发事件的元素
type	返回事件的类型	data	用于传递事件之外的额外数据

1. pageX 和 pageY 属性

pageX 和 pageY 属性用于获取光标相对于页面的 X 坐标和 Y 坐标。若页面上有滚动条，则要加上滚动条的宽度或高度。

【例 11-11】　使用事件对象的 pageX 和 pageY 属性获取鼠标光标的当前位置，本例文件 11-11.html 在浏览器中的显示效果如图 11-11 所示。

图 11-11　例 11-11 的页面显示效果

代码如下：

```html
<html>
 <head>
  <title>用 pageX 和 pageY 属性获取鼠标光标的当前位置</title>
  <script src="js/jquery-3.2.1.min.js" type="text/javascript"></script>
 </head>
 <body>
  <h3>鼠标当前位置</h3>
  <div id="pos" style="border: 1px solid blue"></div>
  <script type="text/javascript">
    $(document).mousemove (function(e){                //鼠标移动事件
      $("#pos").text("X 坐标: "+e.pageX+", Y 坐标: "+e.pageY);
                                        //显示获取的当前鼠标坐标
    });
  </script>
 </body>
</html>
```

2．type 属性

type 属性用于获取事件的类型，代码如下：

```javascript
$("a").click(function(event){
  alert(event.type);            //获取事件类型
})
```

该段代码运行后会输出 click。

3．which 属性

which 属性用于获取鼠标或键盘事件中被按下的键。用于获取鼠标按键的代码如下：

```javascript
$("a").mousedown(function(event){
  alert(event.which);           //1 为鼠标左键；2 为鼠标中间键；3 为鼠标右键
})
```

用于获取键盘按键的代码如下：

```javascript
$("input").keyup(function(event){
  alert(event.which);            //获取键盘按键，结果为所按字符对应的 ASCII 码数值
})
```

【例 11-12】 事件对象的 type 属性和 which 属性的示例，本例文件 11-12. html 在浏览器中的显示效果如图 11-12 所示。

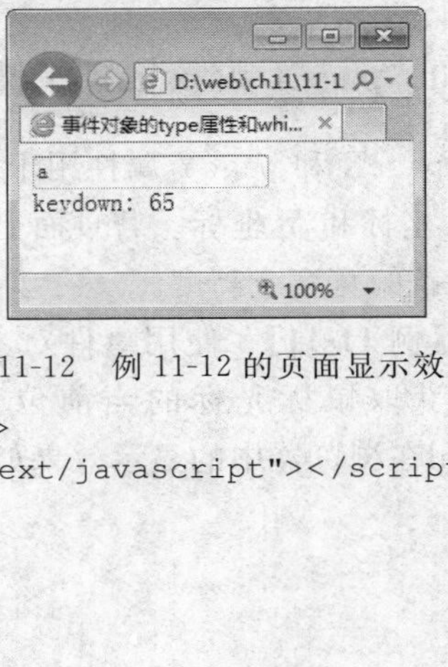

代码如下：

```html
<html>
 <head>
  <title>事件对象的 type 属性和 which 属性</title>
  <script src="js/jquery-3.2.1.min.js" type="text/javascript"></script>
```

图 11-12　例 11-12 的页面显示效果

```
    </head>
    <body>
      <input id="whichkey" value="">
      <div id="log"></div>
      <script type="text/javascript">
        $('#whichkey').keydown(function(e){       //键盘按下的 keydown 事件
          $('#log').html(e.type+': '+e.which);
                                    //显示触发事件的类型和所按字符对应的 ASCII 码数值
        });
      </script>
    </body>
</html>
```

4. target 属性

target 属性用于获取触发事件的元素。jQuery 对其进行封装之后，避免了各个浏览器不同标准之间的差异。

11.6.2　事件对象的方法

jQuery 事件对象的常用方法，见表 11-3。

表 11-3　事件对象的常用方法

方　　法	描　　述
stopPropagation()	阻止事件的冒泡
preventDefault()	阻止元素发生默认的行为(例如，当单击"提交"按钮时阻止对表单的提交)
isDefaultPrevented()	根据事件对象中是否调用过 preventDefault()方法来返回一个布尔值
isPropagationStopped()	根据事件对象中是否调用过 stopPropagation()方法来返回一个布尔值

在事件对象的方法中，最为重要的两个方法是 stopPropagation()方法和preventDefault()方法。stopPropagation()方法用于阻止事件冒泡，preventDefault()方法用于阻止元素发生默认的行为。下面详细讲解它们的用法。

1. 阻止事件冒泡

在讲解 stopPropagation()方法之前，首先了解一下什么是事件冒泡。

1) 什么是事件冒泡

下面通过一个例子来讲解什么是事件冒泡。

【例 11-13】　事件冒泡的模型展示。页面中包含 3 个元素：body 元素、div 元素以及 div 元素内的 span 元素。单击最内层的 span 元素时，触发 span 元素的 click 事件，但同时会触发 div 元素和 body 元素的 click 事件。页面输出 3 条记录，显示出 3 种元素都被单击的提示。本例文件 11-13.html 在浏览器中的显示效果如图 11-13所示。

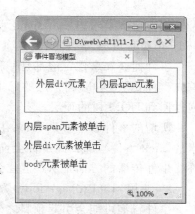

图 11-13　事件冒泡模型

293

代码如下：

```html
<html>
  <head>
    <title>事件冒泡模型</title>
    <script src="js/jquery-3.2.1.min.js" type="text/javascript"></script>
    <script type="text/javascript">
      $(document).ready(function(){
        //为 span 元素绑定 click 事件
        $('span').bind('click', function () {
          var txt=$('#msg').html()+'<p>内层 span 元素被单击</p>';
          $('#msg').html(txt);
        });
        //为 div 元素绑定 click 事件
        $('#content').bind('click', function () {
          var txt=$('#msg').html()+'<p>外层 div 元素被单击</p>';
          $('#msg').html(txt);
        });
        //为 body 元素绑定 click 事件
        $('body').bind('click', function () {
          var txt=$('#msg').html()+'<p>body 元素被单击</p>';
          $('#msg').html(txt);
        });
      });
    </script>
  </head>
  <body>
    <div id="content" style="height: 40px;padding: 20px;border: 1px solid blue">
      外层 div 元素
      <span style="margin: 10px;padding: 5px;border: 1px solid blue">内层 span
      元素</span>
    </div>
    <div id="msg"></div>
  </body>
</html>
```

用户原本是希望单击 span 元素时只执行该元素的事件，但同时也触发了 div 元素和 body 元素的 click 事件，这就是事件冒泡引起的。

事件捕获和事件冒泡都是一种事件模型，DOM 标准规定应该同时使用这两个模型：首先事件要从 DOM 树顶层的元素到 DOM 树底层的元素进行捕获，然后在通过事件冒泡返回到 DOM 树的顶层。

所谓的事件冒泡就是，如果在某一个对象上触发某一类事件（如例 11-13 的 span 元素的 click 事件），那么此事件会向对象的父级对象传播，并触发父对象上定义的同类事件。事件传播的方向是从最底层到最顶层，类似于水泡从水底浮上来一般。

2）使用 stopPropagation()方法阻止事件冒泡

事件冒泡可能会引起预料之外的结果，因此，有必要对事件的作用范围进行限制。要解决这个问题，就必须访问事件对象。事件对象提供了一个 stopPropagation()方法，使用该方法可以阻止事件冒泡。

若要阻止例 11-13 程序的事件冒泡，需要添加以下代码。

（1）在程序中需要使用事件对象，只需要为函数添加一个参数 event。代码如下：

```
$('element').bind('click',function(event){    //event 为事件对象
  //事件处理程序
});
```

（2）可以在每个事件处理程序中加入一句代码。

```
event.stopPropagation();                      //阻止事件冒泡
```

例如，阻止 span 元素的事件冒泡的代码如下：

```
$('span').bind('click', function(event){      //event 为事件对象
  var txt=$('#msg').html()+'<p>内层 span 元素被单击</p>';
  $('#msg').html(txt);
  event.stopPropagation();                    //阻止事件冒泡
});
```

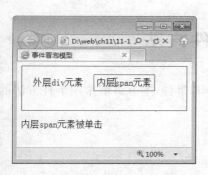

图 11-14　阻止事件冒泡

由于 stopPropagation()方法是跨浏览器的，所以不必担心它的兼容性。添加了阻止事件冒泡的代码后，单击 span 元素，可以看到只有"内层 span 元素被单击"的输出结果，如图 11-14 所示，说明只有 span 元素相应了 click 事件，程序成功阻止了事件冒泡。

2. 阻止元素的默认行为

网页中的元素有自己的默认行为，例如，在表单验证时，表单的某些内容没有通过验证，但是在单击"提交"按钮后表单还是会提交。这时就需要阻止浏览器的默认行为。在 jQuery 中，应用 preventDefault()方法可以阻止元素的默认行为。

在事件处理程序中加入如下代码就可以阻止默认行为：

```
event. preventDefault ();        //阻止元素的默认行为
```

如果想同时停止事件冒泡和元素的默认行为，可以在事件处理程序中返回 false。即

```
return false;        //阻止事件冒泡和元素的默认行为
```

这是同时调用 stopPropagation()和 preventDefault() 方法的一种简要写法。

【例 11-14】　使用事件对象的 preventDefault()方法阻止超链接单击事件的默认行为，本例文件 11-14.html 在浏览器中的显示效果如图 11-15 所示。

代码如下：

```
<html>
```

图 11-15　阻止默认事件动作

295

```
<head>
  <title>preventDefault()方法阻止默认事件动作</title>
  <script src="js/jquery-3.2.1.min.js" type="text/javascript"></script>
  <script type="text/javascript">
    $(document).ready(function(){
      $("a").click(function(event){          //单击超链接
        event.preventDefault();              //阻止元素的默认行为
      });
    });
  </script>
</head>
<body>
  <a href="http: //www.sohu.com/">搜狐网</a>
</body>
</html>
```

【说明】 在 a 元素的 click 事件处理函数中调用 preventDefault()方法,阻止超链接单击事件的默认行为。因此,单击网页中的超链接,将不会打开目标页面。

11.7　jQuery 事件方法

jQuery 提供了一组事件方法,用于处理各种 HTML 事件,本节讲解常用事件方法的用法。

11.7.1　键盘事件

jQuery 提供的与键盘事件相关的方法见表 11-4。

表 11-4　与键盘事件相关的方法

方　　法	描　　述
focusin(handler(eventObject))	绑定到 focusin 事件处理函数的方法,当光标进入 HTML 元素时触发 focusin 事件
focusout(handler(eventObject))	绑定到 focusout 事件处理函数的方法,当光标离开 HTML 元素时触发 focusout 事件
keydown(handler(eventObject))	绑定到 keydown 事件处理函数的方法,当按下按键时触发 keydown 事件
keypress(handler(eventObject))	绑定到 keypress 事件处理函数的方法,当按下并放开按键时触发 keypress 事件
keyup(handler(eventObject))	绑定到 keyup 事件处理函数的方法,当放开按键时触发 keyup 事件

需要注意的是,完整的 keypress 过程分为两个部分: 按键被按下的 keydown 事件和按键被松开的 keyup 事件。

296

【例 11-15】　使用 keypress()方法的示例,本例文件 11-15.html 在浏览器中的显示效果如图 11-16 所示。

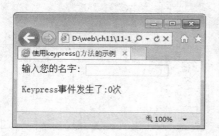 

图 11-16　例 11-15 的页面显示效果

代码如下:

```html
<html>
  <head>
    <title>使用 keypress()方法的示例</title>
    <script src="js/jquery-3.2.1.min.js" type="text/javascript"></script>
    <script type="text/javascript">
      i=0;
      $(document).ready(function(){
        $("input").keypress(function(){      //每按一次按键
          $("span").text(i+=1);              //按键次数+1
        });
      });
    </script>
  </head>
  <body>
    输入您的名字: <input type="text" />
    <p>Keypress 事件发生了: <span>0</span>次</p>
  </body>
</html>
```

【说明】　在文本框中每插入一个字符,就会发生一次 keypress 事件。

【例 11-16】　使用 keydown()方法和 keyup()方法的示例。当发生按键按下的 keydown 事件时,文本框变为黄色背景;当发生按键被松开的 keyup 事件时,文本框变为红色背景。本例文件 11-16.html 在浏览器中的显示效果如图 11-17 所示。

代码如下:

```html
<html>
  <head>
    <title>使用 keydown()方法和 keyup()方法示例</title>
    <script src="js/jquery-3.2.1.min.js" type="text/javascript"></script>
    <script type="text/javascript">
      $(document).ready(function(){
        $("input").keydown(function(){
```

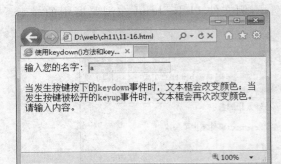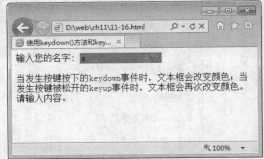

图 11-17　例 11-16 的页面显示效果

```
            $("input").css("background-color","yellow");
                                          //按键按下的 keydown 事件,文本框变为黄色背景
            });
            $("input").keyup(function(){
              $("input").css("background-color","red");
                                          //按键松开的 keyup 事件,文本框变为红色背景
            });
          });
      </script>
  </head>
  <body>
      输入您的名字：<input type="text" />
      <p>当发生按键按下的 keydown 事件时,文本框会改变颜色;当发生按键被松开的 keyup 事
          件时,文本框会再次改变颜色。请输入内容。</p>
  </body>
</html>
```

11.7.2　鼠标事件

jQuery 提供的与鼠标事件相关的方法见表 11-5。

表 11-5　与鼠标事件相关的方法

方　　法	描　　述
click(handler(eventObject))	绑定到 click 事件处理函数的方法,当单击鼠标时触发 click 事件
dblclick(handler(eventObject))	绑定到 dblclick 事件处理函数的方法,当双击鼠标时触发 dblclick 事件
focusin(handler(eventObject))	绑定到 focusin 事件处理函数的方法,当光标进入 HTML 元素时触发 focusin 事件
focusout(handler(eventObject))	绑定到 focusout 事件处理函数的方法,当光标离开 HTML 元素时触发 focusout 事件

续表

方　　法	描　　述
mousedown(handler(eventObject))	绑定到 mousedown 事件处理函数的方法,当按下鼠标按键时触发 mousedown 事件
mouseenter(handler(eventObject))	绑定到鼠标进入元素的事件处理函数
mouseleave(handler(eventObject))	绑定到鼠标离开元素的事件处理函数
mousemove(handler(eventObject))	绑定到 mousemove 事件处理函数的方法,当移动鼠标时触发 mousemove 事件
mouseout(handler(eventObject))	绑定到 mouseout 事件处理函数的方法,当鼠标指针离开被选元素时触发 mouseout 事件
mouseover(handler(eventObject))	绑定到 mouseover 事件处理函数的方法,当鼠标指针位于元素上方时触发 mouseover 事件
toggle(handler(eventObject))	绑定 2 个或更多处理函数到指定元素,当单击指定元素时,交替执行时处理函数

需要注意的是,不论鼠标指针离开被选元素还是任何子元素,都会触发 mouseout 事件;而只有在鼠标指针离开被选元素时,才会触发 mouseleave 事件。

【例 11-17】 区别 mouseleave()方法与 mouseout()方法不同的示例。本例文件 11-17.html在浏览器中的显示效果如图 11-18 所示。

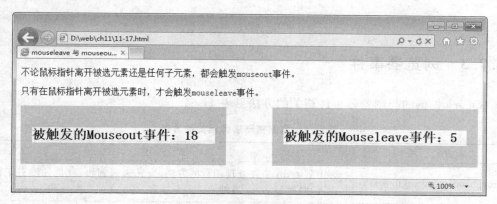

图 11-18　例 11-17 的页面显示效果

代码如下:

```
<html>
  <head>
    <title>mouseleave 与 mouseout 的不同</title>
    <script src="js/jquery-3.2.1.min.js" type="text/javascript"></script>
    <script type="text/javascript">
    x=0;
    y=0;
      $(document).ready(function(){
```

299

```
    $("div.out").mouseout(function(){          //触发 mouseout 事件
      $(".out span").text(x+=1);               //每次触发 mouseout 事件,累计次数+1
    });
    $("div.leave").mouseleave(function(){    //触发 mouseleave 事件
      $(".leave span").text(y+=1);            //每次触发 mouseleave 事件,累计次数+1
    });
  });
</script>
</head>
<body>
  <p>不论鼠标指针离开被选元素还是任何子元素,都会触发 mouseout 事件。</p>
  <p>只有在鼠标指针离开被选元素时,才会触发 mouseleave 事件。</p>
  <div class="out" style="background-color: lightgray;padding: 20px;
    width: 40%;float: left">
    <h2 style="background-color: white;">被触发的 Mouseout 事件:<span></span>
      </h2>
  </div>
  <div class="leave" style="background-color: lightgray;padding: 20px;
    width: 40%;float: right">
    <h2 style="background-color: white;">被触发的 Mouseleave 事件:<span>
      </span></h2>
  </div>
</body>
</html>
```

11.7.3 浏览器事件

jQuery 提供的与浏览器事件相关的方法见表 11-6。

表 11-6 与浏览器事件相关的方法

方　　法	描　　述
error(handler(eventObject))	绑定到 error 事件处理函数的方法,当元素遇到错误(例如没有正确载入)时触发 error 事件
resize(handler(eventObject))	绑定到 resize 事件处理函数的方法,当调整浏览器窗口的大小时触发 resize 事件
scroll(handler(eventObject))	绑定到 scroll 事件处理函数的方法,当 ScrollBar 控件上的或包含一个滚动条的对象的滚动框被重新定位或按水平(或垂直)方向滚动时触发 scroll 事件

【例 11-18】 使用 scroll()方法示例,本例文件 11-18.html 在浏览器中的显示效果如图 11-19 所示。

代码如下:

```html
<html>
```

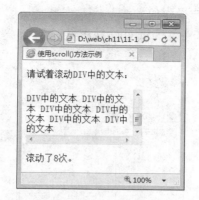

图 11-19　例 11-18 的页面显示效果

```
<head>
  <title>使用 scroll()方法示例</title>
  <script src="js/jquery-3.2.1.min.js" type="text/javascript"></script>
  <script type="text/javascript">
    x=0;
    $(document).ready(function(){
      $("div").scroll(function() {      //div 元素的滚动事件
        $("span").text(x+=1);           //每次拉动滚动条触发滚动事件,累计滚动
                                        //次数+1
      });
    });
  </script>
</head>
<body>
  <p>请试着滚动 DIV 中的文本：</p>
  <div style="width: 200px;height: 100px;overflow: scroll;">
    DIV 中的文本 DIV 中的文本 DIV 中的文本 DIV 中的文本 DIV 中的文本 DIV 中的文本
    <br /><br />
    DIV 中的文本 DIV 中的文本 DIV 中的文本 DIV 中的文本 DIV 中的文本 DIV 中的文本
  </div>
  <p>滚动了<span>0</span>次。</p>
</body>
</html>
```

【说明】　scroll 事件适用于所有可滚动的元素和 window 对象(浏览器窗口)。

习　　题

1. 简述 $(document).ready()方法和 window.onload()方法的区别。
2. 如何为元素绑定事件和解除绑定的事件？
3. 什么是事件冒泡？怎样阻止事件冒泡？
4. 简述同时停止事件冒泡和元素默认行为的方法。

5．简答 jQuery 模拟用户操作的方法。

6．通过 bind() 方法为文本框绑定 click() 事件，当单击文本框时弹出消息框，显示提示信息，如图 11-20 所示。

图 11-20　题 6 图

7．通过 bind() 方法为下拉菜单绑定 change() 事件，实现表格动态换肤，如图 11-21 所示。

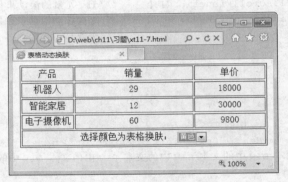

图 11-21　题 7 图

8．通过 one() 方法为 div 元素绑定 click() 事件，单击 div 方块可以改变元素的外观，并且显示出当前第几个方块被单击，总共有几个方块被单击，且每个方块只能被改变一次样式（实线边框变为双线边框），如图 11-22 所示。

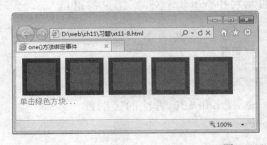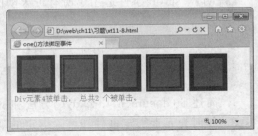

图 11-22　题 8 图

9. 设计一个 3 行 2 列的表格,分别添加表格的 click 事件、数据行的 click 事件和中间行两个单元格的 click 事件。然后,对其中一个单元格设置为"没有阻止事件冒泡",另一个单元格设置为"阻止了事件冒泡",如图 11-23 所示。编写 jQuery 程序实现上述功能。

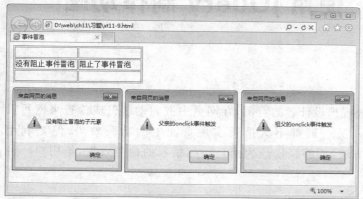

图 11-23 题 9 图

10. 使用 jQuery 模拟悬停事件的 hover()方法实现以下功能,当鼠标指针指向图片时为图片添加边框,鼠标指针移出图片时去掉边框,如图 11-24 所示。

图 11-24 题 10 图

第 12 章　使用 jQuery 制作动画

　　动画可以更直观生动地表现出设计者的意图,在网页中嵌入动画已成为近来网页设计的一种趋势,而程序开发人员一般都不太擅长实现页面中的动画效果,但是利用 jQuery 中提供的动画和特效方法,能够轻松地为网页添加精彩的视觉效果,给用户一种全新的体验。

12.1　jQuery 的动画方法简介

　　jQuery 的动画方法总共分为 4 类。
- 基本动画方法:既有透明度渐变,又有滑动效果,是最常用的动画效果方法。
- 滑动动画方法:仅适用滑动渐变动画效果。
- 淡入淡出动画方法:仅适用透明度渐变动画效果。
- 自定义动画方法:作为上述三种动画方法的补充和扩展。

　　利用这些动画方法,jQuery 可以很方便地在 HTML 元素上实现动画效果,见表 12-1。

表 12-1　jQuery 中的动画方法

方　　法	描　　述
show()	用于显示出被隐藏的元素
hide()	用于隐藏可见的元素
slideUp()	以滑动的方式隐藏可见的元素
slideDown()	以滑动的方式显示隐藏的元素
slideToggle()	使用滑动效果,在显示和隐藏状态之间进行切换
fadeIn()	淡入效果来显示一个隐藏的元素
fadeTo()	使用淡出效果来隐藏一个
fadeToggle()	在 fadeIn() 和 fadeOut() 方法之间切换
animate()	用于创建自定义动画的函数
stop()	用于停止当前正在运行的动画
delay()	用于将队列中的函数延时执行
finish()	停止当前正在运行的动画,删除所有排队的动画,并完成匹配元素所有的动画

12.2　显示与隐藏效果

页面中元素的显示与隐藏效果是最基本的动画效果,jQuery 提供了 hide()和 show()方法来实现此功能。

12.2.1　隐藏元素的方法

hide()方法用于隐藏页面中可见的元素,按照指定的隐藏速度,元素逐渐改变高度、宽度、外边距、内边距以及透明度,使其从可见状态切换到隐藏状态。

hide()方法相当于将元素 CSS 样式属性 display 的值设置为 none,它会记住原来的 display 的值。hide()方法有两种语法格式。

(1) 不带参数的形式,用于实现不带任何效果的隐藏匹配元素,其语法格式如下:

hide()

例如,要隐藏页面中的全部图片,可以使用下面的代码。

```
$("img").hide();
```

(2) 带参数的形式,用于以优雅的动画隐藏所有匹配的元素,并在隐藏完成后可选地触发一个回调函数,其语法格式如下:

hide(speed,[callback])

参数说明如下。

- speed:参数 speed 表示元素从可见到隐藏的速度。其默认为 0,可选值为 slow、normal、fast 和代表毫秒的整数值。在设置速度的情况下,元素从可见到隐藏的过程中,会逐渐地改变其高度、宽度、外边距、内边距和透明度。
- callback:可选参数,用于指定隐藏完成后要触发的回调函数。

例如,要在 500 毫秒内隐藏页面中的 id 为 logo 的元素,可以使用下面的代码。

```
$("#logo").hide(500);
```

jQuery 的任何动画效果,都可以使用默认的 3 个参数,slow(600 毫秒)、normal (400 毫秒)和 fast(200 毫秒)。在使用默认参数时需要加引号,例如 show("slow"),使用自定义参数时,不需要加引号,例如 show(500)。

12.2.2　显示元素的方法

show()方法用于显示页面中隐藏的元素,按照指定的显示速度,元素逐渐改变高度、宽度、外边距、内边距以及透明度,使其从隐藏状态切换到完全可见状态。

305

show()方法相当于将元素 CSS 样式属性 display 的值设置为 block 或 inline 或除了 none 以外的值,它会恢复为应用"display:none"之前的可见属性。show()方法有两种语法格式。

(1) 不带参数的形式,用于实现不带任何效果的显示匹配元素,其语法格式如下:

```
show()
```

例如,要显示页面中的全部图片,可以使用下面的代码。

```
$("img").show();
```

(2) 带参数的形式,用于以优雅的动画显示所有匹配的元素,并在显示完成后可选择地触发一个回调函数,其语法格式如下:

```
show(speed,[callback])
```

参数说明等同于 hide()方法的参数说明,这里不再赘述。

例如,要在 500 毫秒内显示页面中的 id 为 logo 的元素,可以使用下面的代码。

```
$("#logo").show(500);
```

【例 12-1】 显示与隐藏动画效果示例。本例文件 12-1.html 在浏览器中的显示效果如图 12-1 所示。

代码如下:

```
<html>
  <head>
    <title>显示与隐藏动画效果</title>
    <script src="js/jquery-3.2.1.min.js" type="text/javascript"></script>
  </head>
<body>
    <div>
        <input type="button" value="显示图片" id="showDefaultBtn"/>
        <input type="button" value="隐藏图片" id="hideDefaultBtn"/>
        <input type="button" value="慢速显示" id="showSlowBtn"/>
        <input type="button" value="慢速隐藏" id="hideSlowBtn"/><br/>
        <input type="button" value="显示完成调用指定函数"
          id="showCallBackBtn"/>
        <input type="button" value="隐藏完成调用指定函数"
          id="hideCallBackBtn"/>
    </div>
    <hr/>
    <img id="showImg" src="images/01.jpg">
    <script type="text/javascript">
        $(function(e){
            $("#showDefaultBtn").click(function(){
                $("#showImg").show();                //正常显示图片
            });
            $("#hideDefaultBtn").click(function(){
```

图 12-1 例 12-1 的页面显示效果

```
    $("#showImg").hide();                    //正常隐藏图片
});
$("#showSlowBtn").click(function(){
    $("#showImg").show(1000);                //慢速显示图片
});
$("#hideSlowBtn").click(function(){
    $("#showImg").hide(1000);                //慢速隐藏图片
});
$("#showCallBackBtn").click(function(){
    $("#showImg").show("slow",function(){    //动画结束后,调用指定函数
        alert("图片显示完毕,谢谢欣赏。");        //弹出消息框
    });
});
$("#hideCallBackBtn").click(function(){
    $("#showImg").hide("slow",function(){
                                             //动画结束后,调用指定的函数
        alert("图片已被隐藏,单击显示重新欣赏。");        //弹出消息框
    });
});
```

307

```
    });
  </script>
  </body>
</html>
```

【**说明**】 在上面的代码中,单击"显示完成调用指定函数"按钮显示动画,当显示动画结束后,调用 show()方法的指定回调函数,弹出消息框显示"图片显示完毕,谢谢欣赏。"的提示信息;单击"隐藏完成调用指定函数"按钮隐藏动画,当隐藏动画结束后,调用了hide()方法的指定回调函数,弹出消息框显示"图片已被隐藏,单击显示重新欣赏。"的提示信息。

12.2.3 切换元素的显示状态

jQuery 中提供的 toggle()方法可以实现交替显示和隐藏元素的功能,即自动切换hide()和 show()方法。该方法将检查每个元素是否可见。如果元素已隐藏,则运行show()方法。如果元素可见,则运行 hide()方法,从而实现交替显示、隐藏元素的效果。关于 toggle()方法的用法,在第 11 章中已经详细讲解,这里讲解一个使用 toggle()方法实现切换元素显示状态的实例。

【**例 12-2**】 切换元素的显示状态示例,本例文件 12-2.html 在浏览器中的显示效果如图 12-2 所示。

 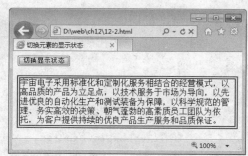

图 12-2 例 12-2 的页面显示效果

代码如下:

```
<html>
  <head>
    <title>切换元素的显示状态</title>
    <style>
    #content{
        border: 6px double blue;            //双线蓝色边框
    }
    </style>
    <script src="js/jquery-3.2.1.min.js" type="text/javascript"></script>
    <script type="text/javascript">
      $(document).ready(function(){
```

308

```
    $("button").click(function(){
      $("div").toggle();
    });
  });
</script>
</head>
<body>
  <button type="button">切换显示状态</button><br/><br/>
  <div id="content">宇宙电子采用标准化和定制化服务相结合……(此处省略文字)
    </div>
</body>
</html>
```

【说明】　页面加载后,单击按钮可以看到 div 元素被隐藏起来;再次单击按钮可以看到 div 元素显示出来。连续单击按钮,可以看到 div 元素在隐藏与显示之间反复切换。

12.3　淡入淡出效果

如果在显示或隐藏元素时不需要改变元素的宽度和高度,只单独改变元素的透明度时,就需要使用淡入淡出的动画效果。

12.3.1　淡入效果

fadeIn()方法用于淡入显示已隐藏的元素。与 show()方法不同的是,fadeIn()方法只是改变元素的不透明度,该方法会在指定的时间内提高元素的不透明度,直到元素完全显示。语法格式如下:

fadeIn(speed,callback)

参数说明如下。

- speed:参数 speed 是可选的,用来设置效果的时长。其取值可以为 slow、fast 和表示毫秒的整数。
- callback:参数 callback 也是可选的,表示淡入效果完成后所执行的函数名称。

12.3.2　淡出效果

jQuery 中的 fadeOut()方法用于淡出可见元素。该方法与 fadeIn()方法相反,会在指定的时间内降低元素的不透明度,直到元素完全消失。

fadeOut()方法的基本语法格式如下:

fadeOut(speed,callback)

其参数的含义与 fadeIn()方法中参数的含义完全相同。

【例 12-3】 淡入与淡出动画效果示例。单击"图片淡入"按钮,可以看到 3 幅图片同时淡入,但速度不同;单击"图片淡出"按钮,可以看到 3 幅图片同时淡出,但速度不同。本例文件 12-3.html 在浏览器中的显示效果如图 12-3 所示。

 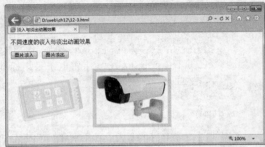

图 12-3   例 12-3 的页面显示效果

代码如下:

```html
<html>
  <head>
    <title>淡入与淡出动画效果</title>
    <style>
      img{
        border: 10px solid #ddd;            //图片加边框
        margin-top: 10px;
      }
    </style>
    <script src="js/jquery-3.2.1.min.js" type="text/javascript"></script>
    <script type="text/javascript">
      $(document).ready(function(){
        $("#btnFadeIn").click(function(){
          $("#img1").fadeIn();              //正常淡入
          $("#img2").fadeIn("slow");        //慢速淡入
          $("#img3").fadeIn(3000);          //自定义淡入速度,更加缓慢
        });
        $("#btnFadeOut").click(function(){
          $("#img1").fadeOut();             //正常淡出
          $("#img2").fadeOut("slow");       //慢速淡出
          $("#img3").fadeOut(3000);         //自定义淡出速度,更加缓慢
        });
      });
    </script>
  </head>
  <body>
    <p>不同速度的淡入与淡出动画效果</p>
    <button id="btnFadeIn">图片淡入</button>
    <button id="btnFadeOut">图片淡出</button>
    <br><br>
    <img src="images/01.jpg" id="img1"/>
```

```
    <img src="images/02.jpg" id="img2"/>
    <img src="images/03.jpg" id="img3"/>
  </body>
</html>
```

12.3.3　元素的不透明效果

fadeTo()方法可以把元素的不透明度以渐进方式调整到指定的值。这个动画效果只是调整元素的不透明度，即匹配元素的高度和宽度不会发生变化。该方法的基本语法格式如下：

fadeTo(speed,opacity,callback)

参数说明如下。

- speed：表示元素从当前透明度到指定透明度的速度，可选值为 slow、normal、fast 和代表毫秒的整数值。
- opacity：这是必选项，表示要淡入或淡出的透明度，其值必须是介于 0.00 与 1.00 的数字。
- callback：这是可选项，表示 fadeTo()函数执行完之后，要执行的函数。

12.3.4　交替淡入淡出效果

jQuery 中的 fadeToggle()方法可以在 fadeIn()方法与 fadeOut()方法之间进行切换。如果元素已淡出，则 fadeToggle()方法会向元素添加淡入效果。如果元素已淡入，则 fadeToggle()方法会向元素添加淡出效果。

fadeToggle()方法的基本语法格式如下：

fadeToggle(speed,callback)

其参数说明与 fadeIn()方法中的参数说明完全相同。

fadeToggle()方法与 fadeTo()方法的区别是，fadeToggle()方法将元素隐藏后元素不再占据页面空间，而 fadeTo()方法隐藏后的元素仍然占据页面位置。

【例 12-4】　元素的交替淡入淡出和不透明效果示例。单击"图片交替淡入淡出"按钮，可以看到 3 幅图片以不同的速度交替淡入淡出；单击"图片不透明效果"按钮，可以看到 3 幅图片设置了不同的不透明效果。本例文件 12-4.html 在浏览器中的显示效果如图 12-4 所示。

代码如下：

```
<html>
  <head>
    <title>元素的交替淡入淡出和不透明效果</title>
    <style>
```

311

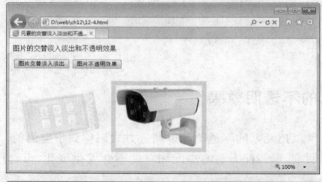

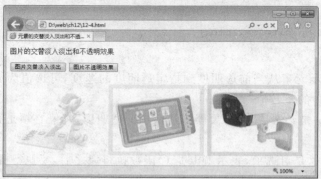

图 12-4　例 12-4 的页面显示效果

```
    img{
      border: 10px solid #ddd;                    //图片加边框
      margin-top: 10px;
    }
  </style>
  <script src="js/jquery-3.2.1.min.js" type="text/javascript"></script>
  <script type="text/javascript">
    $(document).ready(function(){
      $("#btnFadeToggle").click(function(){
        $("#img1").fadeToggle();                 //正常淡入淡出速度
        $("#img2").fadeToggle("slow");           //慢速淡入淡出
        $("#img3").fadeToggle(3000);             //自定义淡入淡出速度,更加缓慢
      });
      $("#btnFadeFadeTo").click(function(){
        $("#img1").fadeTo("slow",0.15);          //透明度值较低
        $("#img2").fadeTo("slow",0.4);           //透明度值中等
        $("#img3").fadeTo("slow",0.7);           //透明度值较高
      });
    });
  </script>
</head>
<body>
  <p>图片的交替淡入淡出和不透明效果</p>
```

```
<button id="btnFadeToggle">图片交替淡入淡出</button>
<button id="btnFadeFadeTo">图片不透明效果</button>
<br><br>
<img src="images/01.jpg" id="img1"/>
<img src="images/02.jpg" id="img2"/>
<img src="images/03.jpg" id="img3"/>
</body>
</html>
```

【说明】 fadeToggle()方法将元素隐藏后元素不再占据页面空间,而 fadeTo()方法隐藏后的元素仍然占据页面空间。

12.4　滑 动 效 果

在 jQuery 中提供了 slideDown()方法(用于滑动显示匹配的元素)、slideUp()方法(用于滑动隐藏匹配的元素)和 slideToggle()方法(用于通过高度的变化动态切换元素的可见性)来实现滑动效果。通过滑动效果改变元素的高度,又称"拉窗帘"效果。

12.4.1　向下展开效果

jQuery 中提供了 slideDown()方法用于向下滑动元素,该方法通过使用滑动效果,将逐渐显示隐藏的被选元素,直到元素完全显示为止,在显示元素后触发一个回调函数。

该方法实现的效果适用于通过 jQuery 隐藏的元素,或在 CSS 中声明"display:none"的元素。语法格式如下:

slideDown(speed,[callback])

其参数说明与 fadeIn()方法中的参数说明完全相同。

例如,要在 500 毫秒内向下滑动显示页面中的 id 为 logo 的元素,可以使用下面的代码。

```
$("#logo").slideDown(500);
```

如果元素已经是完全可见的,则该效果不产生任何变化,除非规定了 callback 函数。

12.4.2　向上收缩效果

jQuery 中的 slideUp()方法用于向上滑动元素,从而实现向上收缩效果,直到元素完全隐藏为止。该方法实际上是改变元素的高度,如果页面中的一个元素的 display 属性值为 none,则当调用 slideUp()方法时,元素将由下到上缩短显示。语法格式如下:

$(selector).slideUp(speed,callback)

313

其参数说明与 fadeIn()方法中的参数说明完全相同。

例如,要在 500 毫秒内向上滑动收缩页面中的 id 为 logo 的元素,可以使用下面的代码。

```
$("#logo").slideUp(500);
```

如果元素已经是完全隐藏的,则该效果不产生任何变化,除非规定了 callback 函数。

12.4.3 交替伸缩效果

jQuery 中的 slideToggle()方法通过使用滑动效果(高度变化)来切换元素的可见状态。在使用 slideToggle()方法时,如果元素是可见的,就通过减小高度使全部元素隐藏;如果元素是隐藏的,就增加元素的高度使元素最终全部可见。语法格式如下:

$(selector).slideToggle(speed,callback)

其参数的含义与 fadeIn()方法中参数的含义完全相同。

例如,要实现单击 id 为 switch 的图片时,控制菜单的显示或隐藏(默认为不显示,奇数次单击时显示,偶数次单击时隐藏),可以使用下面的代码。

```
$("#switch").click(function(){
  $("#menu").slideToggle(500);            //显示/隐藏菜单
});
```

【例 12-5】 滑动效果示例。单击"向下展开"按钮,div 元素中的内容从上往下逐渐展开;单击"向上收缩"按钮,div 元素中的内容从下往上逐渐折叠;单击"交替伸缩"按钮,div 元素中的内容可以向下展开或向上收缩。本例文件 12-5. html 在浏览器中的显示效果如图 12-5 所示。

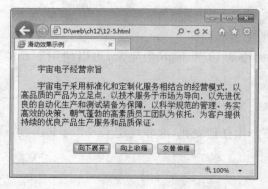

图 12-5　例 12-5 的页面显示效果

代码如下:

```
<html>
  <head>
    <title>滑动效果示例</title>
```

```
<style type="text/css">
  div.panel{                      //显示内容的样式
    margin: 0px;
    padding: 5px;
    background: #e5eecc;
    border: solid 1px #c3c3c3;
    text-indent: 2em;
    height: 150px;
    display: none;                //初始状态隐藏 div 中的内容
  }
</style>
<script src="js/jquery-3.2.1.min.js" type="text/javascript"></script>
<script type="text/javascript">
  $(document).ready(function(){
    $("#btnSlideDown").click(function(){
      $(".panel").slideDown("slow");          //向下展开
    });
    $("#btnSlideUp").click(function(){
      $(".panel").slideUp("slow");            //向上收缩
    });
    $("#btnSlideUpDown").click(function(){
      $(".panel").slideToggle("slow");        //交替伸缩
    });
  });
</script>
</head>
<body>
<div class="panel">
  <p>宇宙电子经营宗旨</p>
  <p>宇宙电子采用标准化和定制化服务相结合的经营模式……(此处省略文字)</p>
</div>
<p align="center">
  <button id="btnSlideDown">向下展开</button>
  <button id="btnSlideUp">向上收缩</button>
  <button id="btnSlideUpDown">交替伸缩</button>
</p>
</body>
</html>
```

【说明】　无论元素是完全可见或完全隐藏,slideToggle()方法实现的交替伸缩效果总是能够实现的。

12.5　自定义动画效果

前面已经讲解了利用 jQuery 提供的方法实现 3 种动画效果,但在许多情况下,这些方法仍无法完全满足用户的各种需求。如果需要对动画进行更多控制,就需要一些高级的自定义动画来实现。

12.5.1 创建自定义动画

在 jQuery 中，可以使用 animate() 方法创建自定义动画，将元素从当前样式过渡到指定的 CSS 样式。语法格式如下：

animate(styles,speed,easing,callback)

参数说明如下。

- styles：这是必选项，表示产生动画效果的 CSS 样式和值。
- speed：表示动画的速度，默认值是 normal，可选值为 slow、normal、fast 和代表毫秒的整数值。
- easing：这是可选项，表示在不同的动画点中设置动画速度的 easing 函数。jQuery 内置的 easing 函数包括 swing 和 linear。
- callback：这是可选项，表示自定义动画完成后所执行的函数名称。

animate() 方法本质上是通过 CSS 样式将元素从一个状态改变为另一个状态。CSS 属性值是逐渐改变的，这样就可以创建动画效果。对于这些 CSS 属性而言，只有数字值可创建动画（例如，"margin:30px"），而字符串值无法创建动画（例如，"background-color: red"）。

默认情况下，所有 HTML 元素的位置都是静态的，并且无法移动。如需对位置进行操作，首先把元素的定位（position）属性设置为 relative、fixed 或 absolute。如果没有明确定义元素的定位属性，并试图使用 animate() 方法移动元素时，它们只会静止不动。

需要注意的是，styles 参数列表中的 CSS 样式采用 DOM 名称命名，而非 CSS 属性名；DOM 名称与 CSS 属性名有所不同，采用骆驼命名法，如 borderWidth、borderLeftWidth 等。

【例 12-6】 自定义动画示例。单击"图像下移"按钮，图像下移 100 像素；单击"图像右移"按钮，图像向右移动 200 像素，宽度和高度等比例放大且透明度降低；单击"环绕动画"按钮，图像沿顺时针环绕一周。本例文件 12-6. html 在浏览器中的显示效果如图 12-6 所示。

代码如下：

```html
<html>
  <head>
    <title>自定义动画示例</title>
    <script src="js/jquery-3.2.1.min.js" type="text/javascript"></script>
    <style type="text/css">
        img{
            width: 200px;
            height: 150px;
            position: absolute;          //设置动画元素 absolute 的绝对定位
        }
    </style>
```

316

图 12-6　例 12-6 的页面显示效果

```html
</head>
<body>
  <input type="button" value="图像下移" id="animateToBottomBtn"/>
  <input type="button" value="图像右移" id="animateToRightBtn"/>
  <input type="button" value="环绕动画" id="animateToContinueBtn"/>
  <hr/>
  <img src="images/com.jpg" id="imgShow"/>
  <script type="text/javascript">
    $(function(e){
        $("#animateToBottomBtn").click(function(){    //图像下移按钮事件绑定
            $("#imgShow").animate({
                top: '+=100px',                        //向下移动 100px
            });
        });
        $("#animateToRightBtn").click(function(){      //图像右移按钮事件绑定
            $("#imgShow").animate({
                    left: '+=200px',                   //向右移动 200px
                    opacity: '0.6',                    //降低透明度
                    width: '+=200px',      //图片本身宽度为 200px,宽度等比例放大
                    height: '+=150px'      //图片本身高度为 150px,高度等比例放大
            },2000);                                   //慢速移动
        });
        $("#animateToContinueBtn").click(function(){   //环绕动画事件绑定
            $("#imgShow").animate({left: 300},1000)    //移动路径的第 1 点
            .animate({top: 200},1000)                  //移动路径的第 2 点
            .animate({left: 100},600)                  //移动路径的第 3 点
            .animate({top: 100},300);                  //移动路径的第 4 点
        });
    });
  </script>
</body>
</html>
```

【说明】　在 jQuery 中使用 animate()方法创建自定义动画时,必须明确定义元素的定位属性,该设置非常重要,否则使用 animate()方法移动元素将无法实现。

317

12.5.2　动画队列

jQuery 可以定义一组动画动作,把它们放在队列(queue)中顺序执行。队列是一种支持先进先出原则的数据结构(线性表),它只允许在表的前端进行删除操作(出队),而在表的后端进行插入操作(入队),如图 12-7 所示。

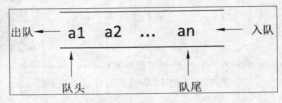

图 12-7　队列的工作原理

1. queue()方法

使用 queue()方法可以管理指定动画队列中要执行的函数。语法格式如下:

```
queue(name,[callback])
```

参数说明如下。

- name:这是必选项,当只传入该参数时,方法将返回并指向第一个匹配元素的队列(将是一个函数数组,队列名默认是 fx)。
- callback:这是可选项,该参数又分两种情况,当该参数是一个函数时,它将在匹配的元素的队列最后添加一个函数;当该参数是一个函数数组时,它将匹配元素的队列用新的一个队列来代替(函数数组)。

该方法的基本功能就是从队列最前端移除一个队列函数,并执行它。页面中每个元素均可拥有一到多个由 jQuery 添加的函数队列。在大多数元素中,只使用一个队列(名为 fx)。队列运行在元素上时异步地调用动作序列,而不会终止程序执行。典型例子是调用元素上的多个动画方法。例如:

```
$('#foo').slideUp().fadeIn();
```

当执行这条语句时,元素会立即开始滑动动画,这时执行淡入效果的方法被置于 fx 队列,只有当滑动效果方法完成后才会被调用。而 queue()方法允许直接对这个函数队列进行操作。可以新建一个数组,把动画函数依次放进去,这样更改动画顺序、添加动画效果都非常方便。然后调用 queue()方法将这组动画函数数组加入队列中,利用 dequeue()方法取出函数队列中第一个函数,并执行它,从而完成连续动画执行的效果。

【例 12-7】　使用 queue()方法显示动画队列示例,本例文件 12-7. html 在浏览器中的显示效果如图 12-8 所示。

代码如下:

```
<html>
```

318

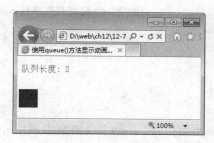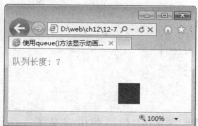

图 12-8　例 12-7 的页面显示效果

```
<head>
  <title>使用 queue()方法显示动画队列示例</title>
  <style>
   div{
     margin: 3px;
     width: 40px;
     height: 40px;
     position: absolute;              //设置动画元素 absolute 绝对定位
     left: 0px;
     top: 60px;
     background: blue;                //蓝色背景
     display: none;                   //初始状态隐藏 div 中的内容
   }
   p{
     color: red;
   }
  </style>
  <script src="js/jquery-3.2.1.min.js" type="text/javascript"></script>
</head>
<body>
  <p>队列长度：<span></span></p>
  <div></div>
  <script type="text/javascript">
  var div=$("div");
  function runIt() {
      div.show("slow");                   //缓慢显示蓝色的 div 正方块
      div.animate({left: '+=200'},2000);  //每 2000 毫秒向右移动 200px
      div.slideToggle(1000);              //交替伸缩效果
      div.slideToggle("fast");            //快速伸缩效果
      div.animate({left: '-=200'},1500);  //每 1500 毫秒向左移动 200px
      div.hide("slow");                   //缓慢隐藏效果
      div.show(1200);                     //显示时间为 1200ms
      div.slideUp("normal",runIt);
                        //正常速度向上收缩,完毕后执行 runIt 函数,形成循环
  }
  function showIt() {
      var n=div.queue("fx");              //fx 是默认的动画队列
      $("span").text(n.length);           //输出当前队列的长度
```

319

```
        setTimeout(showIt, 100);                //间隔 100 毫秒再次执行 showIt
    }
    runIt();
    showIt();
    </script>
  </body>
</html>
```

【说明】 在 runIt()函数中定义了一组动画动作,在 showIt()函数中调用 queue()方法显示默认的动画队列 fx 的长度。

2. dequeue()方法

用户可以使用 dequeue()方法为匹配元素执行序列中的下一个函数,同时将其出队。语法格式如下:

dequeue([dequeueName])

参数 dequeueName 是队列的名称。

【例 12-8】 使用 dequeue()方法显示动画队列示例,本例文件 12-8. html 在浏览器中的显示效果如图 12-9 所示。

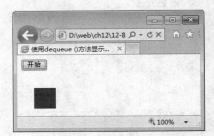 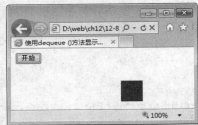

图 12-9 例 12-8 的页面显示效果

代码如下:

```html
<html>
  <head>
    <title>使用 dequeue()方法显示动画队列示例</title>
    <style>
      #count{
        margin: 3px;
        width: 40px;
        height: 40px;
        position: absolute;            //设置动画元素 absolute 的绝对定位
        left: 0px;
        top: 60px;
        background: blue;              //蓝色背景
        display: none;                 //初始状态隐藏 div 中的内容
      }
    </style>
```

320

```
<script src="js/jquery-3.2.1.min.js" type="text/javascript"></script>
<script type="text/javascript">
$(function() {
    var div=$('#count');
    var list=[                                      //定义动画函数数组
        function() {div.show("slow"); get();},      //完成动画后调用 get()函数
        function() {div.animate({left: '+=200'},2000); get();},
                                                    //完成动画后调用 get()函数
        function() {div.slideToggle(1000); get();},
                                                    //完成动画后调用 get()函数
        function() {div.slideToggle("fast");get();},
                                                    //完成动画后调用 get()函数
        function() {div.div.hide("slow"); get();},
                                                    //完成动画后调用 get()函数
        function() {div.show(1200); get();},        //完成动画后调用 get()函数
        function() {div.slideUp("normal"); get();}
                                                    //完成动画后调用 get()函数
    ];
    div.queue('testList', list);       //调用 queue()方法将动画函数数组加入队列
    var get=function() {
            //get()函数中调用 dequeue()方法,执行队列中下一个函数,同时将其出队
      div.dequeue('testList');
                        //利用 dequeue()方法取出函数队列中第一个函数,并执行它
    }
    $('#btn').bind('click', function() {
        get();                         //单击"开始"按钮,调用 get()函数
    });
});
</script>
</head>
<body>
  <div id="count"></div>
  <input id="btn" type="button" value="开始" />
</body>
</html>
```

【说明】　程序中利用 queue()方法定义了一个动画队列 testList,动画队列中包含动画函数中定义的执行完成动画后调用的 get()函数。在 get()函数中会调用 dequeue()方法,执行动画队列中下一个函数,同时将其出队。按照这样的方法循环,动画队列中包含的动画会依次被执行,直至结束。

3. 删除动画队列中的成员

使用 clearQueue()方法可以删除匹配元素的动画队列中所有未执行的函数。语法格式如下:

clearQueue([queueName])

参数 queueName 是队列的名称。

【例 12-9】 在例 12-9 中增加一个"停止"按钮,用于删除动画队列中所有未执行的动画,代码如下:

```
$("#stop").click(function () {
    var myDiv=$("div");
    myDiv.clearQueue();        //删除动画队列中所有未执行的动画
});
```

单击"停止"按钮,会在执行完当前动画后删除动画队列中所有未执行的动画,同时队列长度变成 0,如图 12-10 所示。

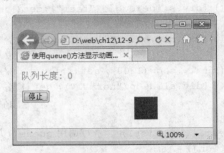

图 12-10 例 12-9 的页面显示效果

12.5.3 动画的延时和停止

在 jQuery 中,通过 animate()等方法可以实现元素的动画效果显示,但在显示的过程中,必须要考虑各种客观因素和限制性条件的存在,因此,在执行动画时,可通过 stop()方法停止或 delay()方法延时某个动画的执行。

1. 动画的延时

在动画执行的过程中,经常会对动画进行延迟操作,需要使用到 delay()方法。语法格式如下:

delay(duration[,queueName])

其中,参数 duration 指定延迟的时间,单位为毫秒;参数 queueName 是队列的名称。

2. 动画的停止

1) stop()方法

stop()方法会停止匹配元素正在运行的动画,并立即执行动画队列中的下一个动画。语法格式如下:

stop(clearQueue,gotoEnd)

参数说明如下。

* clearQueue:表示是否清空尚未执行完的动画队列(值为 true 时表示清空动画队

列），默认为 false，即不删除。

- gotoEnd：表示是否让正在执行的动画直接到达动画结束时的状态（值为 true 时表示直接到达动画结束时状态），默认为 false。

2）finish()方法

finish()方法用于停止当前正在运行的动画，并删除动画队列中的所有动画。语法格式如下：

```
finish([queue])
```

参数 queue 是队列的名称。

finish()方法相当于 clearQueue()方法加上 stop()方法的效果。

【例 12-10】　动画的延时和停止操作，本例文件 12-10. html 在浏览器中的显示效果如图 12-11 所示。

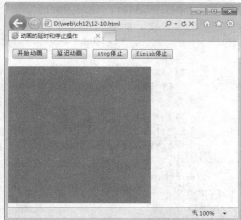

图 12-11　例 12-10 的页面显示效果

代码如下：

```html
<html>
  <head>
    <title>动画的延时和停止操作</title>
    <style>
      div#test{
        position: absolute;              //设置动画元素 absolute 的绝对定位
        width: 60px;
        height: 60px;
        float: left;
        background-color: red;
        left: 0;
      }
    </style>
    <script src="js/jquery-3.2.1.min.js" type="text/javascript"></script>
  </head>
```

```
<body>
  <p>
    <button id="btnStart">开始动画</button>
    <button id="btnDelay">延迟动画</button>
    <button id="btnStop">stop 停止</button>
    <button id="btnFinish">finish 停止</button>
  </p>
  <div id="test"></div>
  <script type="text/javascript">
      $("#btnStart").click(function() {      //开始动画
        $("#test").slideUp(300).fadeIn(400).animate({height: 300}).animate
            ({width: 300})
          .animate({height: 100},"slow").animate({width: 100},"slow");
      });
      $("#btnDelay").click(function() {      //延迟动画
        $("#test").slideUp(300).delay(500).fadeIn(400).animate({height:
            300}).delay(800)
          .animate({width: 300}).animate({height: 100},"slow").animate
              ({width: 100},"slow");
      });
      $("#btnStop").click(function() {      //stop 停止
        $("#test").stop(true,true);
                              //立刻结束正在执行的当前动画,并清空未完成的动画队列
      });
      $("#btnFinish").click(function() {      //finish 停止
        $("#test").finish(); //停止当前正在运行的动画,并删除动画队列中的所有动画
      });
  </script>
</body>
</html>
```

【说明】 程序中利用 $("#test").stop(true,true)来停止动画,其中的两个参数均设置为 true,表示立刻结束当前正在执行的动画(动画尚未完成),同时又清空未完成的动画队列,使动画立刻停止;如果希望当前正在执行的动画完成后继续执行动画队列中的下一个动画,但不清空未完成的动画队列(其余动画还可以执行),则可以使用代码 $("#test").stop(true)来实现。

12.6 综 合 案 例

本章前面讲解了 jQuery 制作动画的各种方法和技巧,在掌握了这些知识的基础上,下面讲解两个综合的应用案例。

12.6.1 制作折叠式导航菜单

当页面中导航菜单的菜单项较多时,往往采用折叠式导航菜单只显示正在使用的子

菜单,将其余暂时不用的菜单功能折叠起来,这样就节省了页面空间。通过 jQuery 能很轻松地设计出这种效果。

【例 12-11】　制作折叠式导航菜单。单击某个主菜单时,将展开该主菜单下的子菜单,例如,单击"广告管理"主菜单,将显示如图所示的子菜单。单击"退出系统"主菜单将不展开对应的子菜单,而是激活一个超链接。本例文件 12-11.html 在浏览器中的显示效果如图 12-12 所示。

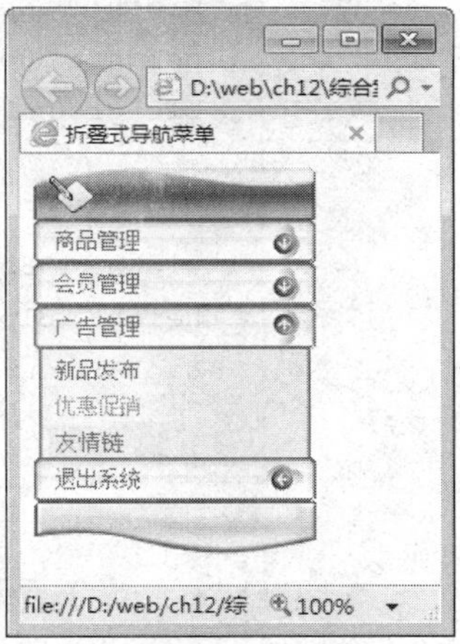

代码如下:

图 12-12　折叠式导航菜单

```html
<html>
  <head>
    <title>折叠式导航菜单</title>
    <script src="js/jquery-3.2.1.min.js"
      type="text/javascript"></script>
    <style type="text/css">
      dl {
          width: 158px;                //设置菜单容器的宽度
          margin: 0px;
      }
      dt {
          font-size: 14px;
          padding: 0px;
          margin: 0px;
          width: 146px;                //设置宽度
          height: 19px;                //设置高度
          background-image: url(images/title_show.gif);        //设置背景图片
          padding: 6px 0px 0px 12px;
          color: #215dc6;
          font-size: 12px;
          cursor: hand;
      }
      dd{
          color: #000;
          font-size: 12px;
          margin: 0px;
      }
      a {
          text-decoration: none;        //不显示下划线
      }
      a: hover {
          color: #FF6600;               //鼠标光标悬停链接的颜色是橘红色
      }
      #top{
```

325

```
        width: 158px;                      //设置宽度
        height: 30px;                      //设置高度
        background-image: url(images/top.gif);          //设置背景图片
    }
  #bottom{
    width: 158px;                          //设置宽度
    height: 31px;                          //设置高度
    background-image: url(images/bottom.gif);       //设置背景图片
  }
  .title{
    background-image: url(images/title_quit.gif);    //设置背景图片
  }
  .item{
    width: 146px;                          //设置宽度
    height: 15px;                          //设置高度
    background-image: url(images/item_bg.gif);       //设置背景图片
    padding: 6px 0px 0px 12px;
    color: #215dc6;
    font-size: 12px;
    cursor: hand;
    background-position: center;
    background-repeat: no-repeat;                 //背景图片不重复
  }
</style>
<script type="text/javascript">
$(document).ready(function(){
    $("dd").hide();                           //隐藏全部子菜单
    $("dt[class!='title']").click(function(){
        if($(this).next().is(":hidden")){
        //slideDown: 通过高度变化(向下增长)来动态地显示所有匹配的元素
            $(this).css("backgroundImage","url(images/title_hide.gif)");
                                              //改变主菜单的背景
            $(this).next().slideDown("slow");
        }else{
            $(this).css("backgroundImage","url(images/title_show.gif)");
                                              //改变主菜单的背景
            $(this).next().slideUp("slow");
        }
    });
});
</script>
</head>
<body>
```

```
<div id="top"></div>
<dl>
    <dt>商品管理</dt>
    <dd>
        <div class="item"><a href="#">添加商品</a></div>
        <div class="item"><a href="#">修改商品</a></div>
        <div class="item"><a href="#">查询商品</a></div>
    </dd>
    <dt>会员管理</dt>
    <dd>
        <div class="item"><a href="#">添加会员</a></div>
        <div class="item"><a href="#">修改会员</a></div>
        <div class="item"><a href="#">权限设置</a></div>
    </dd>
    <dt>广告管理</dt>
    <dd>
        <div class="item"><a href="#">新品发布</a></div>
        <div class="item"><a href="#">优惠促销</a></div>
        <div class="item"><a href="#">友情链接</a></div>
    </dd>
    <dt class="title"><a href="#">退出系统</a></dt>
</dl>
<div id="bottom"></div>
</body>
</html>
```

【说明】 本程序的折叠式菜单功能是使用 jQuery 的滑动效果来实现的。页面加载后,首先隐藏全部子菜单,然后再为每个包含子菜单的主菜单项添加 click 事件,当主菜单为隐藏时滑动显示主菜单,否则滑动隐藏主菜单。

12.6.2 图片轮播效果

传统 JavaScript 虽然也能制作出各具特色的网页特效,但其程序烦琐复杂,且浏览器兼容性也较差。而使用 jQuery 操作 DOM 非常方便,jQuery 提供了非常人性化的 API 满足用户的各种需求,下面的案例综合使用了前面讲解的基础知识,制作图片轮播效果,大大简化了编程的工作量。

【例 12-12】 制作图片轮播效果。页面加载后,每隔一段时间,图片自动切换到下一幅画面;用户单击图片右下方的数字,将直接切换到相应的画面;用户单击链接文字,可以打开相应的网页(用户可以根据需要自己设置链接的页面)。本例文件 12-12.html 在浏览器中的显示效果如图 12-13 所示。

327

图 12-13　图片轮播效果

代码如下：

```html
<html>
  <head>
    <title>jQuery 实现图片轮播效果</title>
    <script src="js/jquery-3.2.1.min.js" type="text/javascript"></script>
    <style type="text/css">
    #banner{                            //广告条容器的样式
      position: relative;               //相对定位
      width: 940px;                     //广告条容器的宽度为 940px
      height: 529px;                    //广告条容器的高度为 529px
      border: 1px solid #666;
      overflow: hidden;                 //溢出隐藏
      font-size: 16px
    }
    #banner_list img{                   //图像的样式
```

```
      border: 0px;                                //图像无边框
  }
  #banner_bg{                                     //广告条底部背景的样式
      position: absolute;                         //绝对定位
      bottom: 0;
      background-color: #000;
      height: 30px;
      filter: Alpha(Opacity=30);                  //设置不透明度
      opacity: 0.3;
      z-index: 1000;
      cursor: pointer;
      width: 940px;                               //广告条底部背景宽度为 940px
  }
  #banner_info{                                   //广告条底部信息容器的样式
      position: absolute;                         //绝对定位
      bottom: 4px;
      left: 5px;
      height: 22px;
      color: #fff;
      z-index: 1001;
      cursor: pointer
  }
  #banner_text{                                   //广告条底部信息文字的样式
      position: absolute;                         //绝对定位
      width: 120px;
      z-index: 1002;
      right: 3px;
      bottom: 3px;
  }
  #banner ul{                                     //广告条底部信息列表的样式
      position: absolute;                         //绝对定位
      list-style-type: none;                      //列表无修饰
      filter: Alpha(Opacity=80);
      opacity: 0.8;
      z-index: 1002;                              //位于页面最上层
      margin: 0;
      padding: 0;
      bottom: 3px;
      right: 5px;
      height: 20px
  }
  #banner ul li{                                  //列表项的样式
      padding: 0 8px;
      line-height: 18px;
      float: left;                                //向左浮动
      display: block;                             //块级元素
      color: #FFF;
      border: #e5eaff 1px solid;
      background-color: #6f4f67;
      cursor: pointer;
      margin: 0;
      font-size: 16px;
  }
```

```
    #banner_list a{
      position: absolute;                    //让 4 张图片都可以重叠在一起
    }
    </style>
</head>
<body>
    <p>宇宙电子相册空间</p>
    <div id="banner">
      <div id="banner_bg"></div>
      <div id="banner_info"></div>
      <ul>
        <li>1</li>
        <li>2</li>
        <li>3</li>
        <li>4</li>
      </ul>
      <div id="banner_list">
        <a href="#" target="_blank"><img src="images/01.jpg" title="宇宙画
          廊" alt="宇宙画廊" /></a>
        <a href="#" target="_blank"><img src="images/02.jpg" title="宇宙画
          廊" alt="宇宙画廊" /></a>
        <a href="#" target="_blank"><img src="images/03.jpg" title="宇宙画
          廊" alt="宇宙画廊" /></a>
        <a href="#" target="_blank"><img src="images/04.jpg" title="宇宙画
          廊" alt="宇宙画廊" /></a>
      </div>
    </div>
    <script type="text/javascript">
    var t=n=0, count;
    $(document).ready(function(){
      count=$("#banner_list a").length;              //链接的数量
      $("#banner_list a: not(: first-child)").hide();
      $("#banner_info").html($("#banner_list a: first-child").find("img")
        .attr('alt'));
      $("#banner_info").click(function(){            //链接的单击事件
        window.open($("#banner_list a: first-child").attr('href'), "_blank")
      });
      $("#banner li").click(function(){
        var i=$(this).text() -1;                      //获取 Li 元素内的值,即 1,2,3,4
        n=i;
        if (i>=count) return;
        $("#banner_info").html($("#banner_list a").eq(i).find("img").attr('alt'));
        $("#banner_info").unbind().click(function(){
                                                      //从匹配的元素中删除绑定的事件
          window.open($("#banner_list a").eq(i).attr('href'), "_blank")
        });
        //使用 filter(": visible")获取所有可见的元素
        $("#banner_list a").filter(": visible").fadeOut(500).parent().
          children().eq(i).fadeIn(1000);
        $(this).css({"background": "#be2424",'color': '#000'}).siblings().
          css({
          "background": "#6f4f67",'color': '#fff'});
      });
      t=setInterval("showAuto()", 4000);            //设置图片切换的时间间隔为 4000ms
```

330

```
    $("#banner").hover(function(){
     clearInterval(t)}, function(){t=setInterval("showAuto()", 4000);
     });
   })
   function showAuto(){
     //如果轮播图片的循环没有超出图片的总数量,则 n 的值加 1;如果超出则 n 从 0 开始
     //计数
     n=n>=(count -1) ? 0 : ++n;
     $("#banner li").eq(n).trigger('click');
                               //模拟用户单击鼠标时自动切换到下一幅图片
   }
   </script>
  </body>
</html>
```

【说明】　本程序使用的技术要点如下。

(1) 本程序共有 4 张轮播图片,页面加载后,将第一幅轮播图片以外的图片全部隐藏。

(2) 获取第一幅图片的 alt 信息显示在信息栏,并添加 click 单击事件。

(3) 为图片右下角的 4 个链接添加单击事件,单击链接时,分别用 fadeOut()、fadeIn() 淡入淡出方法显示图片的切换过渡效果。

(4) 使用 setInterval()方法设置图片切换的时间间隔,定时执行切换函数。本例设置为 4000ms(4s),用户可根据实际需要调整这个参数。

(5) 使用" $("＃ banner li").eq(n).trigger('click');"语句模拟用户单击鼠标事件,切换图片的时间间隔到达后将触发这一事件,自动切换到下一幅图片。

习　　题

1. 编写程序实现正方形不同的淡入与淡出动画效果,如图 12-14 所示。

图 12-14　题 1 图

2. 制作宇宙电子新闻中心向上滚动的动态新闻效果，每隔 3s，新闻信息就会向上滚动，如图 12-15 所示。

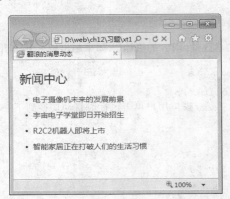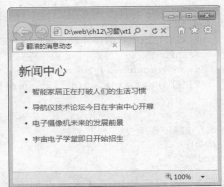

图 12-15　题 2 图

3. 编写程序制作一个可以展开与折叠的导航菜单，单击"导航菜单"图片展开菜单，再次单击"导航菜单"图片将菜单折叠起来，如图 12-16 所示。

图 12-16　题 3 图

第 13 章   jQuery UI 插件的应用

jQuery UI 是一个以 jQuery 为基础的用户体验与交互库，它是由 jQuery 官方维护的一类提高网站开发效率的插件库。本章将详细地讲解 jQuery UI 插件的使用方法。

13.1   jQuery UI 概述

jQuery UI 是一个建立在 jQuery JavaScript 库上的小部件和交互库，它是由 jQuery 官方维护的一类提高网站开发效率的插件库，用户可以使用它创建高度交互的 Web 应用程序。

13.1.1   jQuery UI 简介

1. jQuery UI 的特性

jQuery UI 是以 jQuery 为基础的开源 JavaScript 网页用户界面代码库，它包含底层用户交互、动画、特效和可更换主题的可视控件，其主要特性如下。

- 简单易用：继承 jQuery 简易使用特性，提供高度抽象接口，短期改善网站易用性。
- 开源免费：采用 MIT&GPL 双协议授权，轻松满足自由产品至企业产品各种授权需求。
- 广泛兼容：兼容各主流桌面浏览器。包括 IE 6＋、Firefox 2＋、Opera 9＋、Chrome 1＋。
- 轻便快捷：组件间相对独立，可按需加载，避免浪费带宽拖慢网页打开速度。
- 标准先进：通过标准 XHTML 代码提供渐进增强，保证低端环境可访问性。
- 美观多变：提供近 20 种预设主题，并可自定义多达 60 项可配置样式规则，提供 24 种背景纹理选择。
- 开放公开：从结构规划到代码编写，全程开放，文档、代码、讨论，人人均可参与。
- 强力支持：Google 为发布代码提供 CDN 内容分发网络支持。
- 完整汉化：开发包内置包含中文在内的 40 多种语言包。

2. jQuery UI 插件的分类

jQuery UI 侧重于用户界面的体验，根据其体验角度的不同，主要分为以下 3 个部分。

（1）交互（Interactions）。这部分主要展示一些与鼠标操作相关的插件内容，如拖动（Dragable）、放置（Dropable）、缩放（Resizable）、复选（Selectable）、排序（Sortable）等。

（2）小部件（Widgets）。这部分包括一些可视化的小控件，通过这些控件可以极大地优化用户在页面中的体验。如折叠面板（Accordion）、日历（Datepicker）、对话框（Dialog）、进度条（Progressbar）、滑块（Slider）、标签页（Tabs）等。

（3）动画。这部分包括一些动画效果的插件，使动画不再拘泥于 animate()方法。用户可以通过这部分插件，实现更为复杂的动画效果。

3. jQuery UI 与 jQuery 的区如下。

jQuery UI 与 jQuery 的主要区别如下。

（1）jQuery 是一个 js 库，主要提供的功能是选择器，属性修改和事件绑定等。

（2）jQuery UI 是在 jQuery 的基础上，利用 jQuery 的扩展性设计的插件，提供了一些常用的界面元素，诸如对话框、拖动行为、改变大小行为等。

13.1.2　jQuery UI 的下载

在使用 jQuery UI 之前，需要下载 jQuery UI 库。下载步骤如下。

（1）在浏览器中输入 www.jqueryui.com，进入如图 13-1 所示的页面。目前，jQuery UI 的最新版本是 jQuery UI 1.12.1。

图 13-1　jQuery UI 的下载页面

（2）单击 Custom Download 按钮，进入 jQuery UI 的 Download Builder 页面（jqueryui.com/download/），如图 13-2 所示。Download Builder 页面中可供下载的有jQuery UI 版本、核心（UI Core）、交互部件（Interactions）、小部件（Widgets）和效果库

（Effects）。

jQuery UI 中的一些组件依赖于其他组件,当选中这些组件时,它所依赖的其他组件都会自动被选中。

（3）在 Download Builder 页面的左下角,可以看到一个下拉列表框,列出了一系列为 jQuery UI 插件预先设计的主题,用户可以从这些提供的主题中选择一个,如图 13-3 所示。

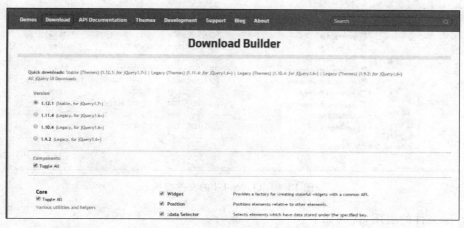

图 13-2　Download Builder 页面

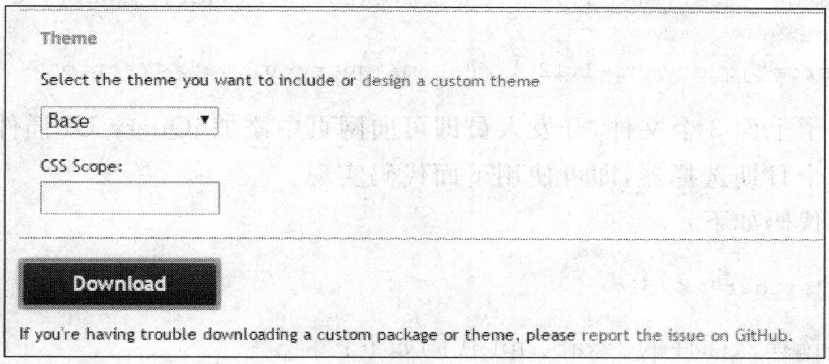

图 13-3　选择 jQuery UI 主题

（4）单击 Download 按钮,即可下载选择的 jQuery UI。

13.1.3　jQuery UI 的使用

jQuery UI 下载完成后,将得到一个包含所选组件的自定义 zip 文件（jquery-ui-1.12.1.custom.zip）,解压该文件,结果如图 13-4 所示。

在网页中使用 jQuery UI 插件时,需要将图 13-4 中的所有文件及文件夹（解压之后的 jquery-ui-1.12.1.custom 文件夹）复制到网页所在的文件夹下,然后在网页的 ＜head＞区域添加 jquery-ui.css 文件、jquery-ui.js 文件及 external/jquery 文件夹下

图 13-4　jQuery UI 的文件组成

jquery.js 文件的引用,代码如下:

```
<link rel="stylesheet" href="jquery-ui-1.12.1.custom/jquery-ui.css" />
<script src="jquery-ui-1.12.1.custom/external/jquery/jquery.js">
  </script>
<script src="jquery-ui-1.12.1.custom/jquery-ui.js"></script>
```

一旦引用了上面 3 个文件,开发人员即可向网页中添加 jQuery UI 插件。比如,要在网页中添加一个日期选择器,即可使用下面代码实现。

网页结构代码如下:

```
<div id="slider"></div>
```

调用日期选择器插件的 JavaScript 代码如下:

```
<script>
  $(function(){
    $("#datepicker").datepicker();
  });
</script>
```

13.1.4　jQuery UI 的工作原理

jQuery UI 包含许多维持状态的插件,它与典型的 jQuery 插件使用模式略有不同。jQuery UI 插件库提供了通用的 API,因此,只要学会使用其中一个插件,即可知道如何使用其他的插件。本节以进度条(progressbar)插件为例,介绍 jQuery UI 插件的工作原理。

1．安装

为了跟踪插件的状态，首先介绍一下插件的生命周期。当插件安装时，生命周期开始，只需要在一个或多个元素上调用插件，即安装了插件，比如，下面的代码开始 progressbar 插件的生命周期。

```
$("#elem" ).progressbar();
```

另外，在安装时，还可以传递一组选项，这样即可重写默认选项，代码如下：

```
$("#elem").progressbar({value:40});
```

【说明】　安装时传递的选项数目多少可根据自身的需要而定，选项是插件状态的组成部分，所以也可以在安装后再设置选项。

2．方法

既然插件已经初始化，开发人员就可以查询它的状态，或者在插件上执行动作。所有初始化后的动作都以方法调用的形式进行。为了在插件上调用一个方法，可以向 jQuery 插件传递方法的名称。

例如，为了在进度条（progressbar）插件上调用 value 方法，可以使用下面代码。

```
$("#elem").progressbar("value");
```

如果方法接受参数，可以在方法名后传递参数。例如，下面代码将参数 60 传递给 value。

```
$("#elem").progressbar("value",60);
```

每个 jQuery UI 插件都有它自己的一套基于插件所提供功能的方法，然而，有些方法是所有插件共同具有的，下面分别进行讲解。

1）option 方法

option 方法主要用在插件初始化之后改变选项，例如，通过调用 option 方法改变 progressbar（进度条）的 value 为 30，代码如下：

```
$("#elem").progressbar("option","value",30);
```

需要注意的是，上面代码与初始化插件时调用 value 方法设置选项的方法"$("＃elem").progressbar("value",60);"有所不同，这里是调用 option 方法将 value 选项修改为 30。

另外，也可以通过给 option 方法传递一个对象，一次更新多个选项，代码如下：

```
$("#elem").progressbar("option",{
  value: 100,
  disabled: true
});
```

需要注意的是,option 方法有着与 jQuery 代码中取值器和设置器相同的标志,就像 .css()和.attr(),唯一的不同就是必须把传递字符串 option 作为第一个参数。

2) disable 方法

disable 方法用来禁用插件,它等同于将 disabled 选项设置为 true。例如,下面代码用来将进度条设置为禁用状态。

```
$("#elem").progressbar("disable");
```

3) enable 方法

enable 方法用来启用插件,它等同于将 disabled 选项设置为 false。例如,下面代码用来将进度条设置为启用状态。

```
$("#elem").progressbar("enable");
```

4) destroy 方法

destroy 方法用来销毁插件,使插件返回到最初的标记,这意味着插件生命周期的终止。例如,下面代码销毁进度条插件。

```
$("#elem").progressbar("destroy");
```

一旦销毁了一个插件,就不能在该插件上调用任何方法,除非再次初始化这个插件。

5) widget 方法

widget 方法用来生成包装器元素,或与原始元素断开连接的元素。例如,下面的代码中,widget 将返回生成的元素,因为,在进度条(progressbar)实例中,没有生成的包装器,widget 方法返回原始的元素。

```
$("#elem").progressbar("widget");
```

3. 事件

所有的 jQuery UI 插件都有与它们各种行为相关的事件,用于在状态改变时通知用户。对于大多数的插件,当事件被触发时,名称以插件名称为前缀。例如,可以绑定进度条的 change 事件,一旦值发生变化时就触发,代码如下:

```
$("#elem").bind("progressbarchange",function(){
  alert("进度条的值发生了改变!");
});
```

每个事件都有一个相对应的回调,作为选项进行呈现,开发人员可以使用进度条的 change 选项进行回调,这等同于绑定 progressbarchange 事件,代码如下:

```
$("#elem").progressbar({
  change: function(){
    alert("进度条的值发生了改变!");
  }
});
```

13.2　jQuery UI 的常用插件

jQuery UI 中提供了许多实用性的插件,包括常用的按钮、对话框、进度条、日期选择器等。本节将对 jQuery UI 中常用的插件及其使用方法进行详细讲解。

13.2.1　按钮插件

按钮(Button)用来使用带有适当悬停(hover)和激活(active)样式的可主题化按钮来加强标准表单元素(比如按钮、输入框等)。可用于按钮的标记实例主要有 button 元素或者类型为 submit 的 input 元素。

除了基本的按钮,单选按钮和复选框(input 类型为 radio 和 checkbox)也可以转换为按钮。为了分组单选按钮,Button 也提供了一个额外的小部件,名为 Buttonset。Buttonset 通过选择一个容器元素(包含单选按钮)并调用. buttonset( )来使用。Buttonset 也提供了可视化分组,因此当有一组按钮时可以考虑使用它。

按钮部件(Button Widget)使用 jQuery UI CSS 框架来定义它的外观和感观的样式。如果需要使用按钮指定的样式,则可以使用下面的 CSS class 名称。

- ui-button:表示按钮的 DOM 元素。该元素会根据 text 和 icons 选项添加下列 class 之一,即 ui-button-text-only、ui-button-icon-only、ui-button-icons-only、ui-button-text-icons。
- ui-button-icon-primary:用于显示按钮主要图标的元素。只有当主要图标在 icons 选项中提供时才呈现。
- ui-button-text:在按钮的文本内容周围的容器。
- ui-button-icon-secondary:用于显示按钮的次要图标。只有当次要图标在 icons 选项中提供时才呈现。
- ui-buttonset:Buttonset 的外层容器。

按钮的常用选项及说明见表 13-1。

表 13-1　按钮的常用选项及说明

选　项	类　型	说　明
disabled	Boolean	如果设置为 true,则禁用该 button
icons	Object	要显示的图标,包括带有文本的图标和不带有文本的图标。默认情况下,主图标显示在标签文本的左边,副图标显示在右边
label	String	要显示在按钮中的文本。当未指定时(null),则使用元素的 HTML 内容,或者如果元素是一个 submit 或 reset 类型的 input 元素,则使用它的 value 属性,或者如果元素是一个 radio 或 checkbox 类型的 input 元素,则使用相关的 label 元素的 HTML 内容

续表

选 项	类 型	说 明
text	Boolean	是否显示标签。当设置为 false 时,不显示文本,但是此时必须启用 icons 选项,否则 text 选项将被忽略

按钮的常用方法及说明见表 13-2。

表 13-2   按钮的常用方法及说明

方 法	说 明
destroy()	完全移除 button 功能。这会把元素返回到它的预初始化状态
disable()	禁用 button
enable()	启用 button
option(optionName)	获取当前与指定的 optionName 关联的值
option()	获取一个包含键/值对的对象,键/值对表示当前 button 选项的哈希操作
option(optionName,value)	设置与指定的 optionName 关联的 button 选项的值
option(options)	为 button 设置一个或多个选项
refresh()	刷新按钮的视觉状态。用于在以编程方式改变原生元素的选中状态或禁用状态后更新按钮状态
widget()	返回一个包含 button 的 jQuery 对象

按钮的常用事件及说明见表 13-3。

表 13-3   按钮的常用事件及说明

事 件	说 明
create(event,ui)	当创建按钮 button 时触发

【例 13-1】 通过使用按钮部件和按钮分组部件(Buttonset)把复选框显示为切换按钮样式。页面加载后,用户既可以选择复选框分组按钮选中或取消本组复选框,也可以单独选择或取消某几个复选框。本例文件 13-1. html 在浏览器中的显示效果如图 13-5 所示。

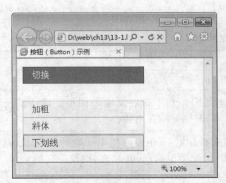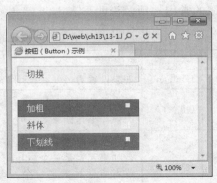

图 13-5   例 13-1 的页面显示效果

代码如下:

```html
<html>
  <head>
    <title>按钮(Button)示例</title>
    <link rel="stylesheet" href="jquery-ui-1.12.1.custom/jquery-ui.css" />
    <script src="jquery-ui-1.12.1.custom/external/jquery/jquery.js"></script>
    <script src="jquery-ui-1.12.1.custom/jquery-ui.js"></script>
    <script>
      $(function() {
        $("#check").button();           //把复选框显示为切换按钮样式
        $("#format").buttonset();       //分组复选框形成复选框容器
      });
    </script>
    <style>
      #format { margin-top: 2em; }
    </style>
  </head>
  <body>
    <input type="checkbox" id="check"><label for="check">切换</label>
    <div id="format">
      <input type="checkbox" id="check1"><label for="check1">加粗</label>
      <input type="checkbox" id="check2"><label for="check2">斜体</label>
      <input type="checkbox" id="check3"><label for="check3">下划线
        </label>
    </div>
  </body>
</html>
```

【说明】　除了基本的按钮,单选按钮和复选框也可以转换为按钮,与单选按钮和复选框相关的 label 元素作为按钮文本。

13.2.2　自动完成插件

自动完成(Autocomplete)插件用来根据用户输入的值进行搜索和过滤,让用户快速找到并从预设值列表中选择。自动完成插件类似"百度"的搜索框,当用户在输入框中输入时,自动完成插件提供相应的建议。

【说明】　自动完成插件的数据源,可以是一个简单的 JavaScript 数组,使用 source 选项提供给自动完成插件即可;也可以是从数据库中动态获取到的数据。

自动完成部件使用 jQuery UI CSS 框架来定义它的外观和感观的样式。如果需要使用自动完成部件指定的样式,则可以使用下面的 CSS class 名称。

- ui-autocomplete:用于显示匹配用户的菜单(menu)。
- ui-autocomplete-input:自动完成部件(Autocomplete Widget)实例化的 input 元素。

自动完成部件的常用选项及说明见表 13-4。

341

表 13-4　自动完成部件的常用选项及说明

选　项	类　型	说　明
appendTo	Selector	菜单应该被附加到哪一个元素。当该值为 null 时,输入域的父元素将检查 ui-front class。如果找到带有 ui-front class 的元素,菜单将被附加到该元素。如果未找到带有 ui-front class 的元素,不管值为多少,菜单将被附加到 body
autoFocus	Boolean	如果设置为 true,当菜单显示时,第一个条目将自动获得焦点
delay	Integer	按键和执行搜索之间的延迟,以毫秒计。对于本地数据,采用零延迟是有意义的(更具响应性),但对于远程数据会产生大量的负荷,同时降低了响应性
disabled	Boolean	如果设置为 true,则禁用该 autocomplete
minLength	Integer	执行搜索前用户必须输入的最小字符数。对于仅带有几项条目的本地数据,通常设置为零,但是当单个字符搜索会匹配几千项条目时,设置个高数值是很有必要的
position	Object	标识建议菜单的位置与相关的 input 元素有关系。of 选项默认为 input 元素,但是用户可以指定另一个定位元素
source	Array 或 String 或 Function (Object request, Function response(Object data))	定义要使用的数据,必须指定

自动完成部件的常用方法及说明见表 13-5。

表 13-5　自动完成部件的常用方法及说明

方　法	说　明
close()	关闭 Autocomplete 菜单。当与 search 方法结合使用时,可用于关闭打开的菜单
destroy()	完全移除 autocomplete 功能。这会把元素返回到它的预初始化状态
disable()	禁用 autocomplete
enable()	启用 autocomplete
option(optionName)	获取当前与指定的 optionName 关联的值
option()	获取一个包含键/值对的对象,键/值对表示当前 autocomplete 选项的哈希操作
option(optionName, value)	设置与指定的 optionName 关联的 autocomplete 选项的值
option(options)	为 autocomplete 设置一个或多个选项
search([value])	触发 search 事件,如果该事件未被取消则调用数据源。当被单击时,可被类似选择框按钮用来打开建议。当不带参数调用该方法时,则使用当前输入的值
widget()	返回一个包含菜单元素的 jQuery 对象。虽然菜单项不断地被创建和销毁。菜单元素本身会在初始化时创建,并不断地重复使用

自动完成部件的常用事件及说明见表 13-6。

表 13-6 自动完成部件的常用事件及说明

事 件	说 明
change(event,ui)	如果输入域的值改变则触发该事件
close(event,ui)	当菜单隐藏时触发。不是每一个 close 事件都伴随着 change 事件
create(event,ui)	当创建 autocomplete 时触发
focus(event,ui)	当焦点移动到一个条目上(未选择)时触发。默认的动作是把文本域中的值替换为获得焦点的条目的值,即使该事件是通过键盘交互触发的。取消该事件会阻止值被更新,但不会阻止菜单项获得焦点
open(event,ui)	当打开建议菜单或者更新建议菜单时触发
response (event, ui)	在搜索完成后菜单显示前触发。用于建议数据的本地操作,其中自定义的 source 选项回调不是必需的。该事件总是在搜索完成时触发,如果搜索无结果或者禁用了 autocomplete,导致菜单未显示,该事件一样会被触发
search(event,ui)	在搜索执行前满足 minLength 和 delay 后触发。如果取消该事件,则不会提交请求,也不会提供建议条目
select(event,ui)	当从菜单中选择条目时触发。默认的动作是把文本域中的值替换为被选中的条目的值。取消该事件会阻止值被更新,但不会阻止菜单关闭

【例 13-2】 通过使用自动完成插件实现根据用户的输入,智能显示查询列表的功能,如果查询列表过长,可以通过为 autocomplete 设置 max-height 来防止菜单显示太长。本例文件 13-2.html 在 IE 浏览器中的显示效果如图 13-6 所示,在 Chrome 浏览器中的显示效果如图 13-7 所示。

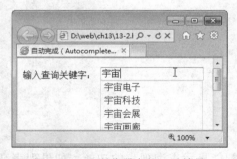

图 13-6 IE 浏览器中的显示效果

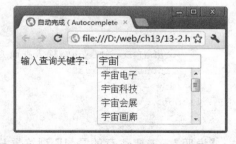

图 13-7 Chrome 浏览器中的显示效果

代码如下:

```html
<html>
  <head>
    <title>自动完成(Autocomplete)插件</title>
    <link rel="stylesheet" href="jquery-ui-1.12.1.custom/jquery-ui.css" />
    <script src="jquery-ui-1.12.1.custom/external/jquery/jquery.js"></script>
    <script src="jquery-ui-1.12.1.custom/jquery-ui.js"></script>
    <style>
```

```
        .ui-autocomplete {
          max-height: 100px;        //菜单最大高度为 100px,超出高度时出现垂直滚动条
          overflow-y: auto;         //垂直滚动条自动适应
          overflow-x: hidden;       //防止水平滚动条
        }
        * html .ui-autocomplete {
          max-height: 200px;
        }
      </style>
      <script>
        $(function() {
          var datas=[                //自定义的菜单项
            "宇宙电子",
            "宇宙科技",
            "宇宙会展",
            "宇宙画廊",
            "宇宙社区",
            "宇宙大学",
            "宇宙健身",
            "宇宙车展",
            "宇宙学堂",
            "宇宙环保"
          ];
          $("#tags").autocomplete({
                              //当输入内容包含查询关键字时显示用户自定义的菜单
            source: datas
          });
        });
      </script>
    </head>
    <body>
      <div class="ui-widget">
        <label for="tags">输入查询关键字: </label>
        <input id="tags">
      </div>
    </body>
</html>
```

【说明】　需要注意的是,IE 浏览器只能实现智能显示查询列表的功能。如果列表高度超出定义菜单的最大高度,则看不到菜单滚动条的效果。使用 Chrome 浏览器可以实现这一功能。

13.2.3　进度条插件

进度条被设计来显示进度的当前完成百分比,它通过 CSS 编码灵活调整大小默认会缩放到适应父容器的大小。

一个确定的进度条只能在系统可以准确更新当前状态的情况下使用。一个确定的进

344

度条不会从左向右填充,然后循环回到空;如果不能计算实际状态,则使用不确定的进度条以便提供用户反馈。

　　进度条部件使用 jQuery UI CSS 框架来定义它的外观和感观的样式。如果需要使用进度条指定的样式,则可以使用下面的 CSS class 名称。

- ui-progressbar:进度条的外层容器。该元素会为不确定的进度条另外添加一个 ui-progressbar-indeterminate class。
- ui-progressbar-value:该元素代表进度条的填充部分。
- ui-progressbar-overlay:用于为不确定的进度条显示动画的覆盖层。

　　【例 13-3】　通过使用进度条插件制作一个应用程序加载进度条。网页打开后,首先显示"正在加载"的提示,接着显示不断更新的进度条进度,完成后显示提示文字"完成"。本例文件 13-3. html 在浏览器中的显示效果如图 13-8 所示。

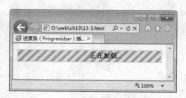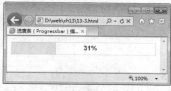

图 13-8　应用程序加载进度条

代码如下:

```html
<html>
  <head>
    <title>进度条(Progressbar)插件</title>
    <link rel="stylesheet" href="jquery-ui-1.12.1.custom/jquery-ui.css" />
    <script src="jquery-ui-1.12.1.custom/external/jquery/jquery.js"></script>
    <script src="jquery-ui-1.12.1.custom/jquery-ui.js"></script>
    <style>
      .ui-progressbar {
      position: relative;              //进度条相对定位
      }
      .progress-label {                //提示文字样式
      position: absolute;              //绝对定位
      left: 50%;
      top: 4px;
      font-weight: bold;
      text-shadow: 1px 1px 0 #fff;
      }
    </style>
    <script>
      $(function() {
      var progressbar=$("#progressbar"),
        progressLabel=$(".progress-label");
      progressbar.progressbar({
        value: false,
        change: function() {
```

345

```
       progressLabel.text(progressbar.progressbar("value")+"%");
                                                    //显示进度条当前的百分比
       },
       complete: function() {
         progressLabel.text("完成!");
       }
     });
     function progress() {
       var val=progressbar.progressbar("value") || 0;
       progressbar.progressbar("value", val+1);
       if(val<99) {
         setTimeout(progress, 100);
       }
     }
     setTimeout(progress, 3000);
   });
 </script>
</head>
<body>
 <div id="progressbar"><div class="progress-label">正在加载...</div>
 </div>
</body>
</html>
```

13.2.4 滑块插件

滑块(Slider)主要用来拖动手柄选择一个数值,基本的滑块是水平的,有一个单一的手柄,可以用鼠标或箭头键进行左右移动。

滑块部件会在初始化时创建带有 class ui-slider-handle 的手柄元素,用户可以通过在初始化之前创建并追加元素,同时向元素添加 ui-slider-handle class 来指定自定义的手柄元素。它只会创建匹配 value/values 长度所需的数量的手柄。例如,如果指定"values:[1,5,18]",且创建一个自定义手柄,插件将创建其他两个。

滑块部件使用 jQuery UI CSS 框架来定义它的外观和感观的样式。如果需要使用滑块指定的样式,则可以使用下面的 CSS class 名称。

- ui-slider:滑块控件的轨道。该元素会根据滑块的 orientation 另外带有一个 ui-slider-horizontal 或 ui-slider-vertical class。
- ui-slider-handle:滑块手柄。
- ui-slider-range:当设置 range 选项时使用的已选范围。如果 range 选项设置为 min 或 max,则该元素会分别另外带有一个 ui-slider-range-min 或 ui-slider-range-max class。

【例 13-4】 通过组合 3 个滑块实现一个简单的 RGB 调色器。本例文件 13-4.html 在浏览器中的显示效果如图 13-9 所示。

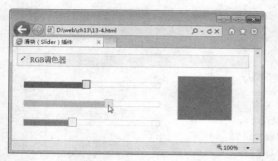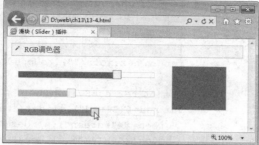

图 13-9　组合滑块实现 RGB 调色器

代码如下：

```html
<html>
  <head>
    <title>滑块(Slider)插件</title>
    <link rel="stylesheet" href="jquery-ui-1.12.1.custom/jquery-ui.css" />
    <script src="jquery-ui-1.12.1.custom/external/jquery/jquery.js"></script>
    <script src="jquery-ui-1.12.1.custom/jquery-ui.js"></script>
    <style>
      #red, #green, #blue {
        float: left;
        clear: left;
        width: 300px;
        margin: 15px;
      }
      #swatch {
        width: 120px;
        height: 100px;
        margin-top: 18px;
        margin-left: 350px;
        background-image: none;
      }
      #red .ui-slider-range { background: #ef2929; }
      #red .ui-slider-handle { border-color: #ef2929; }
      #green .ui-slider-range { background: #8ae234; }
      #green .ui-slider-handle { border-color: #8ae234; }
      #blue .ui-slider-range { background: #729fcf; }
      #blue .ui-slider-handle { border-color: #729fcf; }
    </style>
    <script>
      function hexFromRGB(r, g, b) {
        var hex=[
          r.toString(16),
          g.toString(16),
          b.toString(16)
        ];
        $.each(hex, function(nr, val) {
```

```
            if(val.length===1) {
                hex[ nr ]="0"+val;
            }
        });
        return hex.join("").toUpperCase();
    }
    function refreshSwatch() {
        var red=$("#red").slider("value"),
          green=$("#green").slider("value"),
          blue=$("#blue").slider("value"),
          hex=hexFromRGB(red, green, blue);
        $("#swatch").css("background-color", "#"+hex);
    }
    $(function() {
        $("#red, #green, #blue").slider({
          orientation: "horizontal",
          range: "min",
          max: 255,
          value: 127,
          slide: refreshSwatch,              //滚动滑块改变颜色
          change: refreshSwatch              //单击滚动条改变颜色
        });
        $("#red").slider("value", 255);      //红色滑块初始颜色
        $("#green").slider("value", 140);    //绿色滑块初始颜色
        $("#blue").slider("value", 60);      //蓝色滑块初始颜色
    });
    </script>
  </head>
  <body class="ui-widget-content" style="border: 0;">
    <p class="ui-state-default ui-corner-all ui-helper-clearfix"
      style="padding: 4px;">
      <span class="ui-icon ui-icon-pencil" style="float: left; margin: -2px
      5px 0 0;"></span>
      RGB 调色器
    </p>
    <div id="red"></div>
    <div id="green"></div>
    <div id="blue"></div>
    <div id="swatch" class="ui-widget-content ui-corner-all"></div>
  </body>
</html>
```

13.2.5　旋转器插件

旋转器(Spinner)的主要作用是通过向上或者向下的按钮和箭头键处理,为输入数值增强文本输入功能,它允许用户直接输入一个值,或通过键盘、鼠标、滚轮旋转改变一个已有的值。当与全球化(Globalize)结合时,用户甚至可以旋转显示不同地区的货币和日期。

旋转器使用两个按钮将文本输入覆盖为当前值的递增值和递减值。旋转器增加了按键事件,以便可以用键盘完成相同的递增和递减。旋转器代表全球化的数字格式和解析。

旋转器部件使用 jQuery UI CSS 框架来定义它的外观和感观的样式。如果需要使用旋转器指定的样式,则可以使用下面的 CSS class 名称。

- ui-spinner:旋转器的外层容器。
- ui-spinner-input:旋转器部件实例化的<input>元素。
- ui-spinner-button:用于递增或递减旋转器值的按钮控件。向上按钮会另外带有一个 ui- spinner-up class,向下按钮会另外带有一个 ui-spinner-down class。

【说明】 不支持在<input type="number">上创建选择器,因为这种操作会造成与本地旋转器的 UI 冲突。

【例 13-5】 通过旋转器插件制作一个国际爱心基金捐款表单。其中可以选择要捐款的货币形式和捐款额,货币形式使用下拉菜单实现,捐款额使用旋转器实现。本例文件 13-5.html 在 Chrome 浏览器中的显示效果如图 13-10 所示。

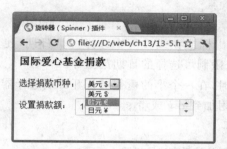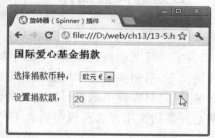

图 13-10　旋转器插件的应用

代码如下:

```html
<html>
  <head>
    <title>旋转器(Spinner)插件</title>
    <link rel="stylesheet" href="jquery-ui-1.12.1.custom/jquery-ui.css" />
    <script src="jquery-ui-1.12.1.custom/external/jquery/jquery.js"></script>
    <script src="jquery-ui-1.12.1.custom/jquery-ui.js"></script>
    <script>
      $(function() {
        $("#spinner").spinner({
          min: 10,          //最小值为 10,即捐款的最低金额
          max: 2500,        //最大值为 2500,即捐款的最高金额
          step: 10,         //步长为 10,每次递增或递减的金额
        });
      });
    </script>
  </head>
  <body>
    <h3>国际爱心基金捐款</h3>
```

```
  <p>
    <label for="currency">选择捐款币种：</label>
    <select id="currency" name="currency">
      <option value="en-US">美元 $</option>
      <option value="de-DE">欧元 €</option>
      <option value="ja-JP">日元 ￥</option>
    </select>
  </p>
  <p>
    <label for="spinner">设置捐款额：</label>
    <input id="spinner" name="spinner" value="10">
  </p>
</body>
</html>
```

【说明】 需要注意的是，IE 浏览器不支持旋转器插件。

13.2.6 日期选择器插件

日期选择器(Datepicker)主要用在从弹出框或在线日历中选择一个日期，使用该插件时，可以自定义日期的格式和语言，也可以限制可选择的日期范围等。

默认情况下，当相关的文本域获得焦点时，在一个小的覆盖层打开日期选择器。对于一个内联的日历，只需简单地将日期选择器附加到 div 或者 span 上。

日期选择器的常用方法及说明见表 13-7。

表 13-7 日期选择器的常用方法及说明

方　　　法	说　　　明
$.datepicker.setDefaults(settings)	为所有的日期选择器改变默认设置
$.datepicker.formatDate(format,date,settings)	格式化日期为一个带有指定格式的字符串值
$.datepicker.parseDate(format,value,settings)	从一个指定格式的字符串值中提取日期
$.datepicker.iso8601Week(date)	确定一个给定的日期为一年中的第几周：1～53
$.datepicker.noWeekends	设置如 beforeShowDay 函数，防止选择周末

需要注意的是，不支持在＜input type＝"date"＞上创建日期选择器，因为这种操作会造成与本地选择器的 UI 冲突。

【例 13-6】 通过使用日期选择器插件选择日期并格式化，显示在文本框中，在选择日期时，同时提供两个月的日期供选择，而且在选择时，可以修改年份信息和月份信息。本例文件 13-6.html 在浏览器中的显示效果如图 13-11 所示。

代码如下：

```
<html>
  <head>
    <title>日期选择器(Datepicker)插件</title>
    <link rel="stylesheet" href="jquery-ui-1.12.1.custom/jquery-ui.css" />
```

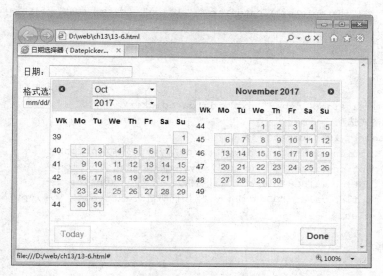

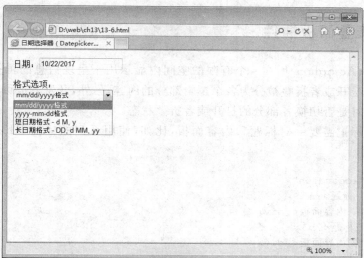

图 13-11　日期选择器插件的应用

```
<script src="jquery-ui-1.12.1.custom/external/jquery/jquery.js"></script>
<script src="jquery-ui-1.12.1.custom/jquery-ui.js"></script>
<script>
  $(function() {
    $("#datepicker").datepicker({
      showButtonPanel: true,          //显示按钮面板
      numberOfMonths: 2,              //显示两个月
      changeMonth: true,              //允许切换月份
      changeYear: true,               //允许切换年月份
      showWeek: true,                 //显示星期
      firstDay: 1                     //显示每月从第一天开始
    });
    $("#format").change(function() {
```

```
            $("#datepicker").datepicker("option", "dateFormat", $(this).val());
        });
    });
    </script>
</head>
<body>
    <p>日期：<input type="text" id="datepicker"></p>
    <p>格式选项：<br>
        <select id="format">
            <option value="mm/dd/yy">mm/dd/yyyy 格式</option>
            <option value="yy-mm-dd">yyyy-mm-dd 格式</option>
            <option value="d M, y">短日期格式 -d M, y</option>
            <option value="DD, d MM, yy">长日期格式 -DD, d MM, yy</option>
        </select>
    </p>
</body>
</html>
```

13.2.7　折叠面板插件

折叠面板（Accordion）用在一个有限的空间内显示用于呈现信息的可折叠的内容面板，单击头部，展开或者折叠被分为各个逻辑部分的内容，另外，开发人员可以选择性的设置当鼠标悬停时是否切换各部分的打开或者折叠状态。

折叠面板标记需要一对标题和内容面板，比如，使用系列的标题（H3 标签）和内容 div，代码如下：

```
<div id="accordion">
    <h3>第一标题</h3>
    <div>第一内容面板</div>
    <h3>第二标题</h3>
    <div>第二内容面板</div>
    <h3>第三标题</h3>
    <div>第三内容面板</div>
</div>
```

折叠面板的常用选项及说明见表 13-8。

表 13-8　折叠面板的常用选项及说明

选　项	类　型	说　明
active	Boolean 或 Integer	当前打开哪一个面板
animate	Boolean 或 Number 或 String 或 Object	是否使用动画改变面板，且如何使用动画改变面板
collapsible	Boolean	所有部分是否都可以马上关闭，允许折叠激活的部分
disabled	Boolean	如果设置为 true，则禁用该 accordion

续表

选　项	类　型	说　明
event	String	accordion 头部会做出反应的事件,用以激活相关的面板。可以指定多个事件,用空格间隔
header	Selector	标题元素的选择器,通过主要 accordion 元素上的 . find()进行应用。内容面板必须是紧跟在与其相关的标题后的同级元素
heightStyle	String	控制 accordion 和每个面板的高度
icons	Object	标题要使用的图标,与 jQuery UI CSS 框架提供的图标(Icons)匹配。设置为 false 则不显示图标

折叠面板的常用方法及说明见表 13-9。

表 13-9　折叠面板的常用方法及说明

方　法	说　明
destroy()	完全移除 accordion 功能。这会把元素返回到它的预初始化状态
disable()	禁用 accordion
enable()	启用 accordion
option(optionName)	获取当前与指定的 optionName 关联的值
option()	获取一个包含键/值对的对象,键/值对表示当前 accordion 选项的哈希操作
option(optionName,value)	设置与指定的 optionName 关联的 accordion 选项的值
option(options)	为 accordion 设置一个或多个选项
refresh()	处理任何在 DOM 中直接添加或移除的标题和面板,并重新计算 accordion 的高度。结果取决于内容和 heightStyle 选项
widget()	返回一个包含 accordion 的 jQuery 对象

折叠面板的常用事件及说明见表 13-10。

表 13-10　折叠面板的常用事件及说明

事　件	说　明
activate(event,ui)	面板被激活后触发(在动画完成之后)。如果 accordion 之前是折叠的,则 ui. oldHeader 和 ui. oldPanel 将是空的 jQuery 对象。如果 accordion 正在折叠,则 ui. newHeader 和 ui. newPanel 将是空的 jQuery 对象
beforeActivate(event,ui)	面板被激活前直接触发。可以取消以防止面板被激活。如果 accordion 当前是折叠的,则 ui. oldHeader 和 ui. oldPanel 将是空的 jQuery 对象。如果 accordion 正在折叠,则 ui. newHeader 和 ui. newPanel 将是空的 jQuery 对象
create(event,ui)	当创建 accordion 时触发。如果 accordion 是折叠的,ui. header 和 ui. panel 将是空的 jQuery 对象

【例 13-7】　使用 Accordion 实现一个折叠面板,默认第一个面板为展开状态。本例文件 13-7. html 在浏览器中的显示效果如图 13-12 所示。

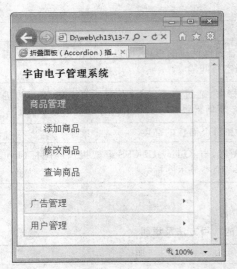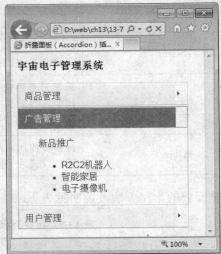

图 13-12　例 13-7 的页面显示效果

代码如下：

```html
<html>
  <head>
    <title>折叠面板(Accordion)插件</title>
    <link rel="stylesheet" href="jquery-ui-1.12.1.custom/jquery-ui.css" />
    <script src="jquery-ui-1.12.1.custom/external/jquery/jquery.js"></script>
    <script src="jquery-ui-1.12.1.custom/jquery-ui.js"></script>
    <script>
      $(function(){
        $("#accordion").accordion({
          heightStyle: "fill"                //自动设置折叠面板的尺寸为父容器的高度
        });
      });
    </script>
  </head>
<body>
<h3 class="docs">宇宙电子管理系统</h3>
<div class="ui-widget-content" style="width: 350px;">
  <div id="accordion">
    <h3>商品管理</h3>
    <div>
      <p>添加商品</p>
      <p>修改商品</p>
      <p>查询商品</p>
    </div>
    <h3>广告管理</h3>
    <div>
```

```
            <p>新品推广</p>
              <ul>
                <li>R2C2 机器人</li>
                <li>智能家居</li>
                <li>电子摄像机</li>
              </ul>
            </div>
          <h3>用户管理</h3>
          <div>
            <p>添加用户</p>
            <p>删除用户</p>
            <p>权限设置</p>
          </div>
        </div>
      </div>
    </body>
  </html>
```

【说明】 由于折叠面板是由块级元素组成的,默认情况下它的宽度会填充可用的水平空间。为了填充由容器分配的垂直空间,设置 heightStyle 选项为 fill,脚本会自动设置折叠面板的尺寸为父容器的高度。

13.2.8 标签页插件

标签页(Tabs)是一种多面板的单内容区,每个面板与列表中的标题相关,单击标签页,可以切换显示不同的逻辑内容。

标签页有一组必须使用的特定标记,以便标签页能正常工作,分别如下。

- 标签页必须在一个有序的(<ol>)或无序的(<ul>)列表中。
- 每个标签页的 title 必须在一个列表项(<li>)的内部,且必须用一个带有 href 属性的锚(<a>)包裹。
- 每个标签页面板可以是任意有效的元素,但是它必须带有一个 id,该 id 与相关标签页的锚中的哈希值相对应。

每个标签页面板的内容可以在页面中定义好,这种方式是基于与标签页相关的锚的 href 上自动处理的。默认情况下,标签页在单击时激活,但是通过 event 选项可以改变或覆盖默认的激活事件。例如,可以将默认的激活事件设置为鼠标经过标签页激活,代码如下:

```
event:"mouseover"
```

【例 13-8】 使用标签页制作了一个关于宇宙电子公司介绍的标签页,当鼠标经过标签页时打开标签页内容,当鼠标二次经过标签页则隐藏标签页内容。本例文件 13-8.html 在浏览器中的显示效果如图 13-13 所示。

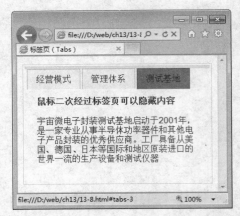 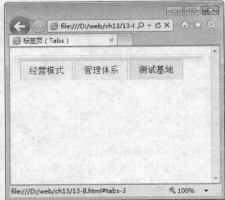

图 13-13　标签页插件应用示例

代码如下：

```html
<html>
  <head>
    <script>
      $(function() {
        $("#tabs").tabs({
          collapsible: true,
          event: "mouseover"            //将默认的单击激活事件设置为鼠标经过标签页激活
        });
      });
    </script>
  </head>
  <body>
    <div id="tabs">
    <ul>
      <li><a href="#tabs-1">经营模式</a></li>
      <li><a href="#tabs-2">管理体系</a></li>
      <li><a href="#tabs-3">测试基地</a></li>
    </ul>
    <div id="tabs-1">
      <p><strong>鼠标二次经过标签页可以隐藏内容</strong></p>
      <p>宇宙电子采用标准化和定制化服务相结合的经营模式……(此处省略内容)</p>
    </div>
    <div id="tabs-2">
      <p><strong>鼠标二次经过标签页可以隐藏内容</strong></p>
      <p>工厂严格实行 ISO 9001、ISO 14001 和 TS 16949 管理体系……(此处省略内容)</p>
    </div>
    <div id="tabs-3">
      <p><strong>鼠标二次经过标签页可以隐藏内容</strong></p>
      <p>宇宙微电子封装测试基地启动于 2001 年,是一家专业……(此处省略内容)</p>
    </div>
```

356

```
    </div>
   </body>
</html>
```

通过上面案例的讲解，读者一定体验到 jQuery UI 丰富的插件种类及其强大的功能。由于篇幅所限，这里不再一一叙述，读者可以到 jQuery 的官方网站下载学习这些插件的用法。

习　　题

1. 使用 jQuery UI 进度条插件制作如图 13-14 所示的页面。单击"进度条随机值"按钮，进度条显示随机生成的值；单击"进度条随机颜色"按钮，进度条显示随机生成的颜色。

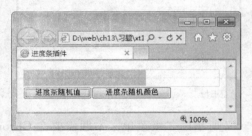 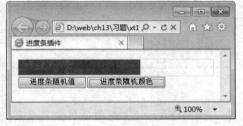

图 13-14　题 1 图

2. 使用 jQuery UI 自动完成插件制作如图 13-15 所示的页面。在文本框中输入关键字，实现"分类"智能查询。

图 13-15　题 2 图

357

3. 使用 jQuery UI 折叠面板插件制作如图 13-16 所示的页面。页面加载后，折叠面板中的每个子面板都带有图标，单击"切换图标"按钮，隐藏子面板的图标，可以反复切换图标的显示与隐藏状态。本题需要在 Chrome 浏览器中才能看到该效果。

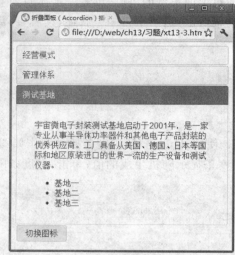

图 13-16　题 3 图

4. 使用 jQuery UI 菜单插件制作如图 13-17 所示的二级菜单。本题需要在 Chrome 浏览器中才能看到该效果。

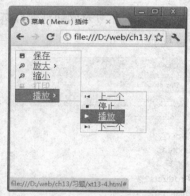

图 13-17　题 4 图

第 14 章　综合案例——宇宙电子网站

本章主要运用前面章节讲解的各种网页制作技术介绍网站的开发流程,从而进一步巩固网页设计与制作的基本知识。

14.1　网站的开发流程和组织结构

在讲解具体页面的制作之前,首先简单介绍一下网站的开发流程和组织结构。

14.1.1　网站的开发流程

典型的网站开发流程包括以下几个阶段。

(1) 规划网站:包括确立站点的策略或目标、确定所面向的用户以及站点的数据需求。

(2) 网站制作:包括设置网站的开发环境、规划页面设计和布局、创建内容资源等。

(3) 网站测试:测试页面的链接及网站的兼容性。

(4) 发布网站:将站点发布到服务器上。

具体介绍如下。

1. 规划网站

建设网站首先要进行规划,规划的范围包括确定网站的服务职能、服务对象、所要表达的内容等,还要考虑站点文件的结构等。在着手开发站点之前认真进行规划,能够在以后节省大量的时间。

(1) 确定建站的目的。建立网站的目的要么是宣传推广,要么是增加利润。显然,创建宇宙电子网站的目的是宣传推广企业,提高企业的知名度,增加企业之间的合作,宇宙电子网站正是在这样的业务背景下建立的。

(2) 确定网站的内容。内容决定一切,内容价值决定了浏览者是否有兴趣继续关注网站。宇宙电子网站的主要功能模块包括公司简介、产品展示、新闻中心、人才招聘、联系我们等。

(3) 使用合理的文件夹保存文档。若要有效地规划和组织站点,除了规划站点的内容外,就是规划站点的基本结构和文件的位置,可以使用文件夹来合理构建文档结构。首先为站点建立一个根文件夹(根目录),在其中创建多个子文件夹,然后将文档分门别类存储到相应的文件夹下。设计合理的站点结构,能够提高工作效率,方便对站点的管理。

(4) 使用合理的文件名称。当网站的规模变得很大时,使用合理的文件名就显得十分必要,文件名应该容易理解且便于记忆,让人看文件名就能知道网页表述的内容。由于 Web 服务器使用的是英文操作系统,不能对中文文件名提供很好的支持,中文文件名可能导致浏览错误或访问失败。如果实在对英文不熟悉,可以采用汉语拼音作为文件名称来使用。

2. 网站制作

完整的网站制作包括以下两个过程。

(1) 前台页面制作。当网页设计人员拿到美工效果图以后,需要综合使用 HTML、CSS、JavaScript、jQuery 等 Web 前端开发技术,将效果图转换为.html 网页,其中包括图片收集、页面布局规划等工作。

(2) 后台程序开发。后台程序开发包括网站数据库设计、网站和数据库的连接、动态网页编程等。本书主要讲解前台页面的制作,后台程序开发读者可以在动态网站设计的课程中学习。

3. 网站测试

网站测试与传统的软件测试不同,它不但需要检查是否按照设计的要求运行,而且还要测试系统在不同用户端的显示是否合适,最重要的是从最终用户的角度进行安全性和可用性测试。在把站点上传到服务器之前,要先在本地对其测试。实际上,在站点建设过程中,最好经常对站点进行测试并解决出现的问题,这样可以尽早发现问题并避免重犯错误。

测试网页主要从以下 3 个方面着手。

* 页面的效果是否美观。
* 页面中的链接是否正确。
* 页面的浏览器兼容性是否良好。

4. 发布网站

当完成了网站的设计、调试、测试和网页制作等工作后,需要把设计好的站点上传到服务器来完成整个网站的发布。可以使用网站发布工具将文件上传到远程 Web 服务器以发布该站点,以及同步本地和远端站点上的文件。

14.1.2 创建站点目录

在制作各个页面前,用户需要确定整个网站的目录结构,包括创建站点根目录和根目录下的通用目录。

1. 创建站点根目录

本书所有章节的案例均建立在 D:\web 下的各个章节目录中。因此,本章讲解的综合案例建立在 D:\web\ch14 目录中,该目录作为站点根目录。

2. 根目录下的通用目录

对于中小型网站,一般会创建如下通用的目录结构。
- css 目录:存放 CSS 样式文件,实现内容和样式的分离。
- images 目录:存放网站的所有图片。
- js 目录:存放 jQuery 和 JavaScript 脚本文件。
- plugins 目录:存放 jQuery 插件文件。

在 D:\web\ch14 目录中依次建立上述目录,整个网站的目录结构如图 14-1 所示。

对于网站下的各网页文件,例如,index. html 等一般存放在网站根目录下。需要注意的是,网站的目录、网页文件名及网页素材文件名一般都为小写,并采用代表一定含义的英文命名。

图 14-1　网站目录结构

14.1.3　网站页面的组成

宇宙电子网站的主要组成页面如下。

首页(index. html):显示网站的 Logo、导航菜单、广告、新闻动态、产品推介和版权声明等信息。

关于公司页(about. html):显示公司经营模式、管理体系、组织架构的页面。

产品展示页(product. html):显示产品分类的页面。

新闻中心页(news. html):显示公司新闻和信息公示的页面。

人才招聘页(join. html):显示公司招聘信息和福利待遇的页面。

联系我们页(contact. html):显示公司联系方式和在线留言的页面。

14.2　网站技术分析

制作宇宙电子网站的使用的主要技术如下。

1. HTML 5

HTML 5 是网页结构语言,负责组织网页结构,站点中的页面都需要使用网页结构语言建立起网页的内容架构。

361

在制作本网站中使用的 HTML 5 的主要技术如下。

- 搭建页面内容架构。
- Div 布局页面内容。
- 使用文档结构元素定义页面内容。
- 使用列表和链接制作导航菜单。
- 使用表单技术制作搜索框。
- 使用表格技术格式化输出页面内容。
- 使用 HTML 5 获取地理位置及百度地图。

2. CSS 3

CSS 3 是网页表现语言，负责设计页面外观，统一网站风格，实现表现和结构相分离。本书讲解的重点是 HTML 5、JavaScript 和 jQuery 的应用，因此这部分内容不再详细介绍。

3. JavaScript 和 jQuery

JavaScript 和 jQuery 是网页行为语言，实现页面交互与网页特效。

在制作本网站中使用的 JavaScript 和 jQuery 的主要技术如下。

- 使用图片轮播特效制作首页的广告条。
- 使用滚动显示插件实现新闻内容滚动条显示。
- 使用滑块插件实现我们的产品水平滚动显示。
- 使用自动完成插件实现搜索框智能提示。

14.3 制 作 首 页

网站首页包括网站的 Logo、导航菜单、广告、新闻动态、产品推介和版权声明等信息，效果如图 14-2 所示，布局示意图如图 14-3 所示。

在实现了首页的整体布局后，接下来就要完成首页的制作。制作过程如下。

1. 页面结构代码

首先列出页面的结构代码，让读者对页面的整体结构有一个全面的认识，然后在此基础上重点讲解页面交互与网页特效的实现方法。首页（index.html）的结构代码如下：

```
<html>
<head>
    <meta charset="gb2312" />
    <title>宇宙电子</title>
    <link rel="stylesheet" type="text/css" href="css/reset.css"/>
    <script type="text/javascript" src="js/jquery-1.8.3.min.js"></script>
    <script type="text/javascript" src="js/js_z.js"></script>
```

图 14-2　网站首页效果

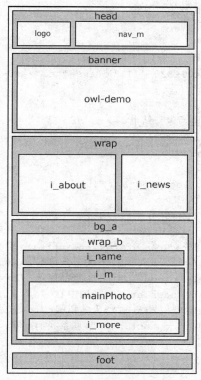

图 14-3　首页的布局示意图

```html
<script type="text/javascript" src="js/banner.js"></script>
<link rel="stylesheet" type="text/css" href="css/thems.css">
<script src="plugins/scrool/jquery/jquery.mousewheel.min.js"></script>
<script src="plugins/scrool/jquery/jquery.ba-resize.min.js"></script>
<script src="plugins/scrool/js/scrollbar.min.js"></script>
<script src="plugins/scrool/js/buttons.js"></script>
<link rel="stylesheet" type="text/css" href="css/responsive.css">
<script language="javascript">
$(function(){
    $('#owl-demo').owlCarousel({
        items: 1,
        navigation: true,
        navigationText: ["上一个","下一个"],
        autoPlay: true,
        stopOnHover: true
    }).hover(function(){
        $('.owl-buttons').show();
    }, function(){
        $('.owl-buttons').hide();
    });
});
</script>
</head>
<body>
<!--网站主页链接和联系电话定义开始-->
<div class="h_bg">
    <div class="h_top">
        <a href="#">www.unidigital.com</a>
        <a href="tel: 400-820-1111" class="tel">400-820-1111</a>
    </div>
</div>
<!--网站主页链接和联系电话定义结束-->
<!--网站标志和导航菜单定义开始-->
<div class="head clearfix">
    <div class="logo">
      <img src="images/logo.jpg"/></div>
    <div class="nav_m">
        <div class="n_icon">导航栏</div>
        <ul class="nav clearfix">
            <li class="now"><a href="index.html">网站首页</a></li>
            <li><a href="about.html">关于公司</a></li>
            <li><a href="product.html">产品展示</a></li>
            <li><a href="news.html">新闻中心</a></li>
            <li><a href="join.html">人才招聘</a></li>
            <li><a href="contact.html">联系我们</a></li>
        </ul>
    </div>
</div>
<!--网站标志和导航菜单定义结束-->
```

364

```html
<!--图片轮播特效广告条定义开始-->
<div id="banner" class="banner">
    <div id="owl-demo" class="owl-carousel">
        <a class="item" target="_blank" href="" style="background-image: url
            (images/banner.jpg)">
            <img src="images/banner.jpg" alt="">
        </a>
        <a class="item" target="_blank" href="" style="background-image: url
            (images/banner.jpg)">
            <img src="images/banner.jpg" alt="">
        </a>
        <a class="item" target="_blank" href="" style="background-image: url
            (images/banner.jpg)">
            <img src="images/banner.jpg" alt="">
        </a>
    </div>
</div>
<!--图片轮播特效广告条定义结束-->
<!--公司简介和新闻动态区域定义开始-->
<div class="wrap wrap_a clearfix">
    <div class="i_about">
        <h1><a href=""><em>UniDigital</em>宇宙电子有限公司</a></h1>
        <dl class="clearfix">
            <dt><a href=""><img src="images/pic1.jpg" alt=""/></a></dt>
            <dd>
                <p>宇宙微电子封装测试基地启动于 2001 年……(此处省略文字)</p>
                <p>工厂严格实行 ISO 9001、ISO 14001 和 TS 16949……(此处省略文字)</p>
                <p>宇宙电子采用标准化和定制化服务相结合……(此处省略文字)</p>
            </dd>
        </dl>
    </div>
    <div class="i_news">
    <div class="top">
        <em> </em>新闻动态
            <a href="">更多新闻</a>
    </div>
        <div class="i_m">
            <div id="scrollbar1">
                <div class="scrollbar">
                    <div class="content">
                        <ul>
                            <li>
                            <div class="time">2017-10-13</div>
                            <div class="title">
                        <a href="">宇宙电子有限公司获得开封开发区百强企业荣誉称号
                        </a>
                            </div>
                        </li>
                        <li>
```

```html
            <div class="time">2017-10-13</div>
            <div class="title">
                <a href="">宇宙电子将作为知名……(此处省略文字)</a>
            </div>
        </li>
        ……(此处省略 6 条类似的新闻定义)
    </ul>
    </div>
    </div>
    </div>
    </div>
</div>
<!--公司简介和新闻动态区域定义结束-->
<!--我们的产品定义开始-->
<div class="bg_a">
    <div class="wrap wrap_b">
        <div class="i_name">我们的产品</div>
        <div class="i_m">
            <div class="box mainPhoto">
                <span class="goleft nextPage">
                    <a href="javascript: void(0)"><img src="images/prev.png" /></a>
                </span>
                <div class="go slidegrid">
                    <ul class="slideitems">
                        <li>
                            <a href="">
                                <div class="title">TO</div>
                                <img src="images/pic2.jpg" alt=""/>
                                <div class="des">所有半导体产品的基本部件——二极管,对
                                    于宇宙电子来说,是其始终保持世界顶级市场占有率的产品。
                                </div>
                            </a>
                        </li>
                        ……(此处省略 5 条类似的产品定义)
                    </ul>
                </div>
                <span class="goright prevPage">
                    <a href="javascript: void(0)"><img src="images/next.png" /></a>
                </span>
            </div>
            <script>
            $(function(){           //使用 jQuery 实现产品滑动显示的特效
                $('.mainPhoto .slidegrid').scrollable({
                    size: 4,circular: true,next: '.nextPage',prev: '.prevPage'}).
                    autoscroll();
            });
            </script>
            <div class="i_more"><a href="">更多产品</a></div>
```

```
          </div>
        </div>
    </div>
<!--我们的产品定义结束-->
<!--底部版权区域定义开始-->
<div class="wrap foot">
    <p><a href="#">企业社会责任</a>　|　<a href=
        "#">环保活动</a>　|　<a href="#">人才招聘</a>　|　<a href="#">联系我们
        </a>　|　<a href="#">友情链接　</a></p>
    <p>版权所有：宇宙电子有限公司　Copyright &copy; 2017 UniDigital Co., Ltd.</p>
</div>
<!--底部版权区域定义结束-->
</body>
</html>
```

2. 页面交互与网页特效的实现

1）使用图片轮播特效制作广告条

制作过程如下。

（1）在网页的<head>区域引入 jQuery 库和特效插件（首页所有特效插件）。代码如下：

```
<script type="text/javascript" src="js/jquery-1.8.3.min.js"></script>
<script type="text/javascript" src="js/js_z.js"></script>
<script type="text/javascript" src="js/banner.js"></script>
<script src="plugins/scrool/jquery/jquery.mousewheel.min.js"></script>
<script src="plugins/scrool/jquery/jquery.ba-resize.min.js"></script>
<script src="plugins/scrool/js/scrollbar.min.js"></script>
<script src="plugins/scrool/js/buttons.js"></script>
```

（2）讲解实现图片轮播特效所使用的方法。实现图片轮播特效，其关键是应用 jQuery 框架技术，该方法的定义位于 js/banner.js 文件中。由于该文件内容较长，这里只截取了生成图片轮播特效对象及设置播放参数的关键代码。代码如下：

```
$.fn.owlCarousel=function (options) {
    return this.each(function () {
        if ($(this).data("owl-init")===true) {
            return false;
        }
        $(this).data("owl-init", true);
        var carousel=Object.create(Carousel);
        carousel.init(options, this);
        $.data(this, "owlCarousel", carousel);        //生成图片轮播对象
    });
};
$.fn.owlCarousel.options={                            //设置图片轮播对象的参数
    items : 5,                                        //允许最多 5 幅图像轮播
    itemsCustom : false,
```

367

```
            itemsDesktop : [1199, 1],
            itemsDesktopSmall : [979, 1],
            itemsTablet : [768, 1],
            itemsTabletSmall : false,
            itemsMobile : [479, 1],
            singleItem : false,
            itemsScaleUp : false,
            slideSpeed : 200,              //手动切换图片的速度
            paginationSpeed : 800,         //自动分页切换图片的速度
            rewindSpeed : 1000,            //回放切换图片的速度
            autoPlay : false,
            stopOnHover : false,
            navigation : false,
            navigationText : ["prev", "next"],
            rewindNav : true,              //允许回放
            scrollPerPage : false,
            pagination : true,             //允许分页
            paginationNumbers : false,     //不显示分页数字
            responsive : true,             //响应单击事件
            responsiveRefreshRate : 200,
            responsiveBaseWidth : window,
            baseClass : "owl-carousel",
            theme : "owl-theme",
            lazyLoad : false,
            lazyFollow : true,
            lazyEffect : "fade",
            autoHeight : false,            //播放器高度自适应
            jsonPath : false,
            jsonSuccess : false,
            dragBeforeAnimFinish : true,
            mouseDrag : true,              //允许鼠标拖动
            touchDrag : true,
            addClassActive : false,
            transitionStyle : false,
            beforeUpdate : false,
            afterUpdate : false,
            beforeInit : false,
            afterInit : false,
            beforeMove : false,
            afterMove : false,
            afterAction : false,
            startDragging : false,
            afterLazyLoad: false
    };
```

2）制作新闻内容滚动条显示

制作过程如下。

（1）在网页的＜head＞区域引入 jQuery 库和特效插件，前面已经实现，这里不再赘述。

368

（2）讲解实现新闻内容滚动条显示的方法。该方法的定义位于 plugins\scrool\jquery\jquery. mousewheel. min. js 文件中。关键代码如下：

```
(function(c){
    var a=["DOMMouseScroll","mousewheel"];              //定义鼠标滚轮变量
    c.event.special.mousewheel={setup: function()        //初始化
      if(this.addEventListener){
        for(var d=a.length;d;){
          this.addEventListener(a[--d],b,false)          //添加鼠标滚轮事件监听
        }
      }else{
        this.onmousewheel=b
      }
    },teardown: function(){                              //本次滚动事件完成之后的善后处理
      if(this.removeEventListener){                      //移除事件监听
       for(var d=a.length;d;){
         this.removeEventListener(a[--d],b,false)        //逐一移除
       }
      }else{                                            //如果所有事件监听全部移除
        this.onmousewheel=null                          //释放对象占用的资源
      }
    }
    };
    c.fn.extend({
      mousewheel: function(d){
        return d?this.bind("mousewheel",d): this.trigger("mousewheel")
                                                        //模拟用户操作触发事件
      },unmousewheel: function(d){
        return this.unbind("mousewheel",d)              //移除事件绑定
      }
    });
  function b(f){
    var d=[].slice.call(arguments,1),g=0,e=true;
    f=c.event.fix(f||window.event);
    f.type="mousewheel";                                //定义事件类型是鼠标滚轮事件
    if(f.wheelDelta){
      g=f.wheelDelta/120
    }
    if(f.detail){
      g=-f.detail/3
    }
    d.unshift(f,g);
    return c.event.handle.apply(this,d)                 //允许鼠标滚轮事件
  }
})(jQuery);
```

3）制作我们的产品滚动显示

制作过程如下。

（1）在网页的＜head＞区域引入 jQuery 库和 JavaScript 脚本文件，前面已经实现，这

里不再赘述。

（2）讲解实现我们的产品水平滚动显示的方法。该方法的定义位于 index. html 文件中。关键代码如下：

```
<script>
  $(function(){
    $('.mainPhoto .slidegrid').scrollable({    //允许图片滚动容器 slidegrid 滚动
      size: 4,circular: true,next: '.nextPage',prev: '.prevPage'
                                      //同时显示 4 幅图片且循环滚动
    }).autoscroll();                  //页面加载后自动开始滚动图片
  });
</script>
```

14.4　制作关于公司页

首页完成以后，其他页面在制作时就有章可循，相同的样式和结构可以复用，所以在实现其他页面的实际工作量会大大小于首页制作。

关于公司页用于显示公司经营模式、管理体系、组织架构，页面效果如图 14-4 所示，布局示意图如图 14-5 所示。

图 14-4　关于公司页的效果

关于公司页的布局与首页非常相似，例如网站的 Logo、导航菜单、版权区域等，读者可以参考素材提供的代码，这里不再赘述其实现过程，而是重点讲解如何实现搜索框的智

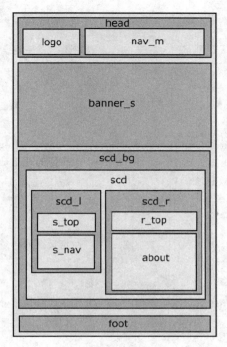

图 14-5 布局示意图

能提示功能。

制作过程如下。

（1）准备工作。由于搜索框的智能提示功能要使用 jQuery UI 的自动完成插件，因此需要将 jQuery UI 插件的文件夹复制到当前站点的 js 文件夹中。

（2）编写程序实现搜索框的智能提示功能，关键代码如下：

```html
<html>
  <head>
    <meta charset="gb2312" />
    <title>关于公司</title>
    <link rel="stylesheet" type="text/css" href="css/reset.css"/>
    <link rel="stylesheet" type="text/css" href="css/thems.css">
    <link rel="stylesheet" type="text/css" href="css/responsive.css">
    <script type="text/javascript" src="js/jquery-1.8.3.min.js"></script>
    <script type="text/javascript" src="js/js_z.js"></script>
    <link rel="stylesheet" href="js/jquery-ui-1.12.1.custom/jquery-ui.css" />
    <script src="js/jquery-ui-1.12.1.custom/external/jquery/jquery.js">
      </script>
    <script src="js/jquery-ui-1.12.1.custom/jquery-ui.js"></script>
    <style>
      .ui-autocomplete {
        max-height: 100px;       //菜单最大高度100px,超出高度时出现垂直滚动条
        overflow-y: auto;        //垂直滚动条自动适应
        overflow-x: hidden;      //防止水平滚动条
```

371

```
        }
        #search_div{
          text-align: right;
        }
        #search_btn{
          width: 40px;
          border: 0;
          height: 30px;
          background: url(images/icon3.png) no-repeat center center;
                                              //按钮的背景是放大镜图片

        }
        </style>
        <script>
        $(function() {
          var datas=[                         //定义查询词条
            "宇宙电子",
            "宇宙科技",
            "宇宙会展",
            "宇宙画廊",
            "宇宙社区",
            "宇宙大学",
            "宇宙健身",
            "宇宙车展",
            "宇宙学堂",
            "宇宙环保"
          ];
          $("#tags").autocomplete({           //调用自动完成方法
            source: datas                     //绑定词条到搜索文本框
          });
        });
        </script>
    </head>
    <body>
      ...(省略的页面其他代码,下面是搜索文本框所在的 div 代码)
        <div class="ui-widget" id="search_div">
          <input id="tags" name="" type="text" value=""/>
          <input type="submit" id="search_btn" value="">
        </div>
      ...(省略的页面其他代码)
    </body>
</html>
```

在浏览器中打开关于公司页 about. html,输入搜索关键词"宇宙",可以看到智能提示的效果,如图 14-6 所示。

需要注意的是,读者在制作本页面时一定要记住在页面＜head＞区域添加引用 jQuery UI 插件的代码。

图 14-6　搜索框的智能提示的效果

14.5　制作联系我们页

联系我们页用于显示公司联系方式和在线留言，页面效果如图 14-7 所示，布局示意图如图 14-8 所示。

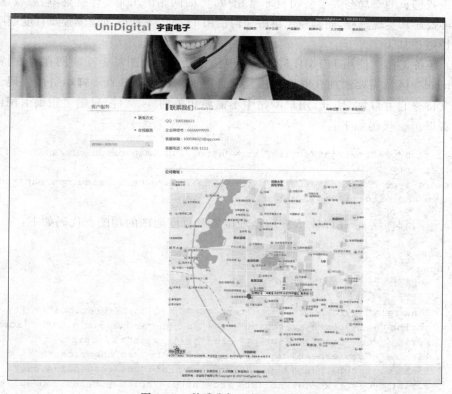

图 14-7　联系我们页的显示效果

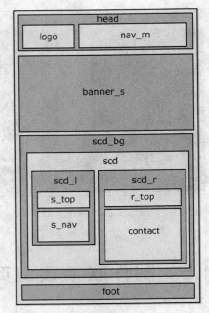

图 14-8　页面的布局示意图

联系我们页的布局与关于公司页非常相似,例如网站的 Logo、导航菜单、版权区域等,这里不再赘述其实现过程,而是重点讲解如何使用 HTML 5 获取地理位置及百度地图。

制作过程如下。

(1) 准备工作。使用 HTML 5 获取地理位置及百度地图需要互联网在线支持,在网页的<head>区域需要添加获取地理位置及百度地图的 JavaScript 脚本引用代码。这两个脚本文件来自互联网,因此,用户网站中不需要相关的.js 文件,只需要正确引用网络资源的位置即可。代码如下:

```
<script type="text/javascript" src="http://api.map.baidu.com/api?v=1.3">
  </script>
<script type="text/javascript" src="http://developer.baidu.com/map/jsdemo/
  demo/convertor.js"></script>
```

(2) 编写程序实现 HTML 5 获取地理位置及百度地图的功能。代码如下:

```
<html>
  <head>
    <meta charset="gb2312" />
    <title>联系我们</title>
    <link rel="stylesheet" type="text/css" href="css/reset.css"/>
    <script type="text/javascript" src="js/jquery-1.8.3.min.js"></script>
    <script type="text/javascript" src="js/js_z.js"></script>
    <link rel="stylesheet" type="text/css" href="css/thems.css">
    <link rel="stylesheet" type="text/css" href="css/responsive.css">
    <script type="text/javascript" src="http://api.map.baidu.com/api?v=
      1.3"></script>
    <script type="text/javascript" src="http://developer.baidu.com/map/
```

```
    jsdemo/demo/convertor.js"></script>
<script type="text/javascript">
    var map;
    var gpsPoint;
    var baiduPoint;
    var gpsAddress;
    var baiduAddress;
    function getLocation() {
        //根据 IP 获取城市
        var myCity=new BMap.LocalCity();
        myCity.get(getCityByIP);
        //获取 GPS 坐标
        if (navigator.geolocation) {
          navigator.geolocation.getCurrentPosition(showMap, handleError, {
             enableHighAccuracy: true, maximumAge: 1000 });
        } else {
            alert("您的浏览器不支持使用 HTML 5 来获取地理位置服务");
        }
    }
    function showMap(value) {
        var longitude=value.coords.longitude;
        var latitude=value.coords.latitude;
        map=new BMap.Map("map");
        //alert("坐标经度为: "+latitude+", 纬度为: "+longitude);
        gpsPoint=new BMap.Point(longitude, latitude);      //创建点坐标
        map.centerAndZoom(gpsPoint, 15);
        //根据坐标逆解析地址
        var geoc=new BMap.Geocoder();
        geoc.getLocation(gpsPoint, getCityByCoordinate);
        BMap.Convertor.translate(gpsPoint, 0, translateCallback);
    }
    translateCallback=function (point) {
        baiduPoint=point;
        var geoc=new BMap.Geocoder();
        geoc.getLocation(baiduPoint, getCityByBaiduCoordinate);
    }
    function getCityByCoordinate(rs) {
        gpsAddress=rs.addressComponents;
        var address="GPS 标注: "+gpsAddress.province+","+gpsAddress.
          city+","+gpsAddress.district+","+gpsAddress.street+","+
          gpsAddress.streetNumber;
        var marker=new BMap.Marker(gpsPoint);   //创建标注
        map.addOverlay(marker);                    //将标注添加到地图中
        var labelgps=new BMap.Label(address, { offset: new BMap.Size(20,
          -10) });
        marker.setLabel(labelgps);                   //添加 GPS 标注
    }
    function getCityByBaiduCoordinate(rs) {
        baiduAddress=rs.addressComponents;
        var address="百度标注: "+baiduAddress.province+","+baiduAddress.
          city+","+baiduAddress.district+","+baiduAddress.street+","+
          baiduAddress.streetNumber;
        var marker=new BMap.Marker(baiduPoint);   //创建标注
```

375

```
            map.addOverlay(marker);                    //将标注添加到地图中
            var labelbaidu=new BMap.Label(address, { offset: new BMap.Size(20,
                -10) });
            marker.setLabel(labelbaidu);               //添加百度标注
        }
        //根据 IP 获取城市
        function getCityByIP(rs) {
            var cityName=rs.name;
            alert("根据 IP 定位您所在的城市为："+cityName);
        }
        function handleError(value) {
            switch (value.code) {
                case 1:
                    alert("位置服务被拒绝");
                    break;
                case 2:
                    alert("暂时获取不到位置信息");
                    break;
                case 3:
                    alert("获取信息超时");
                    break;
                case 4:
                    alert("未知错误");
                    break;
            }
        }
        function init() {
            getLocation();
        }
        window.onload=init;
    </script>
</head>
<body>
    ...(省略的页面其他代码)
            <div class="scd_m contact">
                <div class="ct_m">
                    <dl class="clearfix">
                      <dd>
                            <p>QQ：<span>100588023</span></p>
                            <p>企业微信号：<span>6666699999</span></p>
                            <p>客服邮箱：<span>100588023@qq.com</span></p>
                            <p>客服电话：<span>400-820-1111</span></p>
                      </dd>
                    </dl>
                </div>
            </div>
            <hr/>
            <h3>公司地址：</h3>
            <div id="map" style="width: 850px;height: 800px;margin: 20px;">
                </div>
        ...(省略的页面其他代码)
    </body>
</html>
```

至此,宇宙电子网站的主要页面和关键技术讲解完毕。读者可以在此基础上制作网站的其余 3 个页面。

14.6　网站的整合

在前面章节中讲解了许多有关宇宙电子网站的示例页面,都是按照某种技术进行页面制作的,并未将相关的页面整合在统一的站点下。读者完成本章网站页面之后,可以将这些相关的页面整合在一起形成一个完整的站点。

假设想建立一个学习交流的栏目,由于综合案例网站的站点根目录是 D:\web\ch14,因此可以按照栏目的含义在 D:\web\ch14 下建立栏目的文件夹 study,然后将前面章节中做好的相关页面及素材一起复制到文件夹 study 中。

最后还要说明的是,当这些栏目整合完成之后,记得正确地设置各级页面之间的链接,使之有效地完成各个页面之间的跳转。

习　　题

1. 制作宇宙电子网站的新闻中心页(news.html),如图 14-9 所示。

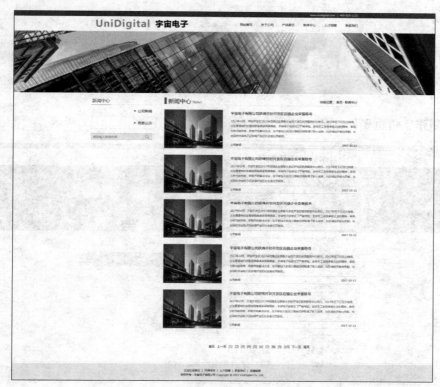

图 14-9　题 1 图

2. 制作宇宙电子网站的人才招聘页(join.html)，如图 14-10 所示。

图 14-10　题 2 图

3. 制作宇宙电子网站的产品展示页(product.html)，如图 14-11 所示。

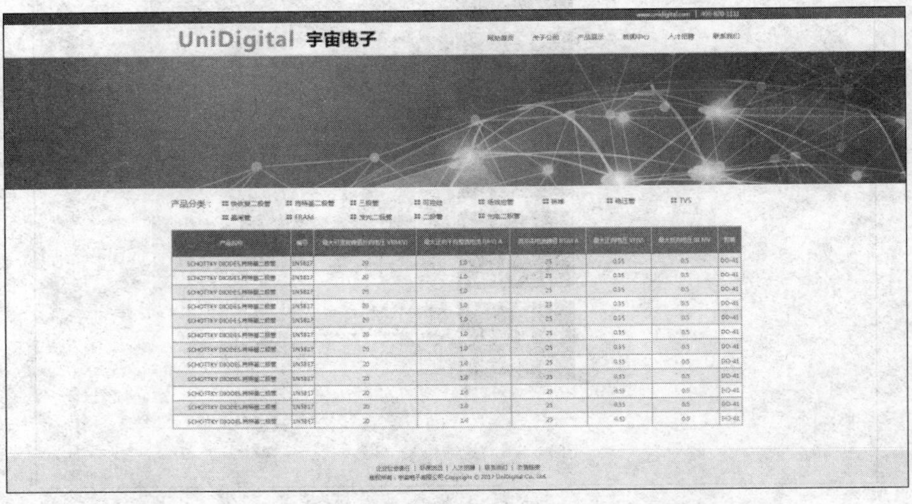

图 14-11　题 3 图

参 考 文 献

[1] 吕太之,鲍建成.JavaScript 与 jQuery 程序设计[M].北京:清华大学出版社,2016.

[2] 李雨亭,吕婕.JavaScript+jQuery 程序开发实用教程[M].北京:清华大学出版社,2016.

[3] 刘心美,陈义辉.Web 前端设计与制作——HTML+CSS+jQuery[M].北京:清华大学出版社,2016.

[4] 张朋.Web 前端开发技术——HTML 5+Ajax+jQuery[M].北京:清华大学出版社,2017.

[5] 郑娅峰,张永强.网页设计与开发——HTML、CSS、JavaScript 实例教程[M].北京:清华大学出版社,2017.

[6] 孙甲霞,吕莹莹.HTML 5 网页设计教程[M].北京:清华大学出版社,2017.

[7] 青软实训.Web 前端设计与开发——HTML+CSS+JavaScript+HTML 5+jQuery[M].北京:清华大学出版社,2016.

[8] 王庆桦,王新强.HTML 5+CSS 3 项目开发实战[M].北京:电子工业出版社,2017.

[9] 姚敦红.jQuery 程序设计基础教程[M].北京:人民邮电出版社,2013.

[10] 陈承欢.JavaScript+jQuery 网页特效设计实例教程[M].北京:人民邮电出版社,2013.